1E400000

全国一级建造师执业资格考试
港口与航道工程复习要点 案例 题库

（第2版）

刘锡岭 李德筠 孙锡衡 编著

天津大学出版社
TIANJIN UNIVERSITY PRESS

内 容 提 要

本书再版是为了适应港口与航道工程建设的迅猛发展和现行行业规范的更新。全书由港口与航道工程技术(专业基础技术和专业技术)、港口与航道工程项目管理和港口与航道工程法规三篇组成,覆盖了《一级建造师执业资格考试大纲(港口与航道工程专业)》的要求。涉及工程环境、工程地质勘察、工程测量、工程建筑材料、港工建筑物、航道整治工程、疏浚与吹填施工、港口与航道工程项目管理、港口与航道工程行业法规等九门课程。对具有执业资格的一级港口与航道工程建造师所必备的理论知识、专业技能、施工技术、管理能力进行了系统、综合、详尽、准确的阐述,同时给出复习重点、案例和模拟试题。本书可作为港口与航道工程专业建造师应试的全面复习用书,也是日常工作须臾不可离的重要参考书。

图书在版编目(CIP)数据

全国一级建造师执业资格考试港口与航道工程复习要点 案例 题库/刘锡岭,李德筠,孙锡衡编著.—天津:天津大学出版社,2005.7(2014.2 重印)
 ISBN 978-7-5618-2156-5

Ⅰ.全… Ⅱ.①刘… ②李… ③孙… Ⅲ.①港口工程－建筑师－资格考核－自学参考资料②航道工程－建筑师－资格考核－自学参考资料 Ⅳ.U6

中国版本图书馆 CIP 数据核字(2005)第 064618 号

出版发行	天津大学出版社
出 版 人	杨风和
地　　址	天津市卫津路 92 号天津大学内(邮编:300072)
电　　话	发行部:022-27403647
网　　址	publish.tju.edu.cn
印　　刷	廊坊市长虹印刷有限公司
经　　销	全国各地新华书店
开　　本	185mm×260mm
印　　张	15.75
字　　数	393 千
版　　次	2005 年 7 月第 1 版　2014 年 2 月第 2 版
印　　次	2014 年 2 月第 2 次
定　　价	52.00 元(附赠光盘)

凡购本书,如有缺页、倒页、脱页等质量问题,烦请向我社发行部门联系调换
版权所有　　侵权必究

前 言

本书再版是为了适应港口与航道工程建设的迅猛发展和现行行业规范的更新。全书由港口与航道工程技术(专业基础技术和专业技术)、港口与航道工程项目管理和港口与航道工程法规三篇组成。覆盖了《一级建造师执业资格考试大纲(港口与航道工程专业)》的要求(详见正文中括号内的编号)。涉及工程环境、工程地质勘察、工程测量、工程建筑材料、港工建筑物、航道整治工程、疏浚与吹填施工、港口与航道工程项目管理、港口与航道工程行业法规等九门课程。

作者试图将本书与专业学科的设置相结合,对具有执业资格的一级港口与航道工程建造师所必备的理论知识和施工技术进行了系统、综合、详尽、准确的阐述,以便应试者对所学知识和实践经验进行归纳和总结,从中找出复习要点,更好地应对考试,摆脱繁复无序和问题堆砌的困扰,用案例和模拟试题检验专业技能和管理能力的水平。本书可作为港口与航道工程一级建造师执业资格考试的全面复习指导,也是日常工作须臾不可离的重要参考书。

编者

2014 年 1 月

考生须知

全国一级建造师执业资格考试港口与航道工程关于管理与实务科目的考试时间、题型、题量、分值如下。

考试科目	考试时间（小时）	题型	题量（题）	分值（分）
港口与航道工程管理与实务	4	单项选择题	20	20
		多项选择题	10	20
		案例分析题	5	120

　　本书依据考试大纲和现行行业规范编写，并与港口与航道工程专业学科的设置相结合。对于建造师必备的理论知识和施工技术，进行了系统、综合、详尽、准确的阐述，同时给出模拟试题289题和案例分析题8题，以备考生自测。

　　作者强调考生应全面复习，充分利用本书；不鼓励考生陷入题海，所给模拟试题和案例足以提供考生举一反三。

　　预祝港口与航道工程建造师们考试成功！

目　　录

第 1 篇　港口与航道工程技术（1E410000）

1　港口与航道工程专业基础技术（1E411000） ……………………………………………（2）
　1.1　工程环境（1E411010） ………………………………………………………………（2）
　　1.1.1　风（1E411016） …………………………………………………………………（2）
　　1.1.2　波（1E411011） …………………………………………………………………（5）
　　1.1.3　潮（1E411012）（1E411015） ……………………………………………………（8）
　　1.1.4　流（1E411013） …………………………………………………………………（10）
　　1.1.5　泥沙（1E411014）（1E411015） …………………………………………………（11）
　1.2　工程地质勘察（1E411020） ……………………………………………………………（14）
　　1.2.1　工程地质勘察阶段划分（1E411021） ……………………………………………（14）
　　1.2.2　工程地质勘探技术（1E411021） …………………………………………………（16）
　　1.2.3　土的物理力学性质（1E411021） …………………………………………………（21）
　　1.2.4　航道疏浚工程勘察（1E411021） …………………………………………………（24）
　　1.2.5　工程地质剖面图（1E411021） ……………………………………………………（29）
　　1.2.6　管涌和流沙（土）（1E411070） ……………………………………………………（31）
　　1.2.7　软土地基加固（1E411100） ………………………………………………………（33）
　1.3　工程测量（1E411022）（1E411110） ……………………………………………………（36）
　　1.3.1　工程测量基本规定（1E411022） …………………………………………………（36）
　　1.3.2　地形图和水深图（1E411022） ……………………………………………………（37）
　　1.3.3　平面控制和高程控制（1E411111） ………………………………………………（37）
　　1.3.4　沉降和位移（1E411112） …………………………………………………………（39）
　1.4　工程建筑材料（1E411030）（1E411040）（1E411050）（1E411120） …………………（40）
　　1.4.1　水泥（1E411030） …………………………………………………………………（40）
　　1.4.2　钢材（1E411040） …………………………………………………………………（47）
　　1.4.3　混凝土（1E411050） ………………………………………………………………（55）
　　1.4.4　土工织物（1E411120） ……………………………………………………………（66）

2　港口与航道工程专业技术（1E412000） ……………………………………………………（70）
　2.1　重力式码头施工技术（1E412010） ……………………………………………………（70）
　　2.1.1　重力式码头的组成（1E412010） …………………………………………………（70）
　　2.1.2　重力式码头的施工程序（1E412010） ……………………………………………（71）
　　2.1.3　重力式码头的抛石基床施工（1E412011） ………………………………………（71）
　　2.1.4　重力式码头的构件预制、吊运和安装（1E412012） ……………………………（77）
　　2.1.5　重力式码头的抛石棱体、倒滤层和回填土施工（1E412013） …………………（83）

1

  2.1.6 重力式码头的胸墙施工(1E412014) ……………………………………… (84)
 2.2 高桩码头施工技术(1E412020) ……………………………………………… (86)
  2.2.1 高桩码头的施工特点和施工程序(1E412020) ……………………… (86)
  2.2.2 高桩码头的桩基施工(1E412021) …………………………………… (87)
  2.2.3 高桩码头的构件预制、吊运和安装(1E412022) …………………… (89)
  2.2.4 高桩码头的接岸结构和岸坡施工(1E412023) ……………………… (91)
 2.3 板桩码头施工技术(1E412030) ……………………………………………… (93)
  2.3.1 板桩码头的组成(1E412030) ………………………………………… (93)
  2.3.2 板桩码头施工规定(1E412031) ……………………………………… (93)
  2.3.3 板桩沉桩(1E412031) ………………………………………………… (94)
  2.3.4 锚碇系统施工(1E412032) …………………………………………… (95)
 2.4 斜坡式防波堤施工技术(1E412040) ………………………………………… (98)
  2.4.1 斜坡式防波堤的基础(垫层)施工(1E412041) ……………………… (100)
  2.4.2 斜坡式防波堤的堤身施工(1E412042) ……………………………… (101)
  2.4.3 斜坡式防波堤的护面块体施工(1E412043) ………………………… (102)
  2.4.4 斜坡式防波堤的胸墙施工 …………………………………………… (102)
 2.5 航道整治施工技术(1E412050) ……………………………………………… (103)
  2.5.1 滩险航道整治措施(1E412051)(1E412052)(1E412053) ………… (103)
  2.5.2 整治建筑物施工(1E412054) ………………………………………… (106)
 2.6 疏浚和吹填施工技术(1E412060) …………………………………………… (111)
  2.6.1 疏浚机械——挖泥船(1E412061)(1E412062)(1E412063)(1E412064) ………
   ………………………………………………………………………………… (111)
  2.6.2 吹填工程施工(1E412065) …………………………………………… (115)

第2篇 港口与航道工程项目管理(1E420000)

1 港口与航道工程项目管理基础(1E421140)(1E421150)(1E421060) ……… (120)
 1.1 工程项目前期工作(1E421140) ……………………………………………… (120)
  1.1.1 项目建议书(1E421141) ……………………………………………… (120)
  1.1.2 工程可行性研究报告(1E421142) …………………………………… (121)
  1.1.3 初步设计(1E421143) ………………………………………………… (122)
 1.2 工程项目管理的国外概况(1E421150) ……………………………………… (123)
  1.2.1 国外工程项目管理的特点(1E421151) ……………………………… (123)
  1.2.2 工程项目管理的国际惯例(1E421151) ……………………………… (124)
  1.2.3 国外工程项目管理实例(1E421151) ………………………………… (125)
 1.3 工程项目施工监理(1E421060) ……………………………………………… (126)
  1.3.1 施工监理的依据(1E421061) ………………………………………… (126)
  1.3.2 施工监理机构的职责、权利和义务(1E421062) …………………… (127)
2 港口与航道工程项目招标、投标管理和合同管理(1E421010)(1E421020) ……… (130)
 2.1 港口与航道工程项目施工招标、投标管理(1E421010) …………………… (130)

- 2.1.1 施工招标条件、招标方式和招标程序(1E421011) …………………(130)
- 2.1.2 招标公告和招标文件(1E421012) ……………………………………(131)
- 2.1.3 对潜在投标人资格要求的审查(1E421013) ………………………(132)
- 2.1.4 投标文件(1E421014) ……………………………………………………(132)
- 2.1.5 开标和评标(1E421015) …………………………………………………(133)
- 2.2 工程项目施工合同管理(1E421020) ………………………………………(137)
  - 2.2.1 施工合同文件的组成(1E421021) ………………………………………(137)
  - 2.2.2 合同双方责任(1E421022)(1E421023) ………………………………(137)
  - 2.2.3 施工期(1E421025) ………………………………………………………(138)
  - 2.2.4 合同价款与支付(1E421026) ……………………………………………(139)
  - 2.2.5 设计变更(1E421027) ……………………………………………………(140)
  - 2.2.6 竣工验收与结算(1E421028) ……………………………………………(141)
- 2.3 工程项目施工合同担保(1E421040) ………………………………………(145)
  - 2.3.1 工程项目施工合同担保(1E421041) ……………………………………(145)
  - 2.3.2 履约担保(1E421041) ……………………………………………………(145)
  - 2.3.3 预付款担保(1E421041) …………………………………………………(146)
  - 2.3.4 保修担保(维修保函)(1E421041) ………………………………………(146)
- 2.4 合同争议(1E422080) ………………………………………………………(148)
  - 2.4.1 合同争议的产生原因及争议范围(1E422081) ………………………(148)
  - 2.4.2 合同争议的处理程序(1E422081) ………………………………………(148)
  - 2.4.3 合同争议的解决方法(1E422081) ………………………………………(148)
- 3 港口与航道工程项目质量管理(1E421050)(1E421130)(1E422050) ……(152)
  - 3.1 工程项目质量监督(1E421050) ……………………………………………(152)
    - 3.1.1 质量监督机构(1E421051) ………………………………………………(152)
    - 3.1.2 质量监督的内容(1E421052) ……………………………………………(153)
    - 3.1.3 质量监督程序(1E421053) ………………………………………………(153)
    - 3.1.4 对违反质量监督规定的处罚(1E421054) ………………………………(155)
  - 3.2 港口与航道工程施工企业资质管理(1E421130) ………………………(156)
    - 3.2.1 施工企业总承包资质等级划分及承包工程范围(1E421131) ………(156)
    - 3.2.2 施工企业专业承包资质等级划分及承包工程范围(1E421132) ……(157)
  - 3.3 港口与航道工程质量检验评定(1E422050) ……………………………(158)
    - 3.3.1 港口工程质量检验对工程的划分(1E422051) ………………………(158)
    - 3.3.2 港口工程质量等级标准及质量评定工作的程序和组织(1E422052) ………(159)
    - 3.3.3 航道整治工程质量检验工程的划分(1E422053) ……………………(160)
    - 3.3.4 航道整治工程质量等级标准及质量评定工作程序和组织(1E422054) …(161)
    - 3.3.5 疏浚工程质量检验评定工作的程序(1E422055) ……………………(162)
- 4 港口与航道工程项目进度管理(1E422010)(1E422040) ………………(167)
  - 4.1 港口与航道工程施工组织设计(1E422010) ……………………………(167)
    - 4.1.1 工程施工组织设计的概念(1E422010) ………………………………(167)

  4.1.2 高桩码头工程施工组织设计(1E422011) …………………………………………(168)
  4.1.3 重力式码头工程施工组织设计(1E422012) ……………………………………(170)
  4.1.4 疏浚工程施工组织设计(1E422013) ……………………………………………(171)
  4.1.5 航道整治工程施工组织设计(1E422014) ………………………………………(172)
 4.2 港口与航道工程施工进度控制(1E422040) ……………………………………………(174)
  4.2.1 工程施工进度控制的概念(1E422040) …………………………………………(174)
  4.2.2 工程施工进度计划的编制(1E422041) …………………………………………(174)
  4.2.3 工程施工进度计划的实施与检查(1E422042) …………………………………(176)
  4.2.4 工程施工进度计划的分析与调整(1E422043) …………………………………(177)

5 港口与航道工程项目费用管理(1E422020)(1E422090)(1E421030)(1E422100)
 (1E422110)(1E422030) …………………………………………………………………………(181)
 5.1 港口与航道工程项目概算预算编制(1E422020) ……………………………………(181)
  5.1.1 沿海港口工程项目概算预算编制(1E422021) …………………………………(181)
  5.1.2 内河航运工程项目概算预算编制(1E422022) …………………………………(183)
  5.1.3 疏浚工程项目概算预算编制(1E422023) ………………………………………(184)
 5.2 港口与航道工程项目定额(1E422090) …………………………………………………(185)
  5.2.1 《沿海港口水工建筑工程定额》的应用(1E422091) ……………………………(186)
  5.2.2 《沿海港口水工建筑及装卸机械设备安装工程船舶机械艘(台)班费用定额》
    的应用(1E422092) ………………………………………………………………(186)
  5.2.3 《内河航运水工建筑工程定额》的应用(1E422094) ……………………………(187)
  5.2.4 《内河航运工程船舶机械艘(台)班费用定额》的应用(1E422095) ……………(187)
  5.2.5 《水运工程混凝土和砂浆材料用量定额》的应用(1E422093) …………………(188)
  5.2.6 《疏浚工程预算定额》的应用(1E422096) ………………………………………(188)
 5.3 港口与航道工程的计量和工程价款的变更(1E421030) ……………………………(191)
  5.3.1 港口与航道工程的计量(1E421031) ……………………………………………(191)
  5.3.2 港口与航道工程价款的变更(1E421032) ………………………………………(193)
 5.4 港口与航道工程投标项目的成本估计与风险预测(1E422100) ……………………(194)
  5.4.1 投标项目的成本估计(1E422101) ………………………………………………(194)
  5.4.2 投标项目的风险预测(1E422102) ………………………………………………(195)
 5.5 港口与航道工程项目的费用控制(1E422110) ………………………………………(196)
  5.5.1 港口与航道工程项目的成本预测(1E422111) …………………………………(196)
  5.5.2 港口与航道工程项目的费用控制(1E422112) …………………………………(197)
 5.6 港口与航道工程项目的工期索赔与费用索赔(1E422030) …………………………(199)
  5.6.1 索赔(1E422030) …………………………………………………………………(199)
  5.6.2 港口与航道工程项目的工期索赔(1E422031) …………………………………(200)
  5.6.3 港口与航道工程项目的费用索赔(1E422032) …………………………………(201)

6 港口与航道工程施工安全管理与文明施工(1E421070)(1E421080)(1E421090)
 (1E421100)(1E421110)(1E421120)(1E422060)(1E422070) ……………………………(206)
 6.1 港口与航道工程施工安全事故的等级划分和处理程序(1E421070) ………………(206)

       6.1.1 施工安全事故的等级划分(1E421071) ……………………………… (206)
       6.1.2 施工安全事故的处理程序(1E421072) ……………………………… (207)
   6.2 港口与航道工程施工安全事故的防范(1E421080) ………………………… (208)
   6.3 大型施工船舶的拖航、调遣和防风、防台(1E421090) ……………………… (209)
       6.3.1 大型施工船舶的拖航、调遣(1E421091) ……………………………… (209)
       6.3.2 大型施工船舶的防风、防台(1E421092) ……………………………… (210)
   6.4 通航安全水上水下施工作业管理(1E421100) ……………………………… (211)
       6.4.1 通航安全水上水下施工作业管理的范围(1E421101) ………………… (211)
       6.4.2 通航安全水上水下施工作业的申请(1E421102) ……………………… (212)
       6.4.3 通航安全水上水下施工作业的监督管理(1E421103) ………………… (213)
       6.4.4 通航安全水上水下施工作业管理涉及的法律责任(1E421104) ……… (213)
   6.5 海上航行警告和海上航行通告的管理(1E421110) ………………………… (214)
       6.5.1 海上航行警告和海上航行通告管理的范围、机构和发布形式(1E421111) …………
            ……………………………………………………………………………… (214)
       6.5.2 海上航行警告和海上航行通告的申请(1E421112) …………………… (214)
       6.5.3 违反海上航行警告和海上航行通告管理规定的处罚(1E421113) …… (215)
   6.6 港口与航道工程的保险(1E421120) ………………………………………… (215)
       6.6.1 港口与航道工程保险的种类(1E421121) ……………………………… (215)
       6.6.2 各类保险的主要内容(1E421122) ……………………………………… (215)
   6.7 港口与航道工程的安全作业(1E4222060) …………………………………… (216)
       6.7.1 沉桩作业(1E422061) …………………………………………………… (216)
       6.7.2 构件安装作业(1E422062) ……………………………………………… (216)
       6.7.3 绞吸式挖泥船作业(1E422063) ………………………………………… (217)
       6.7.4 链斗式挖泥船作业(1E422064) ………………………………………… (217)
       6.7.5 水上施工作业(1E422065) ……………………………………………… (218)
       6.7.6 潜水作业(1E422066) …………………………………………………… (218)
       6.7.7 起重作业(1E422067) …………………………………………………… (219)
       6.7.8 施工用电(1E422068) …………………………………………………… (219)
   6.8 港口与航道工程的现场文明施工(1E422070) ……………………………… (220)

第3篇 港口与航道工程法规(1E430000)

1 港口与航道工程行业法规(1E431000) …………………………………………… (225)
  1.1 中华人民共和国港口法(1E431010) ………………………………………… (225)
      1.1.1 港口规划和港口建设(1E431011) ……………………………………… (225)
      1.1.2 港口安全和监督管理(1E431012) ……………………………………… (226)
      1.1.3 关于港口建设以及施工方面的法律责任(1E431013) ………………… (226)
  1.2 中华人民共和国防止船舶污染海域管理条例(1E431020) ………………… (227)
      1.2.1 海域河口(1E431021) …………………………………………………… (227)
      1.2.2 港区水域(1E431022) …………………………………………………… (227)

5

2 港口与航道工程规范和标准(1E432000)(1E432010) … (229)

2.1 港口与航道工程混凝土质量控制(1E432011) … (229)
- 2.1.1 混凝土保护层最小厚度 … (229)
- 2.1.2 混凝土水灰比最大允许值 … (230)

2.2 重力式码头抛石基床施工要求(1E432012) … (231)
- 2.2.1 抛石基床 … (231)
- 2.2.2 地基土防冲措施 … (232)

2.3 高桩码头施工期岸坡稳定性验算和预制构件安装要求(1E432013) … (232)
- 2.3.1 施工期岸坡稳定性验算 … (232)
- 2.3.2 预制构件安装要求 … (232)

2.4 防波堤施工要点(1E432014) … (232)
- 2.4.1 软土地基上抛石顺序 … (232)
- 2.4.2 堤心石施工要求 … (233)
- 2.4.3 人工块体安放次序 … (233)
- 2.4.4 干砌块石护面施工要求 … (233)
- 2.4.5 直立堤施工要求 … (233)

2.5 港口工程质量检验评定(1E432015) … (233)
- 2.5.1 基槽开挖 … (233)
- 2.5.2 水下抛石基床 … (234)
- 2.5.3 混凝土 … (234)
- 2.5.4 桩、板桩、灌柱桩 … (235)
- 2.5.5 预制构件安装 … (235)
- 2.5.6 后方回填 … (236)

2.6 船闸工程质量检验评定(1E432016) … (237)
- 2.6.1 基槽开挖 … (237)
- 2.6.2 地基处理 … (237)

2.7 疏浚工程质量检验评定(1E432017) … (237)

2.8 航道整治工程施工要求(1E432018) … (238)
- 2.8.1 施工通告 … (238)
- 2.8.2 水下炸礁质量检验 … (238)
- 2.8.3 航道整治工程质量等级 … (238)

参考文献 … (241)

第1篇

港口与航道工程技术
（1E410000）

港口与航道工程技术由港口与航道工程专业基础技术和港口与航道工程专业技术组成。

1 港口与航道工程专业基础技术(1E411000)

港口与航道工程的**专业基础技术**主要包括：工程环境、工程地质勘察、工程测量和工程建筑材料。

1.1 工程环境(1E411010)

海洋动力因素，诸如风、波、潮、流以及泥沙经久而频繁地作用在港口与航道工程建筑物（码头、防波堤、护岸以及堤、坝等）上。作为实施港工建筑物设计方案的建造师们必须了解上述海洋动力因素的变化规律以及它们与建筑物之间的相互作用，以便有效地根据海洋工程环境条件选择和确定工期进度、施工程序、建筑材料、经济策划和安全措施。

1.1.1 风(1E411016)

风是大自然最普通的现象之一。风可作为动力资源被人们所利用；风又以可记录的风速达 85 m/s 的破坏性而给人类带来巨大灾难。同时，风是波、潮、流等海水运动至关密切的影响因素，风力的计算已列为工程建筑物设计和施工中不可缺少的工程环境条件。

1. 大气压

大气作用于地球表面单位面积上的力称为**大气压**，用符号 p_a 示之。

1) 大气压单位

水温 0℃、纬度 45°海平面大气压用**国际标准大气压**表示为

$$p_a = 101.325 \text{ kPa} \tag{1.1.1}$$

海拔 200 m **工程大气压**表示为

$$p_a = 98 \text{ kPa} \tag{1.1.2}$$

其中，1 Pa = 1 N/m²。

2) 气压场

大气压随时间和空间而变化，即大气压是时间和空间的函数，大气压的分布是不均匀的。某一地区范围在某一时刻海平面的大气压分布可用**等压线**组成的**气压场**表示。海平面气压场包括9种形式：低压、高压、低压槽、高压脊、低压带、高压带、副低压、副高压和鞍形，如图1.1.1 所示。

2. 风的参数

由于气温的水平差异，引起大气密度的变化，致使大气压在水平方向上分布的不均匀性而产生的空气由高压向低压的运动称为**风**，风的运动用风速表示。显然，气压差大则风速大，气压差小则风速小。气压场中的等压线的疏密程度表示单位距离内气压差的大小，等压线越密

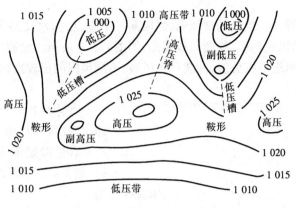

图 1.1.1　海平面气压场(Pa)

则风速越大,反之亦然。

1)风速

风速是空气在单位时间内流动的距离,单位为 m/s。根据风速的大小,风可分为18级,以蒲福(Beanfort)风级表为基础的通用风级如表 1.1.1 所示。表中包括:风级、风名、波况、最大风速和最大波高。

表 1.1.1　通用蒲福风级表

风级	0	1	2	3	4	5	6	7	8	9	10	11	12	13	14	15	16	17
风名	无风	软风	轻风	微风	和风	清风	强风	疾风	大风	烈风	狂风	暴风	飓风	\multicolumn{5}{c}{(附加5级)}				
波况	如镜	微波	小波	小波	轻浪	中浪	大浪	巨浪	狂浪	狂浪	狂涛	非凡	非凡					
最大风速(m/s)	0.2	1.5	3.3	5.4	7.9	10.7	13.8	17.1	20.7	24.4	28.4	32.6	36.9	41.4	46.1	50.9	56.0	61.2
最大波高(m)	0	0.2	0.5	1.0	1.5	2.0	3.5	5.0	7.5	9.5	12.0	15.0						

2)风向

风向是指风的来向。在气象学中,风向用16个方位表示,如图 1.1.2,即 N(北)、NNE(东北偏北)、NE(东北)、ENE(东北偏东)、E(东)、ESE(东南偏东)、SE(东南)、SSE(东南偏南)、S(南)、SSW(西南偏南)、SW(西南)、WSW(西南偏西)、W(西)、WNW(西北偏西)、NW(西北)、NNW(西北偏北)。

在天气预报图中,风向和风速值统一用风向矢杆和风速标记表示。其中**风向矢杆**自站圈向外,所指方向即为风的来向;**风速标记**为短线、长线和小三角旗分别代表风速 2 m/s、4 m/s 和 20 m/s。图 1.1.3 所示某站风向为 WNW,风速为 26 m/s。

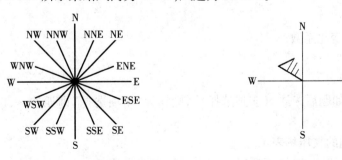

图 1.1.2　风向的方位　　　　　图 1.1.3　风向矢杆和风速标记

3. 风玫瑰图

为了提供港口工程所在地区的常风向、强风向等信息，根据水文站实测样本的风向频率，即各风级、不同风向的出现频率，绘制**风玫瑰图**，如图1.1.4所示。绘制风玫瑰图步骤如下。

①将风速按可能风级范围分级，并统计各风级、不同风向的**出现次数**以及**观测总次数**。

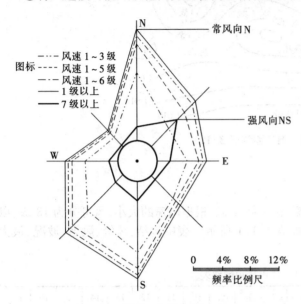

图1.1.4 某港五年期间风玫瑰图

②计算各风级、不同风向**出现频率**，即出现次数与观测总次数的百分数。

③选取频率比例尺、风向方位和图标，如常风向、强风向出现频率的不同线型。

④将上述各风级、不同风向出现频率值点绘于图上，并连成风玫瑰图。

常风向是指总计1级以上的风在某风向出现次数最多者，即该风向出现频率最高者。

强风向是指7级以上最大风速的风在某风向出现次数最多者，即该风向出现频率最高者。

4. 设计风速

设计风速是指设计风速特征值，体现了国家的设计标准。我国《海港水文规范 JTJ213—98》规定的设计标准为：离地（标准高度）10 m 高、50 年一遇（重现期）、（记录时距）10 min、（设计风速特征值）平均最大风速 m/s，用 U 表示。

5. 设计风压

风压对港工建筑物的作用表现在两方面：一是水平推移力；二是对固端的倾覆力矩。**设计风压**的取值大小直接影响工程结构的安全性和经济的合理性。

我国《港口工程荷载规范 JTS 144—1—2010》规定**基本风压**按下式计算，

$$W_0 = \frac{1}{1\,600} U^2 (\text{kPa}) \tag{1.1.3}$$

设计风压即作用在港工建筑物上的**风荷载设计标准值**按下式计算，

$$W_K = \mu_s \mu_z W_0 \tag{1.1.4}$$

式中：μ_s 为体形系数；

μ_z 为风压高度变化系数。

【模拟试题】

在模拟试题中，如题后未注"（多项选择）"，则均为"单项选择"即四选一，以下各章、节同此，不另注。

1. 用等压线绘制的气压场表示_____。
A. 风向矢杆　　　　B. 风速标记　　　　C. 基本风压

D. 某一地区范围在某一时刻海平面的大气压分布①

2. 风的来向称为_____。
A. **风向**　　　　B. 风级　　　　C. 风名　　　　D. 风的方位

3. 在风玫瑰图中,常风向表示_____。
A. 强风向　　　　　　　　　　B. 最大风速
C. **总计1级以上的风在某风向出现频率最高者**
D. 7级以上最大风速的风在某风向出现频率最高者

4. 设计风速是_____的主要依据。
A. 气压场　　　　B. **设计风压**　　　　C. 风玫瑰图　　　　D. 风速标记

1.1.2　波(1E411011)

波浪外观为海水与大气两种介质的相对运动。对于港口工程所遇**风成重力波**,假定:海水为理想流体,不计其黏性;当扰动风力停止后,重力为唯一恢复力;运动为周期性的,属非定常运动的特例。

由于蕴藏大量能量的波的周期小于30 s,而结构自振周期为1~30 s,其与波的周期十分接近,波浪作用力极易造成工程建筑物的毁灭性破坏。波浪的惊人威力还表现在对泥沙运动的影响,成为引起泥沙运动的主要动力。

1. 波浪要素

波浪要素归纳为表1.1.2,并参阅图1.1.5。

表1.1.2　波浪要素

波浪要素	波长	波数	波高	波陡	波坦	波周期	圆频率	波速
关系式	$L=\dfrac{2\pi}{k}$	$k=\dfrac{2\pi}{L}$	H	H/L	L/H	$T=\dfrac{2\pi}{\omega}$	$\omega=\dfrac{2\pi}{T}$	$c=\dfrac{L}{T}=\dfrac{\omega}{k}$

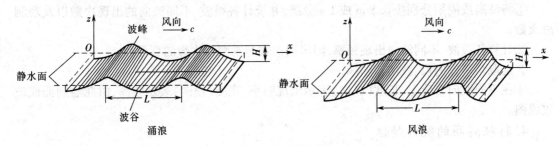

图1.1.5　波浪要素

波浪按波高分级,0~9共分为10级,即自无浪至怒涛,如表1.1.3所示。

---

① 选项中排黑体者为答案,全书同。

表 1.1.3　波级

波级	0	1	2	3	4	5	6	7	8	9
$H_{1/10}$(m)	0	<0.1	<0.5	<1.5	<3.0	<5.0	<7.5	<11.5	<18.0	>18.0
波名	无浪	微浪	小浪	轻浪	中浪	大浪	巨浪	狂浪	狂涛	怒涛

2. 波浪分类

按波浪要素随时间和空间是否变化,波浪分为规则波和不规则波。

1)规则波

当波高 H 较小时,流体质点速度的平方 v^2 的非线性为小量,可以略去,则波浪可视为线性的可叠加的规则波。**规则波**以微幅波理论为基础,进行分析和计算。

对于周期 T 不变的规则进行波,波浪要素之间关系如表 1.1.4 所示。

表 1.1.4　规则波波浪要素之间关系

波类	圆频率	波速
深水进行波	$\omega^2 = kg$	$c = \sqrt{\dfrac{gL}{2\pi}}$
浅水进行波	$\omega^2 = kg \, \text{th} \, kd$	$c = \sqrt{\dfrac{gL}{2\pi} \text{th} \dfrac{2\pi d}{L}}$
极浅水进行波	——	$c = \sqrt{gd}$

2)不规则波

真实的波或波高 H 较大时,规则波的分析方法已不适用。其波浪要素是随机变化的,称为**不规则波**。不规则波基于波浪谱理论进行分析和计算。

不规则波波长近似为 $\bar{L} \approx \dfrac{2}{3}\left(\dfrac{g\bar{T}^2}{2\pi}\right)$

3. 波玫瑰图

实测波面记录如图 1.1.6 所示。**波玫瑰图**如图 1.1.7 所示,表示各级波、不同波向出现频率。绘制波玫瑰图步骤如下:

①将波高或周期分别按 0.5 m 或 1 s 分级,并统计各级波、不同波向的**出现次数**以及**观测总次数**;

②计算各级波、不同波向**出现频率**,即出现次数与观测总次数的百分数;

③选取频率比例尺、波向和图标;

④在不同波向方位上,长度(纵向)表示出现频率,宽度(横向)表示波高,由此绘制而成波玫瑰图。

4. 特征波高的统计特性

为了表达海面上不规则波的状态,常用波浪要素的特征值描述,即统计意义上的特征,所谓**特征波高**(抑或特征周期)。

1)平均波高

平均波高 $\bar{H}$ 为一段连续记录中所有波高的平均值,其表达式为

$$\bar{H} = \frac{1}{N}\sum_{i=1}^{s} n_i H_i \tag{1.1.5}$$

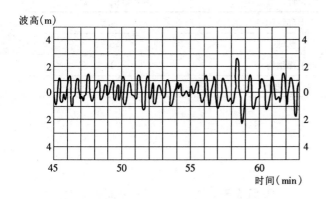

图1.1.6 实测波面记录

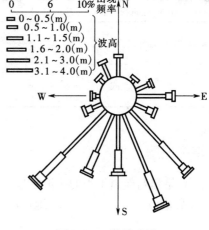

图1.1.7 波玫瑰图

式中：N 为所取波高总数，$N = \sum_{i=1}^{s} n_i$；

n_i 为每一波高出现次数；

s 为不同波高种类数。

2）有效波高

有效波高 $H_{1/3}$ 是指实测连续波高按递减排列后 1/3 大波波高的平均值，其表达式为

$$H_{1/3} = \frac{1}{N/3} \sum_{i=1}^{N/3} H_i \tag{1.1.6}$$

3）1/10 大波平均值

1/10 大波平均值 $H_{1/10}$ 是指实测连续波高按递减排列后 1/10 大波波高的平均值，其表达式为

$$H_{1/10} = \frac{1}{N/10} \sum_{i=1}^{N/10} H_i \tag{1.1.7}$$

4）累积频率对应波高

在波列中选取某一累积频率 $F\%$ 对应的波高作为特征波高 $H_{F\%}$。

各波高值出现频率用百分数表示，则 $H_{F\%}$ 表示等于、大于该波高的波在波列中出现频率为 $F\%$。

应当指出，部分大波波高平均值与累积频率对应波高是两种不同概念，$H_{1/p} \neq H_{F\%}$，即 $H_{1/3} \neq H_{33.3\%}$，$H_{1/10} \neq H_{10\%}$。

5. 设计波高

以设计波高作为设计标准，用重现期或波列累积频率表示。《海港水文规范 JTS 145—2—2013》规定了与建筑物类型和部位有关的设计波高的设计标准：

①重要建筑物设计波浪的重现期采用 50 年，非重要建筑物可采用 25 年；

②设计波高的波列累积频率 $F\%$ 如表 1.1.5 所示。

表1.1.5 设计波高的波列累积频率标准

建筑物类型	设计部位	波列累积频率F%
直墙式、墩柱式	上部结构	1
	基础	5
斜坡式	上部结构	1
	基础和护底	13

【模拟试题】

1. 港口与航道工程的波浪是指_____。
A. 潮波　　　　　B. 地震波　　　　C. **风成重力波**　　D. 表面张力波

2. 相邻波峰顶与波谷底的垂向距离称为_____。
A. **波高**　　　　B. 波长　　　　　C. 波周期　　　　　D. 圆频率

3. 用_____表示各级波、不同波向的出现频率。
A. 波浪谱　　　　B. 有效波高　　　C. **波玫瑰图**　　　D. 波高累积频率曲线

4. 有效波高定义为_____。
A. 设计波高　　　　　　　　　　　　B. 平均波高
C. **1/3 大波波高的平均值**　　　　　D. 波列累积频率对应的波高

1.1.3 潮(1E411012)(1E411015)

潮汐的表观是一种长波运动,表现为**潮位升降**,即涨潮或落潮。潮是指海水水位在垂直方向上的升降变化(亦称天文潮)。

引起潮位运动的外力是引潮力。**引潮力**是天体间位置变化具有周期性规律的天体引力和地球与其他天体绕其共同质心运动产生的惯性离心力的合力。

1. 潮汐要素

1)潮差

潮差为高、低潮位之差。

2)历时

由低潮至高潮的历时称**涨潮时**;由高潮至低潮的历时称**落潮时**。

3)潮周期

涨、落潮时之和称**潮周期**。

2. 潮汐类型

1)半日潮

一日两次涨、落潮称为**半日潮**。例如天津新港为半日潮,潮周期为12 h 25 min。

2)全日潮

一日一次涨、落潮称为**全日潮**。例如北海为全日潮。

3）混合潮

混合潮又分不正规半日潮和不正规全日潮，前者如香港，后者如海南榆林。

3．潮位基准面

潮位基准面是港工建筑物**高程**以及港池和航道**水深**的起算面。

1）平均海平面

平均海平面是计算高程的基准面。

我国以 1985 年黄海平均海平面（即比 1956 年黄海基面高 0.038 9 m，而黄海基面是青岛 19 年[①]每小时潮位平均值）作为全国陆地高程的基准面。

2）海图深度基准面

海图深度基准面是计算水深的基准面。

海图深度基准面为潮汐可能达到的最低潮面，即为理论最低潮面。我国理论最低潮面是用 8 个分潮组合计算而得。

4．设计潮位

设计潮位是港口与航道工程设计与施工的标准性的水文参数。它不仅关系港口陆域及水工建筑物的高程和船只停泊港池与航行水域的深度，而且影响建筑物类型选择和结构受力计算。

1）工程特征潮位

设计高水位和**设计低水位**是指港工建筑物在正常工作条件下所承受的最高潮位和最低潮位。

极端高水位和**极端低水位**是指港工建筑物在非正常工作条件下所承受的最高潮位和最低潮位。

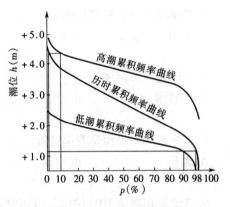

图 1.1.8　高潮、低潮和历时累积频率曲线

2）设计潮位标准

在我国《海港水文规范 JTS 145—2—2013》中，涉及海港、潮汐河口港**设计潮位标准**的条文规定如表 1.1.6 所列和图 1.1.8 所示。

表 1.1.6　海港设计潮位标准

设 计 潮 位	设 计 潮 位 标 准
设计高水位	高潮累积频率10%的潮位 （对于潮汐作用不明显的河口港，采用历时累积频率1%的潮位）
设计低水位	低潮累积频率90%的潮位 （对于潮汐作用不明显的河口港，采用历时累积频率98%的潮位）
极端高水位	重现期50年的年极值高水位
极端低水位	重现期50年的年极值低水位

在我国《内河航运工程水文规范 JTS 145—1—2011》中，涉及河港**设计潮位标准**的条文如表 1.1.7 所列。

---

① 天文要素是以 18.6 年为周期变化。

表 1.1.7 河港设计潮位标准

设 计 潮 位	设 计 潮 位 标 准
设计高水位	根据码头分类、河流地区,按不同重现期确定
设计低水位	设计最低通航水位*

* **设计最低通航水位**是指设计采用的允许标准船舶(或船队)正常通航的最低水位。

【模拟试题】

1. 落潮时的定义为_____。
   A. 由低潮至高潮的历时　　　　　　　**B. 由高潮至低潮的历时**
   C. 由低潮至高潮的潮差　　　　　　　D. 由高潮至低潮的潮差

2. 涨潮时与落潮时之和称为_____。
   A. 历时　　　　B. 潮差　　　　**C. 潮周期**　　　　D. 全日潮

3. 不正规半日潮属于_____。
   A. 半日潮　　　B. 全日潮　　　C. 潮周期　　　**D. 混合潮**

4. 黄海平均海平面是我国计算_____的基准面。
   A. 高程　　　B. 水深　　　C. 理论最低潮位　　　D. 平均最低潮位

5. 高潮累积频率10%的潮位或历时累积频率1%的潮位是_____的设计潮位标准。
   A. 河港设计高水位　　　　　　　**B. 海港设计高水位**
   C. 河港设计低水位　　　　　　　D. 海港设计低水位

6. 设计最低通航水位是_____的设计潮位标准。
   A. 河港设计低水位　　　　　　B. 海港设计低水位
   C. 河港设计高水位　　　　　　　D. 海港设计高水位

1.1.4　流(1E411013)

流即海流,大多指海水大规模水平方向的质量输运。**海流**主要包括**潮流**(周期性)、**地转流**(定常)、**风海流**(非周期性,其中定常风海流称漂流)和**波浪流**(非周期性)。水文站观测的海流数据内含有潮流和余流(除潮流以外之所有)合成的综合海流,归纳为表1.1.8。

表 1.1.8　海流类型

海流类型	性质	运动方向	备注
潮流	周期性	水平向	与垂向潮位升降不同

续表

	海流类型	性质	运动方向	备注
余流	地转流	定常（永久）	水平向	含科里奥利（Corioli）力引起的大气环流
	风海流	非周期性（暂时）	水平向	其中，定常风海流称为漂流
	波浪流	非周期性	水平向	波由深海向浅海传播变形

1. 海流特征

1）近岸海流

近岸海流以潮流和风海流为主，尚有波浪流（包括向岸流、沿岸流和离岸流，如图1.1.9所示）。

2）河口海流

河口海流以潮流和径流为主，尚有盐水楔异重流。

2. 近岸海流特征值

1）风海流流速

风海流是余流的主要部分，风海流流速可用统计方法求得，或按《海港水文规范 JTS 145—2—2013》附录M估算，方向近似与海底等深线平行。

2）潮流最大流速

根据《海港水文规范 JTS 145—2—2013》规定，潮流最大流速按不同潮汐类型分别计算。

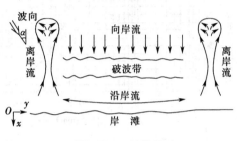

图1.1.9 波浪流

【模拟试题】

1. 潮流和风海流为主是_____的特征。
A. 潮汐　　　　　B. 余流　　　　　**C. 近岸海流**　　　　　D. 河口海流

2. 属于余流的是_____。（多项选择）
A. 海流　　　　　B. 潮流　　　　　**C. 风海流**　　　　　**D. 波浪流**

3. 海流是海水_____的质量输运。
A. 垂向　　　　　　　　　　　　　**B. 水平向**
C. 近似与海底等深线平行　　　　　D. 近似与海底等深线垂直

1.1.5 泥沙（1E411014）（1E411015）

泥沙是指在流体中受风、波、潮、流的作用在重力场中运移和沉积的固体颗粒碎屑。泥沙运动属两相流。

1. 泥沙特性

1）泥沙的几何特性

泥沙的几何特性分别用颗粒直径、粒径级配曲线和特征粒径表示。

颗粒直径 d 与筛子直径相等。

粒径级配曲线表示颗粒直径 d 的相对大小和均匀程度，如图1.1.10所示。

特征粒径表示泥沙运动的综合特性，常用以下特征粒径：

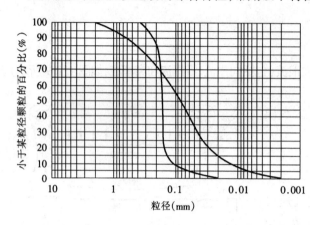

图1.1.10 土颗粒的粒径级配曲线

中值粒径 d_{50} 表示小于和大于 d_{50} 的粒径各占一半；

算术（加权）平均粒径

$$d_m = \frac{\sum_i^n \Delta p_i d_i}{100}$$

其中，Δp_i 表示粒径为 d_i 的重量占总重量的百分数，d_i 为每组上、下限粒径的平均值。

2）泥沙的重力特性

泥沙的重力特性是指单位体积内泥沙的重量，称为**重度**，用 γ_s 表示。标准泥沙重度视为常数，$\gamma_s = 26$ kN/m³。

3）泥沙的水力特性

表示泥沙在静水中均匀下沉，即当泥沙颗粒所受阻力 F_D 与重力 G 相等时的匀速下降速度称为**沉速** ω。在不同流态下，沉速 ω 的计算公式均由试验和研究分析结果提供。

2. 泥沙运动形式

泥沙运动是研究泥沙在水中冲刷、输运和沉积的规律。

港湾泥沙运动是由波、流和潮引起。河渠泥沙运动是水流拖曳力和紊流脉动引起。

水流输运的泥沙依运动状态和物理性质的不同，分为推移质和悬移质。

1）推移质

推移质在河床底部运动，其前进速度远小于水流速度，以跳跃形式前进为其运动状态。

表示推移质运动规律的物理量为**推移质输沙率** q_b，即为单位时间通过单位宽度 b 河床的推移质干沙质量，q_b 是推移质运动强度的指标

$$q_b = \frac{m_b}{t\,b} \quad (\text{kg/s·m}) \tag{1.1.8}$$

式中：m_b 为干沙质量，kg；

t 为取样历时，s；

b 为取样器的进口宽度，m。

推移质的输沙量 Q_b（kg/s）表示单位时间通过测流断面总宽 B 的干沙质量

$$Q_b = q_b B \quad (\text{kg/s}) \tag{1.1.9}$$

2）悬移质

悬移质是由于水流速度和紊动加强而出现比泥沙颗粒还大的旋涡，且向上的分速超过了

沉速,使泥沙跳跃升起,被旋涡带入主流并与水流速度一致前进为其运动状态。

表示悬移质运动规律的物理量有二: (1.1.10)

悬移质含沙量 $\rho = \dfrac{m_s}{V}(\text{kg/m}^3)$,即单位体积浑水的含泥沙的质量沿垂线分布;

悬移质输沙率 q_s,即为单位时间通过单位宽度河床的悬移质干沙质量,是水流悬沙浓度的指标。

悬移质输沙量 Q_s 表示单位时间通过测流断面的干沙质量(即质量流量)

$$Q_s = \rho Q \quad (\text{kg/s}) \tag{1.1.11}$$

式中:Q 为过水断面浑水的体积流量,m^3/s。

3. 海岸带泥沙运动特点

依泥沙颗粒大小和受力不同,海岸带分为三类。遵照《海港水文规范 JTS 145—2—2013》分类。

1) 沙质海岸

沙质海岸具有以下三个特点:

①泥沙颗粒的中值粒径 $d_{50} > 0.10$ mm;

②沙粒间无黏结力;

③自高潮线至低潮线,沙粒由粗变细,海岸剖面由陡变缓 $>1/100$,破碎带内有平行岸边的沙堤。

沙质海岸的泥沙运动形式有推移质和悬移质两种。

2) 粉沙质海岸

粉沙质海岸具有以下三个特点:

①泥沙颗粒的中值粒径 $0.10 \geqslant d_{50} \geqslant 0.03$ mm;

②粉沙粒间有一定黏结力;

③海岸剖面较缓 $<1/40$。

粉沙质海岸的泥沙运动形式以悬移质、底部高浓度含沙层和推移质形式运动。

3) 淤泥质海岸

淤泥质海岸具有以下三个特点:

①泥沙颗粒的中值粒径 $d_{50} < 0.03$ mm;

②淤泥粒间有较强黏结力,且在海水中呈絮凝状态;

③海岸滩面广、坡度缓 $<1/1\,000$。

淤泥质海岸的泥沙运动形式以悬移质为主。此外,细粒在海底有浮泥运动,粗粒在海底也有推移质运动。

4. 波和流对海岸带泥沙的作用

引起泥沙运动的主要海洋动力因素是波和流。

1) 波浪作用

对于沙质海岸,波浪是引起泥沙运动的主要动力,且发生在破碎带内。当波向与海岸线斜交,则沿岸流带动泥沙顺岸移动。如遇突堤建筑物,则从根部淤积,逐渐改变海岸线走向。如沿岸输沙量很大,则海岸线不断向海方增长,淤积可达突堤堤头,在口门处形成浅滩。如为岛式防波堤,堤后港域由岸向海淤积,形成连岛堤,则无港域而言。

对于淤泥质海岸,波浪主要起掀沙作用,且随潮输运。当风后浪弱时,形成浮泥,转化为悬移质,增加了随潮进入港域和航道的泥沙量。

2)海流作用

对于沙质海岸,海流流速较大,是输沙和掀沙的主要因素。

对于淤泥质海岸,潮流是输沙主要动力。在波弱区域,海流掀沙、挟带泥沙进入港域和航道而导致落淤。

【模拟试题】

1. 悬移质在_____运动。(多项选择)
A. 主流区　　　　　B. 漩涡区　　　　　C. 沙质海岸　　　　　D. 河床底部

2. 推移质输沙率表示_____。
A. 单位时间通过测流断面干沙质量　　　B. 单位时间通过测流断面干沙重量
C. 单位时间通过单位宽度河床的推移质干沙质量
D. 单位时间通过单位宽度河床的推移质干沙重量

3. 滩面广、坡度缓的海岸是_____特征。
A. 粉沙质海岸　　　B. 沙质海岸　　　C. 淤泥质海岸　　　D. 波浪破碎带

1.2 工程地质勘察(1E411020)

工程建筑物在设计、施工前,都必须进行地质勘察。其目的在于查明工程建筑物所在场区的地形、地貌、地质构造、水文地质条件、基岩分布、岩性特征、土层分布、地质年代和土的物理力学性质等,为工程设计和施工提供可靠的地质资料。

1.2.1 工程地质勘察阶段划分(1E411021)

工程地质勘察通常分阶段进行,一般分为三个阶段,即可行性研究阶段、初步设计阶段和施工图设计阶段。

1. 可行性研究阶段勘察

可行性研究阶段勘察应根据工程特点及技术要求,通过收集资料、踏勘、工程地质调查、勘探试验和原位测试等,对建筑物场地的工程地质条件做出评价,为确定工程的建设可行性提供工程地质资料。

1)可行性研究阶段勘察内容

可行性研究阶段的勘察内容包括:

①地貌类型及其分布、港湾或河段类型、岸坡形态与冲淤变化以及岸坡的稳定性;

②地层成因、年代、岩土性质与分布;

③对场地稳定性有影响的地质构造和地震情况;

④不良地质现象和地下水情况。

2)可行性研究阶段勘探线和勘探点的布置

勘探点应根据可供选择场地的面积、形状特点、工程要求和地质条件等进行布置。

①河港水工建筑物区域宜垂直于岸线布置勘探线,线距不宜大于200 m,线上勘探点间距不宜大于150 m。

②海港水工建筑物区域的勘探点可按网格状布置,点距200~500 m,当基岩埋藏较浅时,宜予加密。

③勘探点的勘探深度应进入持力层内适当深度。

④勘探宜采用钻探与多种原位测试相结合的方法。

2.初步设计阶段勘察

初步设计阶段勘察应能为确定总平面布置、建筑物结构形式、基础类型和施工方法提供工程地质资料。

1)初步设计阶段勘察内容

初步设计阶段的勘察内容包括:

①划分地貌单元;

②初步查明岩土层性质、分布规律、形成时代、成因、基岩风化程度、埋藏条件及露头情况;

③查明与工程建设有关的地质构造和地震情况;

④查明不良地质现象的分布范围、发育程度和形成原因;

⑤初步查明地下水类型、含水层性质、水位变化幅度、补给与排泄条件;

⑥分析场地各区段工程地质条件,推荐适宜建设地段及基础持力层。

2)初步设计阶段勘探线和勘探点的布置

在初步设计阶段,勘探点分为控制性和一般性两类。对于每个地貌单元和可能布置重要建筑物地区,至少有一个控制性勘探点。

勘探线和勘探点宜布置在比例尺为1:1 000~1:2 000的地形图上,并有如下布置原则。

①河港水工建筑物区域的勘探线应按垂直于岸线布置,线上勘探点间距(在岸坡区)应小于相邻的水、陆域。

②海港水工建筑物区域的勘探线应按平行于水工建筑物长轴方向布置,当建筑物位于岸坡明显地区时,勘探线、点按河港要求布置。

③港口陆域建筑区宜按垂直地形、地貌单元走向布置勘探线,地形平坦时按勘探网布置。

④在地貌、地层变化处勘探点应适当加密。

⑤在滑坡地区勘探线沿滑动主轴布置并应延伸至滑坡体上下两端之外,必要时尚需在滑坡体两侧增加勘探线。勘探点间距应能查明滑动面形状,可取20~40 m,勘探点深度应达到滑动面以下稳定层内1~3 m。

⑥勘探点的勘探深度主要根据工程类型、工程等级和场地工程地质条件确定。各类工程勘探点的勘探深度按《港口工程地质勘察规范 JTJ240—97》中表5.2.7确定。在同一工程中,控制性勘探点的勘探深度大于一般性勘探点的勘探深度。

⑦勘探点中,取原状土孔数不得少于勘探点总数的$\frac{1}{2}$,取样间距宜为1 m,当土层厚度大且土质均匀时,取样间距可为1.5 m,其余勘探点为原位测试点。

⑧锚地、港池和航道区一般以标准贯入试验孔为主,并适当布置取原状土的孔。

3. 施工图设计阶段勘察

施工图设计阶段勘察应能为地基基础设计、施工以及不良地质现象的防治措施提供工程地质资料。

1)施工图设计阶段勘察内容

施工图设计阶段的勘察内容包括:

①详细查明各个建筑物影响范围内的岩土分布及其物理力学性质和影响地基稳定的不良地质条件;

②除钻取岩土样进行试验外,还应选用原位测试方法,划分岩土单元体和确定岩土工程特性指标。

2)施工图设计阶段勘探线和勘探点的布置

根据工程类型、建筑物特点、基础形式、荷载状况、岩土性质,并结合需查明的问题的特点,确定勘探点位置、数量和深度,并宜布置在比例尺不小于1:1 000的地形图上。对于不同类别的工程,其勘探线和勘探点的布置方法按《港口工程地质勘察规范 JTJ240—97》中表5.3.5的规定执行。

施工图设计阶段勘探点的勘探深度应达到基础底面(或桩尖)以下一定的深度。对于不同类型的建筑、不同性质的岩土,其勘探点的勘探深度有不同的要求,详见《港口工程地质勘察规范 JTJ240—97》中表5.3.4。

1.2.2 工程地质勘探技术(1E411021)

勘探是地质勘察工作的重要手段,勘探技术可分为坑探、钻探和原位测试三种。常用的原位测试方式有标准贯入试验、十字板剪切试验、静力触探试验、动力触探试验、载荷试验和旁压试验等。

1. 坑探

坑探是通过开挖探明地质情况的技术,常用的坑探形式有探槽、探井和探硐。

1)探槽

探槽由人工或机械开挖的上宽下窄的长条形地槽,挖掘深度较浅,多在覆盖层小于3 m时使用。探槽长度根据地质条件和需要确定,探槽的宽度和深度则取决于覆盖层的性质和厚度并能满足取样要求。

2)探井

探井的开口形状可为圆形或方形,探井平面面积不宜过大,一般采用1.5 m×1.0 m矩形或直径1.0~1.5 m的圆形,探井深度不宜超过地下水位,以便于操作取样。为保证井壁不坍塌,应设井壁支护。

3)探硐

为详细查清深部地层和构造,可布置竖井和断面为2 m×2 m的水平**探硐**。在硐中取样或野外测试。

2. 钻探

钻探是工程地质勘探最重要、最有效的技术,按所用钻具的不同,其钻进方式有回转钻进、冲击钻进、振动钻进和冲洗钻进。

1）回转钻进

回转钻进采用回转式钻机，借助钻杆将动力传至钻头，使钻头在孔底转动切削土体，然后提升钻杆，将钻头带出地面，获取土样。回转钻探适于各种类型的黏土，钻进深度在50 m以内，口径一般为98～145 mm。

2）冲击钻进

冲击钻进采用冲击式钻机，用钻杆或钢丝绳连接钻头，靠钻具的重力自由下落，往复冲击孔底岩土层，获取土样。破碎后的岩粉屑由循环液冲出地面或用带活门的抽筒拖出地面而加深钻孔。

3）振动钻进

振动钻进是将机械产生的振动力，通过钻杆传到钻头，切削土体，达到钻进的目的。适用于黏性土层、砂层和粒径较小的卵石、碎石层。

4）冲洗钻进

冲洗钻进是通过高压射水破坏孔底土层，实现钻进，土层破坏后由水流冲出地面的钻探技术。适用于砂、粉土层和不太坚硬的黏土层。

按钻探所处的环境不同，可分为陆上钻探和水上钻探。

陆上钻探一般用车装钻机，通称汽车钻。其钻进、移孔位和运输较为方便，最大钻深可达100 m左右。

水上钻探操作较陆上钻探困难，通常采用钻探船或钻探平台进行水上钻探作业。

应用钻探成果可查明土层分布、土层类别和地质年代，并可通过对获取的土样进行室内常规试验，得到以下资料。

①黏性土和砂性土的物理特性，包括天然含水率、天然重度、相对密度、孔隙比、饱和度、液限、塑限、塑性指数、液性指数；黏性土和砂性土的力学指标，包括抗剪强度、压缩系数、无侧限抗压强度和锥沉量。

②粉土的黏粒含量。

③砂土的颗粒分析、自然休止角（干、水下）。

④碎石土的颗粒分析。

⑤岩石的饱和、风干和天然状态下的单轴极限抗压强度和软化系数。

3. 原位测试

原位测试是指在土体的原始位置，对天然状态下的土体进行的工程地质测试。原位测试包括标准贯入试验、静力触探试验、动力触探试验和十字板剪切试验。

1）标准贯入试验

（1）试验方法和适用条件

标准贯入试验简称SPT（Standard Penetration Test），它是用质量为63.5 kg的穿心锤，以76 cm高的落距自由落下，将置于试验土层上的标准贯入器先不计锤击数打入土中15 cm，

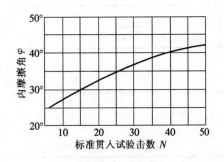

图1.2.1 标准贯入试验击数与内摩擦角的关系

注：当$N<10$时，φ值按$N=10$确定；
$N>50$时，φ值按$N=50$确定

然后再打入30 cm时累计的锤击数N,称为**标准贯入试验击数**,并用$N_{63.5}$或N_0表示。

标准贯入试验适用于砂土、粉土和黏性土,也可用于圆砾和角砾成分的碎石和基岩的全风化与强风化带。

(2)标准贯入试验成果应用

可根据标准贯入试验击数,确定砂土的内摩擦角和密实度以及黏性土的天然状态、无侧限抗压强度和承载力标准值。

①根据标准贯入试验击数N,按图1.2.1确定**砂土的内摩擦角**φ。

②根据标准贯入试验击数N,按表1.2.1确定**砂土的密实度**。

表1.2.1 标准贯入击数与砂土的密实度之关系

标准贯入击数N	密实度	标准贯入击数N	密实度
$N \leq 10$	松散	$30 < N \leq 50$	密实
$10 < N \leq 15$	稍密	$N > 50$	极密实
$15 < N \leq 30$	中密		

③根据标准贯入试验击数N,按表1.2.2确定**黏性土的天然状态和无侧限抗压强度**q_u:

对于一般黏性土,$q_u = 14N$;

对于老堆积黏性土,$q_u = 15N$。

其中,q_u为无侧限抗压强度,kPa。

表1.2.2 N与天然状态和q_u的关系

N	<2	2~4	4~8	8~15	15~30	>30
天然状态	极软	软	中等	硬	很硬	坚硬
q_u(kPa)	<25	25~50	50~100	100~200	200~400	>400

④根据标准贯入试验击数N分别按表1.2.3和1.2.4确定**黏性土和砂土的承载力标准值**f_k。

表1.2.3 黏性土承载力标准值f_k (kPa)

N	3	5	7	9	11	13	15	17	19	21	23
f_k	105	145	190	220	295	325	370	430	515	600	680

表1.2.4 砂土承载力标准值f_k (kPa)

土类	N		
	10~15	15~30	30~50
	稍密	中密	密实
中、粗砂	180~250	250~340	340~500
粉、细砂	140~180	180~250	250~340

2)静力触探试验

(1)试验方法和适用条件

静力触探试验简称CPT(Come Penetration Test),它是将一锥形金属探头,按一定的速率(一般为0.5~1.2 m/min)以静力匀速地压入土中。用电子量测仪器记录探头贯入土层中时所受阻力的变化。根据贯入阻力的大小,判断各层土的工程性质。

静力触探试验适用于黏性土、粉土和砂土。

探头在土中贯入时,探头总贯入阻力P为锥尖总阻力Q_c和侧壁总摩阻力P_f之和,即

$$P = Q_c + P_f \quad (N) \tag{1.2.1}$$

根据量测贯入阻力的方法不同,探头有两类:

单桥探头——只能量测总贯入阻力P,不能区分Q_c和P_f;

双桥探头——能分别量测Q_c和P_f。

静力触探试验成果用**比贯入阻力**p_s、**锥尖阻力**q_c和**侧壁摩阻力**f_s表示,

$$p_s = \frac{P}{A} \quad (MPa) \tag{1.2.2}$$

$$q_c = \frac{Q_c}{A} \quad (MPa) \tag{1.2.3}$$

$$f_c = \frac{P_f}{F} \quad (MPa) \tag{1.2.4}$$

式中:P为探头总贯入阻力,N;

Q_c为锥尖总阻力,N;

P_f为探头侧壁总阻力,N;

A为探头截面积,m²;

F为探头套管侧壁总面积,m²。

通过量测系统,可测得不同深度处的贯入阻力。贯入阻力的变化,反映土层物理力学性质的变化,同一种土层贯入阻力大,则土的土学性质好,承载能力就大,相反,贯入阻力小时,承载力就小。

(2)静力触探试验成果应用

静力触探试验成果主要指**比贯入阻力**p_s。

①根据比贯入阻力p_s(表1.2.5)估计饱和**黏性土**的天然重度γ。

表1.2.5 按比贯入阻力p_s估计饱和黏性土的天然重度γ

p_s(MPa)	0.1	0.3	0.5	0.8	1.0	1.6
γ(kN/m³)	14.1~15.5	15.6~17.2	16.4~18.0	17.2~18.9	17.5~19.3	18.2~20.0
p_s(MPa)	2.0	2.5	3.0	4.0	≥4.5	
γ(kN/m³)	18.7~20.6	19.2~21.0	19.5~20.7	20.0~21.4	20.3~22.2	

②根据比贯入阻力p_s,计算**黏性土**的承载力f_0

$$f_0 = 104 p_s + 26.9 \quad (MPa) \tag{1.2.5}$$

适用范围：$0.3 \leqslant p_s \leqslant 6$。

③根据比贯入阻力 p_s，计算**粉土、粉细砂和中粗砂的承载力** f_0。

粉土

$$f_0 = 36p_s + 44.6 \text{（MPa）} \tag{1.2.6}$$

粉细砂

$$f_0 = 20p_s + 59.5 \text{（MPa）} \quad (1 < p_s < 15) \tag{1.2.7}$$

中粗砂

$$f_0 = 36p_s + 76.6 \text{（MPa）} \quad (1 < p_s < 10) \tag{1.2.8}$$

④根据比贯入阻力 p_s，计算**土的压缩模量** E_s。

$$E_s = 3.72p_s + 1.26 \text{（MPa）} \quad (0.3 < p_s < 5) \tag{1.2.9}$$

此外，还可根据静力触探资料，结合当地经验和钻孔资料划分土层和判别土类，评定黏性土的不排水抗剪强度、砂土的相对密度和内摩擦角，估计土的固结系数，判定砂土液化的可能性，利用双桥探头的 q_c 和 f_c 估算单桩竖向承载力等。

3）动力触探试验

（1）动力触探试验分类

动力触探试验简称 DPT(Dynamic Penetration Test)，是使一定质量的落锤(冲击锤)提升到一定的高度，让其自由落下并冲击钻杆上端的锤垫，将与钻杆下端相连的探头贯入土中。根据贯入规定深度所需锤击数，判定土的工程性质。动力触探试验按落锤的质量大小可分为轻型、重型和超重型三种。

轻型动力触探是以质量为 10 kg 的穿心锤，落距为 0.5 m 使其自由下落，将直径 40 mm 的圆锥探头打入土中，以每打入 30 cm 时所需的锤击数 N_c 表示贯入阻力。如遇密实坚硬土层，当贯入 30 cm 所需锤击数超过 100 击或贯入 15 cm 超过 50 击时，即可停止试验。轻型动力触探贯入深度一般不大于 4 m。

重型动力触探试验，是以质量为 63.5 kg 的穿心锤，落距 76 cm，将直径 74 cm 的圆锥探头打入土中，以贯入土中 10 cm 所需的锤击数 N_c 表示贯入阻力。重型动力触探适用于砂、圆砾、角砾和碎石土，触探深度不宜超过 12~15 m。

超重型动力触探试验是以质量为 120 kg 的穿心锤，落距 100 cm，将直径 74 cm 的圆锥探头打入土中，以贯入土中 10 cm 所需的锤击数 N_c 表示贯入阻力。

（2）动力触探试验成果应用

动力触探试验成果是指**动力触探试验锤击数** N_c。

①根据重型动力触探试验锤击数 N_c，按表 1.2.6 确定**砂土密实度**。

表 1.2.6 重型动力触探试验锤击数 N_c 与砂土密实度关系

冲积的细砂、中砂的密实度	干重度 γ(kN/m³)	锤击数 N_c	
		天然结构	扰动结构（回填砂）
松散	<15.2	<(5~7)	<2
中密	15.2~16.3	(5~7)~(12~15)	2~6
密实	>16.3	>(12~15)	>6

②根据重型动力触探试验锤击数 N_c，按表 1.2.7 确定**碎石土和中粗砾砂的承载力** f_0。

表 1.2.7　重型动力触探试验锤击数 N_c 与碎石土、中粗砾砂承载力 f_0 的关系

N_c		3	4	5	6	7	8	9	10	12	14	16	18	20	22	24	26	28
f_0 (kPa)	碎石土	140	170	200	240	280	320	360	400	470	540	600	660	720	780	830	870	900
	中粗砾砂	120	150	180	220	260	300	340	380									

4）十字板剪切试验

十字板剪切试验简称 FVT（Field Vane Test），是用十字板剪切仪在现场原位测试软土地基饱和黏土不排水抗剪强度 C_u 的试验。与室内试验相比，它避免了土样扰动，保存了其天然状态。

十字板抗剪强度 τ（kPa）值可用于软土地基的稳定分析，检验软基加固效果，测定软弱地基滑动破坏后的滑动位置的残余强度值和测定软土的灵敏度。

1.2.3　土的物理力学性质（1E411021）

土由固体、液体和气体三相组成。固体颗粒构成土的骨架，水及溶解物为土的液相，空气及其他一些气体为土中的气相。固、液、气三相互相分散组合，故土被称为**三相分散系**。

土中三相的数量以及它们之间相互定量比例关系，决定着土的物理力学性质。表示三相量比例关系的指标称为土的物理性质指标。表 1.2.8 给出了土的三相比例的定义、单位以及各物理性质指标之间的换算关系。

表 1.2.8　土的三相比例指标的定义、单位及各指标之间的换算关系

指标	符号	定义	表达式	单位	常用测定方法	换算公式
重度	γ	单位体积的土重	$\gamma=\dfrac{W}{V}$	kN/m³	环刀法	$\gamma=\dfrac{G_s+S_r e}{1+e}\gamma_w\quad \gamma=\dfrac{G_s\gamma_w(1+w)}{1+e}$
含水率	w	孔隙水质量与土粒质量之比	$w=\dfrac{M_w}{M_s}\times 100\%$		烘干法	$w=\dfrac{S_r e}{G_s}\times 100\%$ $w=\left(\dfrac{\gamma}{\gamma_d}-1\right)\times 100\%$
相对密度	G_s	土粒密度与同体积水（4℃）密度之比	$G_s=\dfrac{M_s}{V_s\rho_w}$		比重瓶法	$G_s=\dfrac{S_r e}{w}$
孔隙比	e	孔隙体积与土粒体积之比	$e=\dfrac{V_v}{V_s}$			$e=\dfrac{G_s\gamma_w}{\gamma_d}-1$ $e=\dfrac{G_s\gamma_w(1+w)}{\gamma}-1$

续表

指标	符号	定义	表达式	单位	常用测定方法	换算公式
孔隙率	n	孔隙体积与土的总体积之比	$n = \dfrac{V_v}{V} \times 100\%$			$n = \dfrac{G_s \gamma_w - \gamma_d}{G_s \gamma_w} \times 100\%$ $n = \dfrac{e}{1+e} \times 100\%$

1. 土的含水率 w

土中水的质量 M_w 与土粒质量 M_s 之比称为**土的相对含水率**，简称含水率，即

$$w = \frac{M_w}{M_s} \times 100\% \tag{1.2.10}$$

根据土的含水率，确定**淤泥性土的分类**，如表 1.2.9 所示。

表 1.2.9 淤泥性土的分类

指标 土的名称	孔隙比 e	含水率 $w(\%)$	指标 土的名称	孔隙比 e	含水率 $w(\%)$
淤泥质土	$1.0 < e \leq 1.5$	$36 < w \leq 55$	流泥		$85 < w \leq 150$
淤泥	$1.5 < e \leq 2.4$	$55 < w \leq 85$	浮泥		$w > 150$

2. 土的孔隙比 e

土的孔隙比是反映土的松密程度的指标。土中孔隙的体积 V_v 与土颗粒体积 V_s 之比称为土的孔隙比，即

$$e = \frac{V_v}{V_s} \tag{1.2.11}$$

孔隙比 e 有以下用途。

（1）确定淤泥性土的分类

根据孔隙比 e，确定**淤泥性土的分类**（表 1.2.9）。

（2）确定粉土容许承载力

根据孔隙比 e 和含水率 w，确定**粉土的容许承载力** f。（《港口工程地质勘察规范 JTJ240—97》附录 C 中表 C.0.5.1）

（3）确定黏性土容许承载力

根据孔隙比 e 和液性指数 I_L，确定**黏性土的容许承载力** f。（《港口工程地质勘察规范 JTJ240—97》附录 C 中表 C.0.6.1）

（4）确定单桩垂直极限承载力

根据孔隙比 e、液性指数 I_L 和塑性指数 I_P，确定**单桩垂直极限承载力** Q_d。（《港口工程桩基规范 JTS 167—4—2012》表 4.2.4-1 和表 4.2.4-2）

3.黏性土的界限含水率、塑性指数及液性指数

1)黏性土稠度状态和界限含水量

黏性土的含水率变化时,使土颗粒间的距离增加或减小,结构排列和联接强度发生变化,从而使黏性土具有不同的稠度状态,如图1.2.2所示。

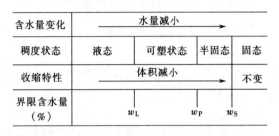

图1.2.2 土的稠度与界限含水量

当含水率很大时,土表现为泥浆的液体状态。随着含水率的减小,泥浆变稠,逐渐变成可塑状态。含水率再减小,土即变成半固态和固态。可塑状态与液态之间的界限含水率称为**液限含水率**,简称液限,用w_L表示;可塑状态与半固态之间的界限含水率称为**塑限含水率**,简称塑限,用w_P表示;半固态与固态之间的界限含水率,称为**收缩界限**,简称缩限,用w_S表示,即当含水率低于w_S时,土的体积不再收缩。

2)塑性指数I_P

液限与塑限的差值称为**塑性指数**,即

$$I_P = w_L - w_P \tag{1.2.12}$$

塑性指数I_P一般以百分数的绝对值表示,不带%符号。塑性指数越大,表示土的可塑范围越大。塑性指数I_P有如下的用途。

(1)确定黏性土的分类

根据塑性指数I_P,确定**黏性土的分类**,如表1.2.10所示。

表1.2.10 黏性土的分类

塑性指数I_P	土的名称	塑性指数I_P	土的名称
$I_P > 17$	黏土	$10 < I_P \leq 17$	粉质黏土

(2)确定淤泥和淤泥质土的容许承载力

根据天然含水率w和塑性指数I_P,确定**淤泥和淤泥质土的容许承载力**。(《港口工程地质勘察规范JTJ240—97》附录C中表C.0.7.1)

(3)确定单桩垂直极限承载力

根据孔隙比e、液性指数I_L和塑性指数I_P,确定**单桩垂直极限承载力**Q_d。(《港口工程桩基规范JTS 167—4—2012》表4.2.4-1和表4.2.4-2)

3)液性指数I_L

液性指数是表征黏性稠度的指标,用下式表示,

$$I_L = \frac{w - w_P}{w_L - w_P} = \frac{w - w_P}{I_P} \tag{1.2.13}$$

液性指数 I_L 有如下用途。

(1)判断土的软硬程度

根据土的含水量 w 和液性指数 I_L 判断**土的软硬程度**：

$w \leqslant w_p$ 时，　　　$I_L \leqslant 0$　　　　土是坚硬的；

$w_p < w \leqslant w_L$ 时，$0 < I_L \leqslant 1.0$　土处于可塑状态；

$w > w_L$ 时，　　　　$I_L > 1.0$　　　土是液态的。

(2)确定黏性土的容许承载力

根据孔隙比 e 和液性指数 I_L，确定**黏性土的容许承载力**。(《港口工程地质勘察规范 JTJ240—97》附录 C 中表 C.0.6.1)

(3)确定单桩垂直极限承载力

根据孔隙比 e、液性指数 I_L 和塑性指数 I_P，确定**单桩垂直极限承载力** Q_d。(《港口工程桩基规范 JTS 167—4—2012》表 4.2.4–1 和表 4.2.4–2)

4. 土的内摩擦角 φ 和黏聚力 c

土的内摩擦角 φ 和黏聚力 c 是通过土的剪切试验测得的两个力学参数,它们都用于**土坡和地基稳定性验算和土压力计算**。

1.2.4　航道疏浚工程勘察(1E411021)

1. 航道疏浚工程勘探线和勘探点的布置

勘探线、点的布置应根据不同的勘察阶段要求和疏浚区域实际地形地貌以及岩土层的复杂程度确定。内河或沿海航道可顺航道轴线走向布置勘探线。

1)可行性研究阶段

可行性研究阶段勘察的勘探点间距宜按下列规定布置钻孔：

内河地区——顺岸、垂岸向按 100～200 m 布置；

沿海地区——块状水域按不大于 300 m 布置,条状水域按 300～1 000 m 布置。

2)初步设计阶段

初步设计阶段勘察应根据疏浚区域的地质条件布孔。不同地质条件勘探线和勘探点的间距可参照表 1.2.11 确定。

表 1.2.11　不同地质条件下勘探线、勘探点的间距

工程地区	地质条件	定义	勘探线间距(m)或条数	勘探点间距(m)
内河	复杂	地形起伏大,岩土性质变化大,地貌单元多	20～50	20～50
	一般	地形有起伏,岩土性质变化较大	50～100	50～100
	简单	地形平坦,岩土性质单一,地貌单一	100～150	100～200
沿海	复杂	地形起伏大,岩土性质变化大,地貌单元多	20～50	20～50
	一般	地形有起伏,岩土性质变化较大	50～100	50～100
	简单	地形平坦,岩土性质单一,地貌单一	港池 200～500　航道 1～3 条	200～500

在设计疏浚深度内遇有地质构造或岩性变化甚大、基岩起伏多变或出现孤石、礁盘等情况,应加密钻孔。另外,在孤立勘探区域的钻孔不得少于 3 孔。

2. 勘探(钻孔)深度及钻孔类别

1)钻孔深度

疏浚区的**钻孔深度**宜达到设计疏浚深度以下 3 m,如果考虑进一步浚深,钻孔深度可相应增加。

2)钻孔类别及取样要求

钻孔可分技术孔和鉴别孔两类。技术孔又分控制性钻孔和一般性钻孔。各类钻孔**取样要求**见表1.2.12。

表 1.2.12 钻孔类别与取样要求

钻孔类别		钻孔作用	取样间距	土样质量	现场测试
技术孔	控制性钻孔	选择若干代表性孔先钻,待反映出勘察区域岩土概况后,指导一般性钻孔及鉴别孔钻取土样或做原位测试	宜1~1.5 m	原状土样	进行标准贯入试验,必要时,对软质黏性土增做十字板剪切试验
	一般性钻孔	在控制性钻孔取得的资料基础上,取样和进行原位测试	宜为1~3 m,以控制分层,主要单元土体统计子数不少于6个		
鉴别孔(探摸孔)		探明岩土分层		扰动土样	结合标准贯入试验判别土层

注:1. 技术孔不得少于总钻孔数的30%。
　　2. 技术孔尽量采用干钻法。
　　3. 凡适宜做标准贯入试验的岩土,都应做标准贯入试验。

3)原状土样

取原状土样有如下规定:
①原状土样直径为75~100 mm;
②取样前1 m不采用冲击、振动进钻,鉴别土层不采用冲洗进钻;
③取样前应清除孔内余土;
④采取土样采用快速静力连续压入法,条件不允许时,采用重锤少击法,但要有导向装置。

4)岩石钻孔取样

岩石钻孔取样有如下规定:
①岩石钻孔取样可采用75 mm口径(N型)金刚石钻头双层岩芯管;
②岩芯钻探每回次进尺不得大于2 m。

3. 疏浚岩土工程特性指标

疏浚岩土工程特性指标包括判别指标和辅助指标。判别指标着重考虑挖掘岩土的难易程度,并以此确定岩土的分类级别。辅助指标可结合施工工序要求,用以辅助对岩土分级。

1)岩石类工程特性指标

疏浚岩石的工程特性指标应以岩块的**单轴抗压强度**为判别指标并将小于30 MPa的岩石分为稍强和弱两级。

2)土类工程特性指标

疏浚土类的工程特性指标如下。

(1)有机质土及泥炭类

有机质土及泥炭类应以**天然重度** $\gamma(kN/m^3)$ 为判别指标,以烧灼减量 $Q_1(\%)$ 为辅助指标。$Q_1(\%)$ 的确定是通过烧灼量试验,将烘干土在550℃高温下烧灼至恒重时的灼失量与烘干土的重量相比,即

$$Q_1 = [(G_1 - G_2)/(G_1 - G_0)] \times 100\% \quad (1.2.12)$$

式中:G_0 为坩锅重,g;

G_1 为土样在105℃下烘干至恒重时,坩锅与烘干土合重,g;

G_2 为烘干土在550℃高温烧灼后,坩锅与烧灼土合重,g。

(2)淤泥性土类

淤泥性土类中的浮泥、流泥按其存在状态合并列为"流态"级别,其工程特性以**天然重度** γ 为判别指标,以含水率 w 和孔隙比 e 为辅助指标。淤泥列为"很软"级别,其工程特性以标准贯入试验击数和天然重度为判别指标,并以含水率 w、孔隙比 e、液性指数 I_L、抗剪强度 τ 和附着力 F 作为辅助指标。附着力 $F(kPa)$ 是指黏性土吸附在金属板上单位面积的附着力。淤泥性土类中的淤泥质土的工程特性与黏性土相似,归并于黏性土类。

(3)黏性土类

黏性土类的工程特性以**标准贯入试验击数** N 和**天然重度** γ 为判别指标。其中,以标准贯入试验击数为主要指标,并将黏性土类分为"软"、"中等"、"硬"和"坚硬"四种状态级别,以液性指数 I_L、抗剪强度 τ 和附着力 F 为辅助指标。

(4)粉土类

粉土类中的黏质粉土归并于黏性土类,砂质粉土归并于砂土类。

(5)砂土类

砂土类工程特性以**标准贯入试验击数** N 和**天然重度** γ 为判别指标。其中,以标准贯入试验击数为主要指标,并将砂土类分为"极松"、"松散"、"中密"和"密实"四种状态级别,以相对密实度 D_r 为辅助指标,并按下式确定,

$$D_r = \frac{e_{max} - e}{e_{max} - e_{min}} \quad (1.2.14)$$

式中:e 为砂土在天然状态的孔隙比;

e_{max} 为砂土在最疏松状态的孔隙比;

e_{min} 为砂土在最密实状态的孔隙比。

显然,$D_r = 0$ 时即 $e = e_{max}$,表示砂土处于最疏松状态;$D_r = 1.0$ 时即 $e = e_{min}$,表示砂土处于最密实状态。砂土的级配良好状况,以砂土的不均匀系数 C_u 和曲率系数 C_c 进行评价。C_u 和 C_c 按以下二式计算,

$$C_u = d_{60}/d_{10} \quad (1.2.15)$$

$$C_c = (d_{30})^2/d_{10} \times d_{60} \quad (1.2.16)$$

式中:d_{10}、d_{30}、d_{60} 分别为级配曲线上颗粒含量小于10%、30%和60%的粒径。

(6)碎石土类

碎石土类宜以**重型动力触探击数** $N_{63.5}$ 及**密实判数** DG 为判别指标,分为"松散"、"中密"

表 1.2.13 疏浚岩土工程特性和分级

岩土类别	级别	状态	强度及结构特征	判别指标							辅助指标			
				标贯击数 N	天然重度 $\gamma(kN/m^3)$	抗压强度 $R_c(MPa)$	天然含水量 $w(\%)$	液性指数 I_L	孔隙比 e	抗剪强度 $\tau(kPa)$	附着力 $F(kPa)$	相对密度 D_r	烧灼减量 $Q_1(\%)$
有机质土及泥炭类	0	极软	可能是密实的或松软的,强度和结构在水平或垂直方向上可能相差很大,并存在气体		<12.8								≥5
淤泥性土类	1	流态		<2	<14.9		>85	>1.0	>2.4	<13	无		
	2	很软	极易在手指内挤压	≤4	≤16.6		55~85	≤1.0	>1.5	≤25	<50 弱		
	3	软	极易在手指内挤压	≤8	≤17.6						50~150		
黏性土类	4	中等	稍用力手指捏可成形	≤15	≤18.7			≤0.75		≤50	中等		
	5	硬	手指需用力捏才成形	≤15	≤19.5			<0.50		>100	150~250		
	6	坚硬	不能用手指捏成形,可用大拇指压出凹痕	>15	>19.5			<0.25		>100	>250 强		
砂土类	7	极松	极容易将12 mm钢筋插入土中	≤4	≤18.3							<0.15	
	8	松散	较容易将12 mm钢筋插入土中	≤10	≤18.6							≤0.33	
	9	中密	用2~3 kg重锤打入土中12 mm	≤30	≤19.6		满足$C_u≥5$,$C_c=1~3$为良好级配的砂(SW),不能满足以上条件的为不良级配的砂					≤0.67	
	10	密实	用2~3 kg重锤打入土中30 mm钢筋	>30	>19.6							>0.67	
碎石类	11	松散	骨架颗粒含量小于总质量的60%,大部分不接触,大部分骨架颗粒包裹较大填物,且呈疏松状态或可塑状态	$N_{63.5}$	$DG<65$								

27

续表

岩土类别	级别	状态	密度及结构特征	判别指标			辅助指标				
				标贯击数 N	天然重度 $\gamma(kN/m^3)$	抗压强度 $R_c(MPa)$	天然含水量 $w(\%)$	液性指数 I_L	孔隙比 e	抗剪强度 $\tau(kPa)$	附着力 $F(kPa)$	相对密度 D_r	烧灼减量 $Q_1(\%)$
	12	中密	骨架颗粒含量等于总质量的60%~70%,呈交错排列,大部分连续接触,充填物包裹颗粒,呈中密状态或硬塑状态	$N_{63.5}$ $7~18$	DG $65~70$		满足 $C_u \geq 5, C_c = 1~3$ 为良好级配的砾石(GW),不能满足以上条件的为不良级配砾石(GP)					
	13	密实	骨架颗粒含量大于70%,呈交错排列,连续接触,或只有部分骨架颗粒连续接触,但充填物呈紧密状态或坚硬状态	$N_{63.5} > 18$	$DG > 70$								
岩石类	14	弱	锹镐可挖掘	$N < 50$		≤ 10							
	15	稍强	锹镐难挖掘,但用锤可击碎			< 30							

和"密实"三种状态级别。密实判数按下式计算，
$$DG = 0.2C_u + 0.8K_d \tag{1.2.17}$$
式中：K_d 为骨架颗粒含量，
$$K_d = (G_骨/G_总) \times 100$$
$$= [粒径大于50 mm 碎(卵)石的质量/碎(卵)石样体总质量] \times 100$$

4. 疏浚土类和岩石类工程特性和分级

疏浚岩土应根据影响疏浚机具的挖掘、提升、输移和泥土处理等工序作业难易程度的工程特性进行**分级**。疏浚岩土可分为**土类**和**岩石类**两类，共15级，如表1.2.13所示。

5. 疏浚岩土工程特性在疏浚工程上的应用

土质特性对疏浚设备的挖掘和输送性能影响很大，疏浚岩土的工程特性是选择挖泥船型的重要依据。各种挖泥船对不同类型疏浚岩土的**可挖性**见表1.2.14。

表1.2.14 挖泥船对疏浚岩土的可挖性

岩土类别	级别	状态	耙吸(舱容) ≥3 000m³	耙吸(舱容) <3 000m³	绞吸(泥泵功率) ≥2 940 kW	绞吸(泥泵功率) <2 940 kW	链斗(斗容) ≥500 m³	链斗(斗容) <500 m³	抓斗(斗容) ≥4 m³	抓斗(斗容) <4 m³	铲斗(斗容) ≥4 m³	铲斗(斗容) <4 m³
有机质土及泥炭类	0	极软	容易	容易	容易	容易	容易	容易	容易	容易	不合适	不合适
淤泥性土类	1	流态	较易	较易	容易	较易	较易	较易	不合适	不合适	不合适	不合适
	2	很软	容易	容易	容易	容易	容易	容易	容易	容易	容易	容易
黏性土类	3	软	容易	容易	容易	容易	容易	容易	容易	容易	容易	容易
	4	中等	较易	尚可	较易	较易	较易	较易	容易	容易	容易	容易
	5	硬	困难	困难	困难	较难	较难	较易	较易	较易	尚可	尚可
	6	坚硬	很难	很难	很难	困难	困难	困难	困难	困难	很难	较难
砂土类	7	极松	容易	容易	容易	容易	容易	容易	容易	容易	容易	容易
	8	松散	容易—较难	较易	容易	容易	较易	较易	容易	容易	容易	容易
	9	中密	尚可—较难	较难	较易	较易	较易	较易	尚可	较易	较易	较易
	10	密实	较难—困难	困难	困难	困难	较易	较难	困难	很难	尚可	尚可
碎石土类	11	松散	困难	困难	很难	困难	较易	较易	较易	较易	较易	较易
	12	中密	很难	不适合	很难	不适合	困难	困难	尚可	困难	较易	尚可
	13	密实	不适合	不适合	不适合	不适合	很难	不适合	很难	不适合	较难	困难
岩石类	14	弱	不适合	不适合	尚可	不适合	困难—很难	很难	很难	不适合	尚可—困难	很难
	15	稍强	不适合	不适合	困难	不适合	不适合	不适合	不适合	不适合	不适合	不适合

1.2.5 工程地质剖面图(1E411021)

1. 地质年代单位与地层单位

地壳形成至今大约46亿年。在地壳发展的漫长历史过程中，地质环境和生物种类都经历

了多次变迁。根据地层形成顺序、岩性变化特征、生物演化阶段、构造运动性质及古地理环境等综合因素,把地质历史划分为隐生宙与显生宙两个大阶段;宙以下分为代;代以下分纪;纪以下分为世。每个年代单位宙、代、纪、世,形成相应的地层单位为宇、界、系、统,如古生代形成的地层叫古生界。**宙(宇)、代(界)、纪(系)、世(统)**是国际统一规定的名称和划分单位,如表1.2.15所示。

表1.2.15 地质年代单位与相应地层单位对比

地质年代单位	地层单位	使用范围
宙	宇	
代	界	国际
纪	系	
世	统	
期	阶	全国或大区域
时	带	

2. 钻孔地质柱状图

钻孔地质柱状图(图1.2.2)是根据原位测试所获得的该钻孔的各项地质资料绘制的。从柱状图中可见钻孔深度范围内各土层的地层年代、分布厚度、土层性质描述、各层分界面高程、取土样和进行原位测试的位置、标准贯入试验击数等。

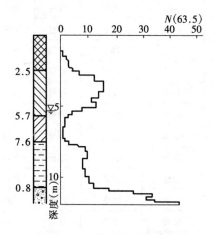

图1.2.2 钻孔地质柱状图

3. 工程地质剖面图

在每一条勘探线上都布置有若干个勘探点(钻孔),根据一条勘探线上各钻孔的排列顺序、间距以及钻孔地质柱状图的资料,将各相邻钻孔地质柱状图中相同土层的分界面高程点相连接,并将柱状图中各相关数据标注在图上,即构成**工程地质剖面图**(图1.2.3)。如果该勘探线是沿建筑物纵向布置的,上述剖面图即为地质纵剖面图。用同样的方法,可根据不同勘探线间各相邻的钻孔地质柱状图资料,绘制地质横剖面图。

在工程地质剖面图上标注有各钻孔的编号、间距(或里程数)、钻孔深度范围内各土层分布情况、层厚变化以及各钻孔地质柱状图的相关数据。

工程地质剖面图是进行工程基础设计和施工的重要依据。图 1.2.3 为某工程地质剖面图。从图上可了解到如下内容：

①工程编号、勘察单位名称；

②剖面图代号、钻孔编号及间距；

③天然泥面标高、终孔标高、岩土单元体的代号、层面标高、层底标高、层厚变化情况，在表示标高的数字中，左侧数字指从天然泥面起算，括号内数字指按基准面起算；

④原状土样的取土点位置和分布，部分取土点左侧圆圈号内数字表示标准贯入试验击数 N 值。

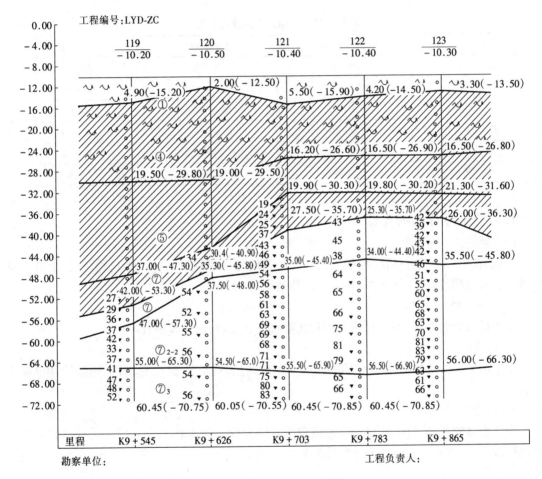

图 1.2.3 工程地质剖面图

1.2.6 管涌和流沙(土)(1E411070)

1. 饱和土渗流基本规律——达西定律

土中的水可以在重力作用下穿过土颗粒骨架的孔隙流动，这一运动现象称为渗流。

土的渗透性是指地下水在土体孔隙中流动的难易程度。法国工程师达西(Darcy)对均匀砂做了大量渗流试验，得出了层流条件下土中水的渗流规律——**达西定律**，即渗流速度与水力坡度成正比，

$$v = k\,i \qquad (1.2.17)$$

式中：v 为渗流速度，cm/s；

i 为水力坡度，$i = \dfrac{\Delta H}{l}$；

k 为渗透系数，cm/s（k 为有量纲量）。

按 k 值的大小，可将土分为：强透水（$k > 10$ cm/s）、透水（$k = 10 \sim 1$ cm/s）、弱透水（$k = 1.0 \sim 0.01$ cm/s）、微透水（$k = 0.01 \sim 0.001$ cm/s）和不透水（$k < 0.001$ cm/s）。不同土类的**渗透系数**如表 1.2.16 所示。

表 1.2.16 不同土类的渗透系数 k m/d

土的类别	渗透系数	土的类别	渗透系数
黏　土	<0.005	匀质中砂	35~50
粉质黏土	0.005~0.1	粗　砂	20~50
粉　土	0.1~0.5	圆　砾	50~100
粉　砂	0.5~1.0	卵　石	100~500
细　砂	1.0~5.0	稍有裂隙的岩石	20~60
中　砂	5.0~20	裂隙多的岩石	>60

2. 影响土渗透性的因素

1) 土颗粒的粒径与级配

一般情况下，土颗粒越粗，**粒径大**、越浑圆、越均匀，**级配**不好，土的渗透性越强；土颗粒越细，**粒径小**、**级配**越好，土体孔隙减小，渗透性越弱。

2) 矿物成分

原生**矿物成分**不同，使土颗粒大小和孔隙状态有差异，致使渗透性不同。

3) 土的密度

土的密度对渗透性的影响也是明显的。土的密度增加，孔隙比变小，土的渗透性也随之减弱。

4) 土的结构构造

由于**土体的各向异性**，其渗透性也表现为各向异性。如海相沉积物经常是层状且水平微细夹层较发育，故水平方向的渗透性比垂直方向强。

5) 水溶液成分

黏性土的渗透性随**水溶液成分**中阳离子数量和溶液浓度增加而增大。

6) 土的饱和度

土中存在着与大气不相通的气体或从渗流中分离出来的气体，气体会阻塞渗流通路，增加渗流路径，大大降低了土的渗透性。这种封闭气体越多，**饱和度**就越低，土的渗透性就比完全饱和的土小得多。

7) 水的动力黏滞系数

土的渗透系数 k 是**水的动力黏滞系数** μ 的函数，且 k 随 μ 的增大而减小。而 μ 又与水的温度有关，水温增高，μ 变小。

3.管涌与流沙(土)的成因和表现形式

水在土粒孔隙中流动时受土粒的阻力,同时土粒也受水流的反作用力,即**渗流力**。单位土体上受到的渗流力与水力坡度 i 成正比。当水力坡度超过某限值时,渗透水会把土颗粒或部分土体带走,使土体产生位移,即**渗透变形**。位移达到一定程度时,则土体失稳破坏。管涌和流沙(土)是土体由于水的渗流力而被破坏的两种渗透变形的形式。

1)管涌

在一定渗流力作用下,砂性土体中细颗粒沿骨架孔隙移动或被渗流带走的现象称为**管涌**。发生的部位可能在渗流溢出处,也可能发生在土体内部。

2)流沙(土)

在一定渗流力作用下,土体中某一范围内的颗粒群同时发生移动的现象称为**流沙(土)**。流沙(土)常发生在渗流出逸处,而不发生在土体内部。对于无黏性土中的流沙,常表现为沙沸、泉眼群、土体翻滚等现象;对于黏性土中的流土,常表现为土体隆胀、浮动、断裂等现象。

4.管涌和流沙(土)的防治

1)土质改良

通过改善土体结构、减小透水性、增强抗渗能力,提高土的抗剪强度。常用的方法有灌浆法、高压喷射法、搅拌法和冻结法。

2)截水防渗

截水防渗的目的是割断或延长渗径,减小水力坡度。如在水平向铺设防渗铺盖,垂直向设各种帷幕。

3)人工降低地下水位

降低地下水位可降低渗透水头,或使地下水位降至渗透变形土层以下。具体措施:在弱透水层中采用轻型井点、喷射井点;在强透水层中采用深井法。

4)出逸边界的措施

在下游加盖重,防止土体被渗透力悬浮,防止流沙(土)出现。在浸润线出逸段,设置反滤层,防止管涌破坏。

5)施工措施

利用枯水期施工,采用水下挖掘和浇筑封底混凝土等施工方法。

1.2.7 软土地基加固(1E411100)

软土地基加固方法、加固原理、加固效果和适用条件归纳为表1.2.17。

表1.2.17 软土地基加固

加固方法	加固原理	加固效果	适用条件
排水固结法 (1E411101)	施加荷载 孔隙水排出	孔隙减少土体密实 增加抗剪强度 提高承载力 加强稳定性 消除沉降量 减小压缩性	堆载预压: 淤泥质土、淤泥、冲填土 真空预压 加固周边形成负压边界 膜下真空压强为80kPa以上 超软基

续表

加固方法	加固原理	加固效果	适用条件
振动水冲法 （1E411102）	振冲器振动 水冲力作用	饱和砂层液化 砂粒重新排列、挤压加密 孔隙减少 软基成孔，孔内填碎石成桩 黏性土成复合地基 提高承载力 减小压缩性	砂土、粉土、粉质黏性土、素填土和杂填土
强夯法 （1E411103）	重锤冲击 振动压实 锤重 10~40t 提升高度 10~40m	提高地基强度 减小压缩变形 成块（碎）石墩 构成复合地基	碎石、砂土、粉土、黏性土、湿陷性黄土、素填土和杂填土
深层搅拌法 （1E411104）	水泥作为固化剂 软土和水泥强行搅拌	软土硬结成整体 具一定强度水泥加固土 提高地基强度 增大变形模量 快速、高强、无公害	淤泥、淤泥质土、粉土、黏性土、饱和黄土、素填土、饱和松散砂土
爆破排淤填石法 （1E411105）	爆破排除淤泥 空腔置换块石（石舌） 爆破振动夯实	施工速度快 密实度高 稳定性好 后期沉降小 费用省	淤泥质土 软基厚度 4~12m

【模拟试题】

1. 工程地质勘察阶段一般分为_____。（多项选择）
   A.**可行性研究阶段** B.**初步设计阶段** C.**施工图设计阶段** D.技术设计阶段

2. 通过收集资料、踏勘、工程地质调查、勘探试验和原位测试，对建筑物场地的工程地质条件做出评价，为确定工程的建设可行性提供地质资料的工程地质勘察阶段属_____。
   A.**可行性研究阶段** B.初步设计阶段 C.技术设计阶段 D.施工图设计阶段

3. 在初步设计阶段中，海港水工建筑物区域的勘探线应_____。
   A.垂直于岸线布置 B.**平行于水工建筑物长轴方向布置**
   C.平行于岸线布置 D.垂直于水工建筑物长轴方向布置

4. 能为地基基础设计、施工以及不良地质现象的防治措施提供工程地质资料的工程地质勘察阶段属_____。
   A.可行性研究阶段 B.初步设计阶段 C.技术设计阶段 D.**施工图设计阶段**

5. 工程地质勘探技术主要包括_____。（多项选择）
   A.**坑探** B.**钻探** C.**原位测试** D.遥感技术

6. 工程地质勘探技术的原位测试包括_____。（多项选择）
   A. 标准贯入试验　　B. 静力触探试验　　C. 动力触探试验　　D. 十字板剪切试验

7. 当获得标准贯入试验击数之后,可以确定_____。（多项选择）
   A. 土的压缩模量　　　　　　　　　　B. 砂土内摩擦角和密实程度
   C. 砂土和黏性土的承载力标准值　　　D. 黏性土天然状态和无侧限抗压强度

8. 静力触探试验成果——比贯入阻力 p_s 可用于_____。（多项选择）
   A. 判别土类　　　　　　　　　　B. 土的承载力
   C. 土的压缩模量　　　　　　　　D. 估计饱和黏性土天然重度

9. 土的含水率 w 和土的孔隙比 e 可用于_____。（多项选择）
   A. 进行砂土分类　　　　　　　　B. 进行淤泥土分类
   C. 确定粉土容许承载力　　　　　D. 确定淤泥土容许承载力

10. 黏性土的塑性指数 I_p 可用于_____。（多项选择）
    A. 确定砂土分类　　　　　　　　B. 确定黏性土分类
    C. 确定砂土容许承载力　　　　　D. 确定淤泥土容许承载力
    E. 确定单桩垂直极限承载力

11. 取原状土样时,应_____。（多项选择）
    A. 采用冲击法　　　　　　　　　B. 采用振动法
    C. 采用快速静力连续压入法　　　D. 不采用冲击法和振动法

12. 黏性土类的工程特性以_____作为判别指标。（多项选择）
    A. 天然重度 γ　　　　　　　B. 标准贯入试验击数 N
    C. 天然含水率 w　　　　　　　　D. 密实判数 DG

13. 在钻孔柱状图中,主要可见_____。（多项选择）
    A. 地层年代　　　　　　　　　　B. 土层厚度
    C. 地下水位　　　　　　　　　　D. 土物理力学指标随钻孔深度变化

14. 在地质剖面图上,标注有_____。（多项选择）
    A. 钻孔编号　　　　　　　　　　B. 钻孔间距
    C. 土层分布　　　　　　　　　　D. 钻孔柱状图的相关数据

15. 在一定渗透力（单位体积渗透力与水力坡降成正比）作用下,无黏性土体中细颗粒沿骨架孔隙移动或被渗流带走的现象称为_____。
    A. 流沙　　　　B. 管涌　　　　C. 渗流　　　　D. 地下水

16. 防止管涌与流沙(土)的主要工程措施有_____。(多项选择)
A. 土质改良　　　B. 截水防渗　　　C. 降低地下水位　　　D. 出逸边界措施

17. 用爆破排淤填石法进行软土地基加固时,软基厚度适用于_____。
A. 2～3m；　　　**B. 4～12m；**　　　C. 12～14m；　　　D. 15m 以上

1.3　工程测量(1E411022)(1E411110)

工程测量学包括测定和测设,是规划设计和施工管理的必备知识。
测定是用测量仪器**测量**和计算地球表面某点数据,并据此缩绘成地形图。
测设是将图纸上规划设计后的建筑物位置与形状在实地**放样**标定示出。

1.3.1　工程测量基本规定(1E411022)

无论地形与地物,还是设计与施工均应根据国家标准测(量)和绘(图)。

1. 测图比例尺

测图比例尺是指图纸上直线长度与相应实地直线的水平投影长度之比。
如表1.3.1所示,测图比例尺根据以下三方面因素确定：
①测量类别——航道、港口工程、疏浚工程、航道整治；
②测区位置——沿海、内河、航道、港池、泊位、吹填区；
③设计阶段——工可研、初设、施工图。

表1.3.1　测图比例尺

测量类别	测区位置或设计阶段	测图比例尺
航道工程	沿海	1：2000～1：50000
	内河	1：1000～1：25000
港口工程	工可研	1：2000～1：20000
	初步设计	1：1000～1：5000
	施工图设计	1：500～1：2000

2. 坐标系统

坐标系统常用笛卡儿平面直角坐标系和高斯投影坐标系两种。
1)笛卡儿(Cartesian)平面直角坐标系
当测区在10 km以内,可视地球表面为平面,用平面直角坐标表示点的位置,以北(N)为 x 轴正向,东(E)为 y 轴正向,并以顺时针方向为象限编号。
测量学 x 轴和 y 轴与数学规定互换,是由于测量习惯以N为起始方向。
2)高斯(Gauss)投影坐标系
纵向以中央子午线为 x 轴,向N为正；横向以赤道为 y 轴,向E为正。自格林尼治天文台零度子午线开始自西向东每隔6°(或3°)为一投影带,共分60个(或120个)条带,各条带的中央子午线称为该条带中央子午线。我国位于北半球,各测点 X 值均为正,为避免 Y 值出现负值,规定把 y 轴向西平移500 km。

3. 高程基准面

高程是指地面点沿铅垂方向到大地水准面(平均海平面)的距离,又称为**海拔**。

1985年我国**高程基准面**是以青岛验潮站1952—1979年(天文要素以18.6年为一周期变化)黄海每小时潮位观测值的平均值作为平均海平面。

4. 深度基准面

沿海和河口潮流区的**深度基准面**是用理论最低潮面;内河的深度基准面是用某一保证率的低水位。以深度基准面为零点标志**水深**。

5. GPS测量定位

Global Positioning System是以卫星发射信号为基础的无线电导航、定位、定时系统。GPS具全能性、全球性、全天候、连续性、实时性的功能,可以进行平面控制、地形和水深测量定位。GPS实现了挖泥船DGPS定位系统、远程GPS打桩定位系统、长江口GPS铺排定位系统、水下整平机系统、无验潮测深系统等施工工艺。

1.3.2 地形图和水深图(1E411022)

1. 地形图

在确定的坐标系统中,以高程基准面为零点,将工程区域**地形**各点位置、高程和每一**地物**位置、形状测出,相等高程点用等高线表示,按测图比例尺和图标绘在图纸上,称为**地形图**。

2. 水深图

以确定的深度基准面即比平均海平面较低的潮面称为理论深度基准面为零点,将相等水深点即**等深线**连接而成**水深图**。在大地测量中,是以黄海平均海平面为基准面,用水下地面负高程连接的等深线形成水下地形图。

1.3.3 平面控制和高程控制(1E411111)

1. 平面控制

地面点的平面位置用 X、Y 坐标值确定,并通过**测角**(三角测量、三边测量等)和**测距**(导线测量、L形基线测量等)获得。

1)施工平面控制网的布设

施工平面控制网的布设应符合以下规定。

①施工坐标与工程设计坐标一致。

②施工坐标控制网最弱边相邻点的相对点位中误差不应大于50 mm。

③施工坐标控制网应充分利用测区内原有的平面控制网点。

2)施工平面控制网的等级

施工平面控制网的主要测量方法的等级如表1.3.2所示,相应等级的精度见注说明。

表1.3.2 施工平面控制网等级

建筑物离岸距离(m) 等级 控制网测量方法	10~200	200~500	500~1 000	1 000~2 000	2 000以上
直伸导线	二级导线	一级导线			四等导线

续表

控制网测量方法 \ 建筑物离岸距离(m) 等级	10~200	200~500	500~1 000	1 000~2 000	2 000以上
L形基线	二级导线				
三角				一级小三角	四等三角
三边				一级小三边	四等三边
GPS	一、二级GPS测量			一级GPS测量	国家B级GPS测量

注:1.测量方法各级网的精度应符合《水运工程测量规范 JTS 131—2012》的有关规定。
　2.四等控制网精度应执行《工程测量规范 GB50026》的有关规定。

3)矩形施工控制网的建立
建立矩形施工网应符合以下规定。
①矩形施工控制网的边长应根据建筑物的规模而定,宜为100~200 m。
②矩形施工控制网的轴线方向宜与施工坐标系的轴向方向一致,矩形施工控制网的原点及轴线方位应与平面坐标系联测,其轴线点的点位中误差不应大于50 mm。
③矩形施工控制网的角度闭合差不应大于测角中误差的4倍。

4)施工基线的设置
施工基线的设置应符合下列规定。
①基线应与建筑物主轴线、前沿线平行或垂直,基线长度不应小于放样视线长度的0.7倍。
②基线应设在通视良好、不易发生沉降和位移的平整地段,并应与测区基本控制网联测。
③港口陆域施工宜采用建筑物轴线代替施工基线。
④基线上设置的放样控制点的点位精度不应低于施工基线测设精度。

5)施工控制网的复测
施工控制网测定后,在施工期中应定期复测,复测间隔不应超过半年。

6)疏浚工程、吹填工程和航道整治工程的施工控制网
疏浚工程、吹填工程和航道整治工程可采用图根及其以上等级控制网作为施工控制网。

2.高程控制
地面点的高程用 Z 坐标确定,并通过**水准测量**和**三角高程测量**得到。

1)施工高程控制点的布设
施工高程控制点的布设应符合以下规定。
①当原有高程控制点数量及分布不能满足施工放样要求时,应在原有高级水准点的基础上加密施工控制点。
②施工高程控制点应布设在受施工影响小、不易发生沉降和位移的地点,其数量不应少于2。

2)施工高程控制点的等级
施工高程控制点的等级应符合以下规定。
①施工高程控制点引测精度不应低于四等水准精度要求,其中,码头、船坞、船台、船闸和滑道施工高程控制点应按三等水准测量进行。
②当原有水准点无法继续保存时,应按原水准点的等级要求引测至地基稳定处。

③在常规水准测量较困难的测区,可采用GPS高程测量建立四等及图根高程控制网。

3)施工高程控制点的校核

施工过程中,应定期对施工高程控制点进行校核。

1.3.4 沉降和位移(1E411112)

港口与航道工程沉降与位移观测使用的监控网宜采用独立坐标和假定高程系统,固定观测人员按相同观测线路和观测方法,并在规定环境条件下进行观测。

1. 沉降观测

1)观测点布设

在建筑物四角、沉降缝两侧、基础、柱和地质变化处以及码头前后沿、墩结构四角,布设**沉降观测点**。

2)观测方法

用几何水准测量、静力水准测量和三角高程测量的方法,进行沉降闭合线路观测,其精度应符合规范规定。

2. 位移观测

1)观测点布设

在可能发生位移处和建筑物不同类型的特征点,布设**位移观测点**。

2)观测方法

用角度前方交会法、基准线法、测小角法和直角坐标法,进行位移观测,其精度应符合规范规定。

【模拟试题】

1. 测量的笛卡儿平面坐标系中的 x 轴的正向是_____。

A. E B. W C. S **D. N**

2. 测量的高斯投影坐标系中的 y 轴是_____。

A. **赤道** B. 投影带 C. 北回归线 D. 中央子午线

3. 理论最低潮面是_____深度基准面。

A. 内河 B. **沿海**

C. 测高程 D. 青岛黄海平均海平面

4. 水准测量和高程测量是观测_____的方法。

A. **沉降** B. 位移 C. 管涌 D. 流沙

5. 我国高程基准面为_____。

A. 理论最低潮位 B. 平均大潮低潮位

C. **青岛黄海平均海平面** D. 某一保证平的低水位

1.4 工程建筑材料(1E411030)(1E411040)(1E411050)(1E411120)

港口与航道工程所用建筑材料主要有水泥、钢材、混凝土和土工织物。

1.4.1 水泥(1E411030)

在建筑材料中,水泥按其功能属于水硬性胶凝材料。

1. 水泥的种类(1E411031)

水泥按其性质和用途可分为三种。

1)通用水泥

通用水泥有硅酸盐水泥、普通硅酸盐水泥、矿渣硅酸盐水泥、火山灰质硅酸盐水泥和粉煤灰硅酸盐水泥。

2)专用水泥

专用水泥有道路水泥和砌筑水泥。

3)特种水泥

特种水泥有快硬硅酸盐水泥和膨胀水泥。

2. 硅酸盐水泥(波特兰水泥)(1E411031)

1)硅酸盐水泥的类型

Ⅰ型硅酸盐水泥(代号P·Ⅰ)——在硅酸盐水泥熟料粉磨时,不掺加混合材料。

Ⅱ型硅酸盐水泥(代号P·Ⅱ)——在硅酸盐水泥熟料粉磨时,掺加不超过水泥质量5%的石灰石或粒化高炉矿渣混合材料。

2)硅酸盐水泥熟料的矿物成分

硅酸盐水泥熟料主要由四种矿物成分组成,其名称、分子式和含量范围如下:

硅酸三钙　　　$3CaO \cdot SiO_2$　　　(简称C_3S)　　　含量36%~60%

硅酸二钙　　　$2CaO \cdot SiO_2$　　　(简称C_2S)　　　含量15%~37%

铝酸三钙　　　$3CaO \cdot Al_2O_3$　　　(简称C_3A)　　　含量7%~15%

铁铝酸四钙　　$4CaO \cdot Al_2O_3 \cdot Fe_2O_3$　(简称C_4AF)　　含量10%~18%

3)硅酸盐水泥的主要技术特性

(1)细度

水泥细度是指水泥颗粒的粗细,它直接影响水泥的水化、凝结硬化、强度及水化热等,水泥遇水后,开始只在水泥颗粒的表面进行水化,然后逐步向颗粒内部发展。水泥颗粒越细,水化作用的发展就越迅速,凝结硬化速度加快,早期强度也越高。

水泥细度通常采用筛析法或比面积法测定。筛析法是以80μm方孔筛的筛余量(未通过的质量占试样总量的百分数)表示;比面积法是以1kg水泥所具有的总表面积(m^2/kg)表示。硅酸盐水泥的比表面积应大于300 m^2/kg。

(2)凝结时间

水泥凝结时间分为初凝和终凝。初凝时间是从水泥加水拌和起至水泥浆开始失去流动性和部分可塑性所需的时间。终凝时间是从水泥加水拌和起至水泥浆完全失去可塑性并开始产生强度所需的时间。

水泥的凝结时间对施工有重要意义,为使水泥和砂浆有充分的时间进行搅拌、运输、浇捣和砌筑,水泥初凝时间不宜过早。当施工完毕,则要求尽快硬化且具有强度,故终凝时间不宜过迟。国家标准《硅酸盐水泥、普通硅酸盐水泥标准 GB 175—1999》规定:硅酸盐水泥初凝不得早于 45 min,终凝不得迟于 490 min。

(3)体积安定性

水泥体积安定性是指水泥在硬化过程中体积均匀变化的性能。如果水泥在硬化过程中产生不均匀的体积变化,即体积安定性不良,会使构件产生膨胀裂缝,降低建筑物质量。

(4)碱含量

水泥中碱含量过高会引发混凝土的碱—骨料反应,从而影响构件质量或造成工程事故。

(5)强度及强度等级

水泥强度是评定水泥质量的重要指标,也是划分水泥等级的依据。根据新的国家标准(GB/T17671—1999)规定,试件尺寸为 40 mm × 40 mm × 160 mm,由按质量计的一份水泥、三份中国 ISO 标准砂,用 0.5 的水灰比拌制的一组塑性胶砂制成,在标准温度(20 ± 2)℃的水中养护,分别测定 3d 和 28d 的抗压强度和抗折强度。根据测定结果,将硅酸盐水泥强度等级分为 42.5 和 42.5R、52.5 和 52.5R、62.5 和 62.5R。其中带 R 者为早强型水泥。各强度等级硅酸盐水泥的各龄期强度不得低于表 1.4.1 中的数值。

表 1.4.1 硅酸盐水泥各龄期的强度值(GB 175—1999)

品种	强度等级	抗压强度(MPa)		抗折强度(MPa)	
		3d	28d	3d	28d
硅酸盐水泥	42.5	17.0	42.5	3.5	6.5
	42.5R	22.0	42.5	4.0	6.5
	52.5	23.0	52.5	4.0	7.0
	52.5R	27.0	52.5	5.0	7.0
	62.5	28.0	62.5	5.0	8.0
	62.5R	32.0	62.5	5.5	8.0

(6)水化热

水泥在水化过程中放出的热量称为**水泥的水化热**,通常以 J/kg 表示。水化放热量和放热速度不仅决定于水泥的矿物成分,而且还与水泥的细度、掺入混合材料和外加剂的品种及数量有关。水泥水化时,C_3A 放热量最大,C_3S 放热量稍低,C_2S 放热量最低、速度也慢。水泥细度越细,水化反应越容易进行,放热量大,放热速度也快。

鲍格(Bogue)研究得出,硅酸盐水泥的水化热大部分在早期(3~7d)放出,以后逐渐减少。水泥水化热对一般建筑物冬季施工是有利的,但对于大体积混凝土工程来说,水化热积聚在内部不易散发,内部温度常上升到 50℃以上,内外温差引起的温度应力可使大体积混凝土产生裂缝,因此,水化热对大体积混凝土是有害的,故在大体积混凝土工程中,不宜采用硅酸盐水泥。

4)水泥石腐蚀

硅酸盐水泥硬化后,在一般使用条件下具有较好的耐久性,但在外界侵蚀介质作用下,使水泥石中某些化学成分被溶出,或发生化学变化,造成水泥强度降低,这种现象称为**水泥石腐蚀**。引起水泥石腐蚀的原因很多,几种典型介质的腐蚀作用归纳如下。

(1)软水腐蚀(溶出性腐蚀)

雨水、雪水、蒸馏水、工厂冷凝水及含碳酸盐甚少的河水和湖水均属软水。当水泥石长期与这些水相接触时,水泥石中的水化产物氢氧化钙会被溶出。在静水或无压水的情况下,溶出的氢氧化钙在周围水中容易达到饱和,使溶解作用中止,因此溶出只限于水泥石表面。但在流动水或压力水作用下,氢氧化钙会不断溶解流失,使水泥石碱度不断降低,从而引起其他水化物的分解溶蚀,使水泥石结构遭到破坏,这种现象称为溶析。

当环境水中含有重碳酸盐时,重碳酸盐与水泥石中的氢氧化钙起作用,生成几乎不溶于水的碳酸钙,沉积在已硬化的水泥石中孔隙内,形成密实的保护层,可阻止外界水的侵入和内部氢氧化钙的析出。

(2)酸性水腐蚀

地下水和工业废水中常含游离的酸性物质,酸性物质可与水泥石中的氢氧化钙起作用,生成的化合物或溶于水,或体积膨胀,对水泥石产生破坏作用。腐蚀作用最快的是无机酸中的盐酸、氢氟酸、硝酸、硫酸和有机酸中的醋酸、蚁酸、乳酸。

(3)碳酸腐蚀

在工业废水和地下水中常溶解有较多的二氧化碳。水中的二氧化碳开始时先与水泥石中的氢氧化钙作用生成碳酸钙,然后碳酸钙再与含碳酸的水作用变成重碳酸钙并溶于水中,上述反应不断进行,导致水泥石中的氢氧化钙溶失,造成溶出性腐蚀。

(4)盐类腐蚀

盐类腐蚀分硫酸盐腐蚀和镁盐腐蚀。

①海水、地下水和工业污水中常含有钠、钾、铵等的硫酸盐,它们与水泥石中的氢氧化钙起置换作用,生成硫酸钙,硫酸钙与水泥石中固态的水化铝酸钙作用生成比原体积增加1.5倍以上的高硫性水化硫铝酸钙,由于体积膨胀,使水泥石破坏。因为高硫性水化硫铝酸钙呈针状晶体,通常称为"水泥杆菌"。

②在海水和地下水中常含有大量的镁盐,主要是硫酸镁和氯化镁。硫酸镁与水泥石中的氢氧化钙作用,产生的二水石膏对水泥石仍有破坏作用(硫酸盐腐蚀)。氯化镁与水泥石中的氢氧化钙作用,生成氢氧化镁和氯化钙,前者松软而无胶凝能力,后者易溶于水。

(5)强碱腐蚀

碱类溶液如浓度不大时对水泥无害,但铝酸盐含量较高的硅酸盐水泥遇到强碱(如氢氧化钠)作用时,也会破坏。

5)水泥石的防腐蚀措施

根据水泥石受腐蚀的原因,在使用水泥时,可采用以下防腐措施。

(1)合理选用水泥品种

根据环境侵蚀特点,合理选用水泥品种。例如采用水化物中氢氧化钙含量少的水泥,可提高对软水侵蚀作用的抵抗能力;为了抵抗硫酸盐的腐蚀,采用铝酸三钙含量低于5%的抗硫酸盐水泥。

(2)提高水泥石的密实度

为提高水泥石的密实度,应合理设计混凝土的配合比,降低水灰比,掺加减水剂等。此外,在水泥石表面进行碳化或氟硅酸处理,使之产生难溶的碳酸钙外壳或氟化钙及硅胶薄膜,可提高水泥石表面的密实度,减少侵蚀性介质渗入。

(3)加做保护层

当侵蚀作用较强时,可在混凝土及砂浆表面加做耐腐蚀且不透水的保护层,一般可用耐酸石料、耐酸陶瓷、玻璃、塑料和沥青等。

3.掺加混合材料的硅酸盐水泥(1E411031)

1)水泥混合材料

为了改善硅酸盐水泥的某些特性,在生产水泥时,常加入一定量的天然或人工的矿物材料,称为混合材料,并分为活性和非活性混合材料两类。

(1)活性混合材料

混合材料磨成细粉,于常温下,在碱溶液中能生成具有胶凝性的水化产物,既能在水中又能在空气中硬化并增长强度,此类材料称为活性混合材料。水泥中常用的活性混合材料有以下几种。

①粒化高炉矿渣。它是在高炉炼铁时,将浮在铁水表面的溶融物,经水淬急冷而成的松散细小颗粒,呈白色、淡灰色、黄色或绿色。粒化高炉矿渣为玻璃体结构,其活性来自玻璃体结构中的活性氧化硅(SiO_2)和活性氧化铝(Al_2O_3),它们即使在常温下也可与氢氧化钙($Ca(OH)_2$)起作用而产生强度。

②火山灰质。凡是天然或人工的以活性氧化硅、氧化铝为主要成分的矿物质材料,磨成细粉与水拌和后本身不能硬化,但与石灰混合后都可水化形成水硬性矿物的物质称为火山灰质混合材料。如天然火山灰、凝灰岩、浮石、硅藻土等。人工的有烧黏土、煤渣、煅烧的煤矸石等。

③粉煤灰。它是火力发电厂以煤粉作燃料从烟气中收集下来的灰渣。以 SiO_2 和 Al_2O_3 为主要化学成分,含有少量的 CaO,具有火山灰性质。

(2)非活性混合材料

磨细的石英砂、慢冷矿渣、黏土、炉灰等属于非活性混合材料。其特点是它们与水泥成分不起化学作用,作为填充料掺入硅酸盐水泥中,只起到提高水泥产量、降低水泥标号和减少水化热等作用。

2)普通硅酸盐水泥

凡由硅酸盐水泥熟料加入6%~15%混合材料及适量石膏经磨细制成的水硬性胶凝材料称为普通硅酸盐水泥,简称普通水泥,代号 P·O。活性混合材料的最大掺量不超过15%。

按照国家标准规定:普通硅酸盐水泥初凝不得早于 45 min,终凝不得迟于 10 h,体积安定性用沸煮法检验必须合格。其强度等级分为:32.5 和 32.5R、42.5 和 42.5R、52.5 和 52.5R。各强度等级普通硅酸盐水泥在不同龄期强度要求如表 1.4.2 所示。

表 1.4.2 普通硅酸盐水泥各龄期的强度要求(GB175—1999)

品种	强度等级	抗压强度(MPa)		抗折强度(MPa)	
		3d	28d	3d	28d
普通硅酸盐水泥	32.5	11.0	32.5	2.5	5.5
	32.5R	16.0	32.5	3.5	5.5
	42.5	16.0	42.5	3.5	6.5
	42.5R	21.0	42.5	4.0	6.5
	52.5	22.0	52.5	4.0	7.0
	52.5R	26.0	52.5	5.0	7.0

3)矿渣硅酸盐水泥

凡由硅酸盐水泥熟料和粒化高炉矿渣、适量石膏磨细制成的水硬性胶凝材料称为矿渣硅酸盐水泥,简称矿渣水泥,代号P·S。水泥中粒化高炉矿渣掺量按质量百分比计为20%~70%。

4)火山灰质硅酸盐水泥

凡由硅酸盐水泥熟料和火山灰质混合材料、适量石膏磨细制成的水硬性胶凝材料称为火山灰质硅酸盐水泥,简称火山灰水泥,代号P·P。水泥中火山灰质混合材料掺量按质量百分比计为20%~50%。

5)粉煤灰硅酸盐水泥

凡由硅酸盐水泥熟料和粉煤灰、适量石膏磨细制成的水硬性胶凝材料称为粉煤灰硅酸盐水泥,简称粉煤灰水泥,代号P·F。水泥中粉煤灰掺量按质量百分比计为20%~40%。

6)矿渣硅酸盐水泥、火山灰质硅酸盐水泥及粉煤灰硅酸盐水泥的共同特点

这三种水泥与普通硅酸盐水泥相比,其特点如下。

(1)凝结硬化速度慢

早期强度低,但后期强度增长较高,甚至可超过同标号的硅酸盐水泥。根据国家标准《矿渣硅酸盐水泥、火山灰质硅酸盐水泥及粉煤灰硅酸盐水泥标准 GB1344—1999》规定,其强度等级为 32.5 和 32.5R、42.5 和 42.5R、52.5 和 52.5R,矿渣硅酸盐水泥、火山灰质硅酸盐水泥、粉煤灰硅酸盐水泥各龄期强度要求如表 1.4.3 所示。

表 1.4.3 矿渣硅酸盐水泥、火山灰质硅酸盐水泥及粉煤灰硅酸盐水泥各龄期强度(GB1344—1999)

强度等级	抗压强度(MPa)		抗折强度(MPa)	
	3d	28d	3d	28d
32.5	10.0	32.5	2.5	5.5
32.5R	15.0	32.5	3.5	5.5
42.4	15.0	42.5	3.5	6.5
42.5R	19.0	42.5	4.5	6.5
52.5	21.0	52.5	4.0	7.0
52.5R	23.0	52.5	4.5	7.0

(2)对温度的灵敏性高

温度低时硬化较慢,采用高温蒸汽养护等湿热处理,能加快二次水化反应进程,硬化速度加快,对水泥制品强度的增长有利,但对后期强度无影响。

(3)抗腐蚀能力强

与硅酸盐水泥相比,上述三种水泥中由于掺入大量活性混合材料,熟料矿物含量相对降低,水化析出的氢氧化钙相对减少,而活性混合材料中的活性氧化物与氢氧化钙作用,使水泥石中氢氧化钙减少,故抗腐蚀能力较硅酸盐水泥强。

(4)水化热低

这三种水泥中水泥熟料矿物含量较少,因而硅酸三钙(C_3S)和铝酸三钙(C_3A)含量相对减少,所以水化速度慢,水化放热量低。

(5)抗冻性和抗碳化能力差

这三种水泥抗冻性较硅酸盐水泥和普通硅酸盐水泥差,不宜用于严寒地区水位变动部位。另外,水泥石中氢氧化钙含量少,碱度较低,因此混凝土表层碳化作用快,当碳化作用深入到钢筋表面时,会导致钢筋生锈。

7)三种水泥各自特点

(1)矿渣硅酸盐水泥

①耐热性较好。

②因标准稠度需水量较大,而保水能力差,泌水量大,故干缩性大,抗渗性能差。

(2)火山灰质硅酸盐水泥

①在潮湿环境或水中养护时,水泥中的活性混合材料吸收石灰而产生膨胀胶化作用,使水泥结构致密,因此有较高的紧密度和抗渗性。

②当火山灰质硅酸盐水泥处在干燥空气中时,水化生成胶体的反应就会中止,而已形成的水化硅酸钙凝胶还会逐渐干燥,产生较大的体积收缩和内应力而形成微细裂纹。

(3)粉煤灰硅酸盐水泥

①因为粉煤灰的比表面积较小,吸附水的能力较低,所以粉煤灰水泥干缩性小。

②初始析水速度快,制品表面易产生收缩裂纹。

③水化热小。

8)常用水泥性能和应用范围

上述五种常用水泥性能和适用范围见表1.4.4。

表 1.4.4 五种常用水泥的主要性能和应用范围

	水泥品种 性能及应用	硅酸盐水泥	普通硅酸盐水泥	矿渣硅酸盐水泥	火山灰质硅酸盐水泥	粉煤灰硅酸盐水泥
主要性能	水化热	高	高	低	低	低
	凝结时间	最快	快	较慢,低温下尤甚	较慢,低温下尤甚	较慢,低温下尤甚
	强度发展	早期强度高,与同标号的普通水泥相比,3d 和 7d 强度均高 3%~7%	早期强度较高,7d 约为 28d 的 60%~70%	早期强度较低,但后期强度可赶上甚至超过同标号的普通硅酸盐水泥及硅酸盐水泥	早期强度较低,但后期强度可赶上甚至超过同标号的普通硅酸盐水泥及硅酸盐水泥	早期强度较低,但后期强度可赶上甚至超过同标号的普通硅酸盐水泥及硅酸盐水泥
	抗软水及硫酸盐腐蚀	差	差	最强	较强,但如掺有黏土质混合材料时,则不耐硫酸盐腐蚀	较强
	抗冻性	好	好	差	较差	较差
	干缩	小	小	较大	大	较小
	保水性	较好	较好	差	好	差
	蒸养适应性	60~80℃	60~80℃	70℃以上的高温蒸汽养护	70℃以上的高温蒸汽养护	70℃以上的高温蒸汽养护
应用范围	适用范围	高强度混凝土,预应力钢筋混凝土构件,喷射混凝土与现浇混凝土工程,冬季施工及严寒地区遭受反复冻融的工程	一般土建工程中的混凝土,钢筋混凝土及地上、地下、水中混凝土,钢筋混凝土及预应力混凝土工程,包括反复冰冻的工程,也可配制高标号混凝土	①高温车间,高炉基炉和有耐热要求的混凝土工程 ②大体积混凝土结构 ③蒸汽养护的构件 ④一般地上、地下与水中的混凝土和钢筋混凝土结构 ⑤有抗硫酸侵蚀的一般工程	①有抗渗要求的工程 ②大体积混凝土工程 ③蒸汽养护的构件 ④一般混凝土及钢筋混凝土工程 ⑤有抗硫酸盐侵蚀要求的一般工程	①大体积混凝土工程及地上、地下与水中混凝土 ②蒸汽养护的构件 ③一般混凝土工程 ④有抗硫酸盐腐蚀要求的一般工程
	不宜使用范围	①大体积混凝土工程 ②受化学作用与海水侵蚀的工程	①大体积混凝土工程 ②受化学作用与海水侵蚀的工程	①早期强度要求较高的混凝土工程 ②严寒地区及处在水位升降范围内的混凝土工程	①处在干燥环境的混凝土工程 ②有耐磨性要求的工程 ③其他同矿渣硅酸盐水泥	①有抗碳化要求的工程 ②其他同矿渣硅酸盐水泥

4. 港口与航道工程混凝土对水泥的要求（1E411031）

港口与航道工程混凝土对水泥有如下要求。

①港口与航道工程配制混凝土所用水泥可采用硅酸盐水泥、普通硅酸盐水泥、矿渣硅酸盐水泥、火山灰质硅酸盐水泥和粉煤灰硅酸盐水泥。必要时也可采用其他品种水泥，普通硅酸盐水泥和硅酸盐水泥的熟料中的铝酸三钙（C_3A）含量宜在6%~12%范围内。

②港口与航道工程结构混凝土所用水泥强度等级不得低于42.5。

③根据不同地区、不同建筑物部位的混凝土选用适当的水泥品种，如：

有抗冻要求的混凝土宜采用普通硅酸盐水泥或硅酸盐水泥，不宜采用火山灰质硅酸盐水泥。

不受冻地区海水环境浪溅区混凝土宜采用矿渣硅酸盐水泥，特别是大掺量矿渣硅酸盐水泥。

烧黏土质火山灰质硅酸盐水泥，在各种环境中的港口与航道工程均不得使用。

④当采用矿渣硅酸盐水泥、火山灰质硅酸盐水泥或粉煤灰硅酸盐水泥时，宜同时掺加减水剂或高效减水剂。

1.4.2 钢材（1E411040）

钢材是以铁为主要元素、含碳量在2%以下并含有其他元素的铁碳合金材料。

1. 钢的生产与加工

1）钢的冶炼

根据炼钢设备不同，钢的冶炼可分转炉、平炉和电炉三种方法。

（1）转炉炼钢法

转炉炼钢法又称空气转炉法，是以熔融状态的铁水为原料，不用燃料，而从炉底或侧面吹入高压热空气进行冶炼。铁水中的杂质靠与空气中的氧起氧化作用而除去。这种方法的缺点是熔炼时间短（5~30min），铁水中的S、P、O等杂质清除不完全，炼成的钢杂质含量多，钢的质量差，一般只用来炼制普通碳素钢。

近年创造了纯氧顶吹转炉炼钢法，用纯氧代替空气，故又称氧气转炉法，使钢的质量提高，可冶炼优质碳素钢和合金钢。

（2）平炉炼钢法

平炉炼钢法是以固体或液体生铁、铁矿石或废钢作原料，用煤气或重油加热进行冶炼的一种方法。此法熔炼时间较长（4~12h），其成分可精确控制，比空气转炉法杂质含量少，钢的质量好。一般用来炼制优质碳素钢、合金钢和其他专用钢。

（3）电炉炼钢法

电炉炼钢法是用电加热进行高温冶炼的一种方法，其优点是：温度可自由调节，钢的成分可准确控制，杂质含量少，钢的质量好，但成本高。一般只用来冶炼优质碳素钢和特殊合金钢。

2）钢的脱氧

精炼后的钢水，除极少部分铸成铸件外，绝大部分都要铸成钢锭，然后用来轧制各种钢材。

铸锭之前，钢水先要进行脱氧，即在钢水中加入少量锰铁、硅铁或铝等物质，使之与钢水中剩余的氧化铁反应，使铁还原，以达到去氧的目的。根据脱氧程度不同，可将钢材分为三类。

（1）沸腾钢（代号F）

仅用锰铁进行脱氧，是脱氧不完全的钢。当钢水倒入锭模后，在冷却过程中，钢水中残留的氧化铁与碳化合，生成一氧化碳气泡冒出，造成钢水"沸腾"，故称之为沸腾钢。沸腾钢偏析较大,钢的质量差,但成本较低。

(2)镇静钢(代号Z)

镇静钢是利用锰、硅和铝进行完全脱氧的钢。钢水在锭膜内平静地凝固。其质量均匀,脆性和时效敏感性都较小,焊接性能好,但成本较高。只用于受冲击荷载和其他重要结构之处。

(3)半镇静钢(代号b)

半镇静钢的脱氧程度和材质介于沸腾钢和镇静钢之间。

3)钢的压力加工

钢的压力加工分热加工和冷加工两种方法。

(1)热加工

热加工是将钢锭加热至塑性状态,依靠外加压力改变钢材形状的加工。常用的热加工方式有碾轧和锻造。工程常用的各种型钢和钢板都是碾轧而成的。

钢锭经过热加工之后,能使钢锭内部的气泡焊合,疏松组织密实,晶粒细化,因此钢的强度提高。碾轧次数越多,强度提高越大,所以小截面钢材比大截面钢材的强度高。

(2)冷加工

冷加工是以热轧成的钢筋为原料,在常温下进行的加工。冷加工方式有冷拉、冷拔、冷轧、冷扭、冲压和挤压等。冷加工不仅能改变钢材的形状和尺寸,而且还会提高钢材的强度和硬度,但塑性和韧性有所降低。预应力高强度钢丝和钢绞线是经过多次冷拔而成的。

2. 钢材按化学成分分类(1E411041)

1)碳素钢

碳素钢是以 Fe—C 合金为主体,含 C 量低于 2.11%,除含有极少量的 Si、Mn 和微量的 S 和 P 之外,其他元素极微的钢。

(1)按碳含量的碳素钢分类

①低碳钢,$C < 0.25\%$;

②中碳钢,$C = 0.25\% \sim 0.60\%$;

③高碳钢,$C > 0.60\%$。

碳是决定钢材性能的主要元素。钢材的含碳量在 $C < 0.8\%$ 的范围内,随着 C 的增加,钢的抗拉强度及硬度相应增加,而塑性及韧性相应降低。当 $C > 1\%$ 时,随着 C 的增加,除硬度继续增加外,其强度、塑性和韧性都降低。钢材变脆,焊接性能下降,冷脆性增加,还降低了抵抗大气腐蚀的能力。

(2)按杂质硫和磷含量的碳素钢分类

①优质碳素钢,$S \leq 0.04\%$,$P \leq 0.04\%$;

②普通碳素钢,$S = 0.055\% \sim 0.065\%$,$P = 0.045\% \sim 0.085\%$。

硫和磷都是炼铁原料中带入的有害元素。S 在钢中以 FeS 夹杂物形式存在于晶界上,由于 FeS 熔点低,使钢材在热加工中造成晶粒的分离,引起钢材断裂,形成热脆现象。硫的存在还使钢的冲击韧性、疲劳强度、焊接性能和耐蚀性降低。磷能使钢的强度提高,但塑性及韧性显著降低,焊接性能变差,特别是在低温中,冲击韧性下降更为显著。

2)合金钢

合金钢中除含有 Fe 和 C 之外,还含有一种或多种人工加入的合金元素,如 Si、Mn、Cr、Ni、Ti、V 等。按合金元素的总含量,合金钢可分为:

①低合金钢,合金元素总含量小于5%;

②中合金钢,合金元素总含量为5%~10%；
③高合金钢,合金元素总含量大于10%。

3.钢材按用途分类(1E411041)

钢材按用途可分为结构钢、工具钢、专用钢和特殊钢等。

4.工程建筑钢材技术标准(1E411041)

工程建筑钢材可分为钢结构用钢材和钢筋混凝土结构用钢筋两类。

1)钢结构用钢材

(1)碳素结构钢

碳素结构钢是指一般结构钢和工程用热轧钢板、钢带、型钢和棒钢等。

碳素结构钢的牌号由4个部分按顺序组成,即:代表屈服点的字母、屈服点数值、质量等级符号及脱氧程度符号。各种符号及其含义见表1.4.5。

表1.4.5 碳素结构钢符号含义

符 号	含 义	备 注
Q	屈服点	
A、B、C、D	质量等级	
F	沸腾钢	
b	半镇静钢	
Z	镇静钢	可以省略
TZ	特殊镇静钢	

例如 Q235—A·F 表示屈服点为235MPa的A级沸腾钢；Q235—C表示屈服点为235MPa的C级镇静钢。

碳素结构钢的技术要求包括化学成分、力学性能、冶炼方法、交货状态及表面质量等5个方面。其中,钢的力学性能指标见表1.4.6。

表1.4.6 碳素结构钢的力学性能指标(GB700—1988)

牌号	质量等级	拉 伸 试 验											冲击试验	
		屈服强度 f_y(MPa)					抗拉强度 f_u (MPa)	伸长率 δ_s(%)					温度 (℃)	V型冲击功 (纵向) (J)
		钢材厚度(直径)(mm)						钢材厚度(直径)(mm)						
		≤16	>16~40	>40~60	>60~100	>100~150	>150		≤16	>16~40	>40~60	>60~100	>100~150	>150		
		不小于							不小于						不小于
Q195	—	(195)	(185)	—	—	—	—	315~390	33	32	—	—	—	—		
Q215	A	215	205	195	185	175	165	335~410	31	30	29	28	27	26	—	—
	B														20	27

续表

牌号	质量等级	拉伸试验													冲击试验	
		屈服强度 f_y (MPa)						抗拉强度 f_u (MPa)	伸长率 δ_s (%)						温度 (℃)	V型冲击功 (纵向) (J)
		钢材厚度（直径）(mm)							钢材厚度（直径）(mm)							
		≤16	>16~40	>40~60	>60~100	>100~150	>150		≤16	>16~40	>40~60	>60~100	>100~150	>150		
		不小于								不小于							不小于
Q235	A	235	225	215	205	195	185	375~450	26	25	24	23	22	21	—	27
	B														20	
	C														0	
	D														-20	
Q255	A	255	245	235	225	215	205	410~510	24	23	22	21	20	19	—	—
	B														20	27
Q275	—	275	265	255	245	235	225	490~610	20	19	18	17	16	15	—	—

（2）低合金高强度结构钢

低合金高强度结构钢是在碳素结构钢的基础上添加一种或几种少量合金元素，合金元素总含量小于5%。常用合金元素有 Si(硅)、Mn(镁)、Nb(铌)、Ti(钛)、V(钒)、Cu(铜)等。加入合金元素的目的是为了提高钢的屈服强度、抗拉强度、耐磨性、耐蚀性及耐低温性。

低合金高强度结构钢的牌号表示方法与碳素结构钢不同，它是由含碳量、合金种类及合金含量三部分组成。牌号的前两位数字表示平均含碳量的万分数，其后的元素符号是加入的合金种类，元素符号后无数字时，表示该合金元素平均含量在1.5%以下，如元素符号后带有数字"2"，则表示该元素平均含量超过1.5%而低于2.5%。例如 16Mn 表示平均含碳量为 0.16%，平均含锰量小于1.5%。适用于一般建筑结构的几种牌号低合金高强度结构钢的化学成分及力学性能见表1.4.7。

表1.4.7 低合金高强度结构钢（GB1591—1988）

牌号	化学成分 (%)	钢材厚度或直径 (mm)	力学性能				
			f_u (MPa)	f_y (MPa)	δ_s (%)	冷弯 180°	V型冲击功 (20℃)(J)
16Mn	C = 0.12~0.20 Mn = 1.20~1.60	≤16	510~660	≥345	≥22	$d = 2a$	≥27
15MnV	C = 0.12~0.18 Mn = 1.20~1.60 V = 0.04~0.12	4~16	530~680	≥390	≥18	$d = 3a$	≥27
15Mn	C = 0.12~0.18 Mn = 1.20~1.60 Ti = 0.12~0.20	≤25	530~680	≥390	≥20	$d = 3a$	≥27

续表

牌号	化学成分（%）	钢材厚度或直径（mm）	力学性能				
			f_u（MPa）	f_y（MPa）	δ_s（%）	冷弯180°	V型冲击功（20℃）(J)
15MnVN	C = 0.12～0.20 Mn = 1.30～1.70 V = 0.10～0.20 N = 0.010～0.020	10～25	570～720	≥420	≥19	$d = 3a$	≥27
15MnNb	C = 0.12～0.20 Mn = 1.00～1.40 Nb = 0.015～0.050	≤16	530～680	≥390	≥20	$d = 2a$	≥27

注：以上牌号钢材S、P的含量均不得大于0.045%。

2）港口与航道工程钢结构用钢材

港口与航道工程钢结构对钢材有如下要求。

①港口工程钢结构宜选用**普通碳素结构钢、普通低合金结构钢或桥梁用低合金钢**，其质量应符合现行国家标准《碳素结构钢 GB700—1988》和《低合金高强度结构钢 GB1591—1988》以及现行行业标准《桥梁用碳素钢及普通低合金钢钢板技术条件 YB168》的有关规定。主体结构或主要构件应优先选用 Q235 镇静钢和 Q345 镇静钢。

②承重结构的钢材应根据结构的重要性、荷载特征、连接方法及其环境特点等不同情况选择钢号和材质，并应具有抗拉强度、伸长率、屈服强度和碳、硫、磷含量的合格保证。必要时，尚应具有冷弯试验的合格保证。

③选用进口钢材时，材质应符合有关规定，且应具有海关商检报告。

④钢铸件应选用 ZG200—400、ZG230—450、ZG270—500 或 ZG310—570 钢材。

⑤连接轴、支座轮轴和铰轴宜选用 35 或 45 优质碳素钢，亦可选用 Q275 碳素钢。必要时，可选用 35Mn2、40Cr 低合金钢或综合性能与其相似的其他合金结构钢。

⑥钢材和钢铸件的物理力学性能指标应按表 1.4.8 选用。

表 1.4.8　钢材和钢铸件物理力学性能指标

弹性模量 E（MPa）	剪变模量 G（MPa）	线膨胀系数 α（以每℃计）	质量密度 ρ（kg/m³）
2.06×10^5	7.9×10^4	1.2×10^{-5}	7.85×10^3

⑦**钢材的强度设计值应按表 1.4.9 选用。**

表 1.4.9 钢材的强度设计值　　　　　　　　　　　　　　MPa

钢材		抗拉、抗压和抗弯 f	抗剪 f_v	端面承压(刨平顶紧) f_{ce}
牌号	厚度或直径(mm)			
Q235	≤16	215	125	325
	16~40	205	120	
	40~60	200	115	
	60~100	190	110	
Q345	≤16	310	180	400
	16~35	295	170	
	35~50	265	155	
	50~100	250	145	
Q390	≤16	350	205	415
	16~35	335	190	
	35~50	315	180	
	50~100	295	170	

注：表中厚度指计算点的厚度。

⑧**钢铸件的强度设计值**应按表1.4.10选用。

表 1.4.10 钢铸件的强度设计值　　　　　　　　　　　　　　MPa

钢号	抗拉、抗压和抗弯 f	抗剪 f_v	端面承压(刨平顶紧) f_{ce}
ZG200—400	155	90	260
ZG230—450	180	105	290
ZG270—500	210	120	325
ZG310—570	240	140	370

3）钢筋混凝土结构用钢筋（1E411042）

（1）热轧钢筋

钢筋混凝土用钢筋是指热轧的光圆钢筋及变形钢筋。热轧钢筋按屈服点及抗拉强度划分为4个等级，各级钢筋的力学性能见表1.4.11。

表 1.4.11 热轧钢筋的力学性能（GB1499—1984）

品种		牌号	公称直径（mm）	屈服强度 f_y（MPa）	抗拉强度 f_u（MPa）	伸长率 δ_s（％）	冷弯 d = 弯心直径 a = 钢筋直径
外形	强度等级			不小于			
光圆钢筋	I	Q235	8~25	235(24)	370(38)	25	180° $d = a$
			28~50				180° $d = 2a$

续表

品种		牌号	公称直径（mm）	屈服强度 f_y（MPa）	抗拉强度 f_u（MPa）	伸长率 δ_s（%）	冷弯 $d=$ 弯心直径 $a=$ 钢筋直径
外形	强度等级			不小于			
变形钢筋	Ⅱ	20MnSi 20MnNb	8~25	335(34)	510(52)	16	180° $d=3a$
			28~50	315(32)	490(50)	16	180° $d=3a$
	Ⅲ	25MnSi 20MnSiV		370(38)	570(58)	14	90° $d=3a$
	Ⅳ	40Si2MnV 45SiMnV 45Si2MnTi	10~25	540(55)	835(85)	10	90° $d=5a$
			28~32				90° $d=6a$

Ⅰ级钢筋由碳素结构钢轧制成光面圆钢筋或方钢筋。Ⅱ级至Ⅳ级钢筋都是由合金结构钢轧制而成，并且为了提高钢筋与混凝土之间的黏结力，常热轧制成变形钢筋，即表面带有螺旋纹或人字纹的肋。

钢筋按用途可分为普通钢筋（非预应力钢筋）和预应力钢筋两种。非预应力混凝土结构对受力钢筋的强度要求较低，可选用Ⅰ级、Ⅱ级和Ⅲ级热轧钢筋。对于预应力混凝土结构，为了使混凝土产生预应力，要求选用强度较高的钢筋作为受力筋。

钢筋不仅需要有足够的强度，而且要求具有良好的塑性、韧性和焊接性能。一般Ⅰ级至Ⅲ级钢筋焊接性能较好，而Ⅳ级钢筋焊接有些困难。

(2) 冷拉钢筋

热轧钢筋经冷拉和时效处理后，可提高钢筋的屈服点和抗拉强度，但塑性和韧性有所降低。冷拉Ⅱ、Ⅲ、Ⅳ级钢筋强度较高，可用作预应力钢筋。冷拉钢筋由于脆性增加，在负温和冲击或重复荷载作用下易脆断，不宜使用。

(3) 冷轧带肋钢筋

冷轧是将钢材在常温下进行辊轧而成的钢筋，具有规律的凹凸不平表面，能提高钢筋与混凝土之间的黏结力。冷轧带肋钢筋是近几年发展起来的一种新型、高效节能建筑钢材。

(4) 预应力混凝土用钢丝、钢绞线

大型预应力混凝土构件，由于受力很大，常采用强度很高的预应力高强度钢丝作为主要受力筋。预应力高强度钢丝是用优质碳素结构钢盘条，经冷加工、矫直回火、冷拉等生产工艺而制成的预应力混凝土专用产品。

预应力混凝土用钢丝可分为：矫直回火钢丝（又称碳素钢丝）、冷拉钢丝及刻痕钢丝三种，它们有强度高、柔性好、施工简便、无焊接接头、质量稳定、节约钢材等优点。

预应力混凝土用钢绞线，是由7根圆形断面的高强度细丝绞捻而成。主要用于大跨度、大承载力的后张预应力构件，具有与钢丝相同的优点。

(5) 预应力混凝土用热处理钢筋

热处理钢筋是用热轧的钢筋经淬火和回火的调质处理而成的。热处理钢筋可使其塑性降低不多而强度有较大幅度的提高。热处理钢筋主要用于预应力混凝土轨枕，也可用于预应力混凝土板、梁和吊车梁等。

4)港口与航道工程混凝土结构用钢筋(1E411042)

港口与航道工程混凝土结构用钢筋有如下要求。

①对于钢筋混凝土结构中的钢筋和预应力混凝土结构中的非预应力钢筋,宜选用Ⅰ级、Ⅱ级、Ⅲ级热轧钢筋和 **LL550** 级冷轧带肋钢筋,也可选用Ⅰ级($d \leqslant 12$ mm)冷拉钢筋。

②对于预应力混凝土结构中的预应力钢筋,宜选用Ⅱ、Ⅲ、Ⅳ级冷拉钢筋,也可选用**碳素钢丝、钢绞线和热处理钢筋以及 LL650 级或 LL880 级冷轧带肋钢筋**。

③钢筋强度标准值应具有不小于95%的保证率。

④钢筋的弹性模量 E_s 应按表1.4.12选用。

表1.4.12 钢筋弹性模量　　　　MPa

钢 筋 种 类	弹性模量 E_s
热轧Ⅰ级钢筋、冷拉Ⅰ级钢筋	2.1×10^5
热轧Ⅱ级、Ⅲ级、Ⅳ级钢筋,热处理钢筋,碳素钢丝	2.0×10^5
冷拉Ⅱ级、Ⅲ级、Ⅳ级钢筋,钢绞线	1.8×10^5
冷轧带肋钢筋 LL550 级、LL650 级、LL880 级	1.9×10^5

⑤**钢筋抗拉、抗压强度设计值**应按表1.4.13选用。

表1.4.13 钢筋强度设计值　　　　MPa

种 类		符号	抗拉强度设计值 f_y 或 f_{py}	抗压强度设计值 f'_y 或 f'_{py}
热轧钢筋	Ⅰ级(Q235)	Φ	210	210
	Ⅱ级(20MnSi、20MnNb(B))	Φ	310	310
	Ⅲ级(20MnSiV、20MnTi、K20MnSi)	Φ	360	360
	Ⅳ级(40Si2MnV、45SiMnV、45Si2MnTi)	Φ	500	400
冷拉钢筋	Ⅰ级($d \leqslant 2$)	Φ	250	210
	Ⅱ级　$d \leqslant 25$	Φ	380	310
	$d = 28 \sim 40$		360	310
	Ⅲ级	Φ	420	360
	Ⅳ级	Φ	580	400
冷轧带肋钢筋	LL550($d = 4 \sim 12$)		360	360
	LL650($d = 4、5、6$)		430	380
	LL800($d = 5$)		530	380
热处理钢筋	40Si2Mn($d = 6$) 48Si2Mn($d = 8.2$) 45Si2Cr($d = 10$)	Φ	1 000	400

5. 港口与航道工程钢结构防腐(1E411130)

由于港口与航道工程在海水或河水中工作的特殊环境,钢结构防腐尤为重要。依据钢结构受海水腐蚀的不同程度,沿钢结构高程划分为大气区、浪溅区、水位变动区、水下区、泥下区五个区域,钢结构防腐的措施有不同的效果和要求。

1)外壁防腐涂层

常用**防腐涂层**有环氧沥青、环氧玻璃钢、聚氨酯类、热喷金属层等。防腐涂层有效年限为10~20年,保护效率为80%~95%,适用于海水环境的大气区、浪溅区、水位变动区,水下区,而泥下区则不用。

2)电化学阴极保护

电化学阴极保护可分为外加电流的阴极保护和牺牲阳极的阴极保护。通常,电化学阴极保护与防腐涂层同时使用,在平均潮位以下其保护效率达85%~95%。适用于海水环境的水位变动区、水下区和泥下区,而对大气区和浪溅区无效。

3)预留腐蚀富余厚度

对于海水环境的钢结构,单面年平均腐蚀速度以浪溅区为最,可达0.20~0.50mm/a。依此,按工程使用年限**预留腐蚀富余厚度**,适用于浪溅区、水位变动区,大气区、水下区和泥下区。

4)选用耐腐蚀钢材

在普通钢材冶炼中,加入一定量的锰、铬、磷、矾等稀有金属或元素,以提高其**耐海水腐蚀**的性能。

1.4.3 混凝土(1E411050)

港口与航道工程混凝土除强度和拌和物的和易性必须满足设计和施工要求外,尚应根据工程建筑物的使用条件,具备所需要的抗冻性、抗渗性、抗蚀性、防止钢筋锈蚀和抵抗冰凌撞击的性能。

1.港口与航道工程混凝土在建筑物上的部位划分(1E211051)

港口与航道工程混凝土在建筑物上的部位应按表1.4.14和表1.4.15的规定划分。

表1.4.14 海水环境混凝土部位划分

大气区	浪溅区	水位变动区	水下区
设计高水位加1.5 m以上	设计高水位加1.5 m至设计高水位减1.0 m之间	设计高水位减1.0 m至设计低水位减1.0 m之间	设计低水位减1.0 m以下

注:对于开敞式建筑物,其浪溅区上限可根据受浪情况适当调高;对于掩护条件良好的建筑物,其浪溅区上限可适当调低。

表1.4.15 淡水环境混凝土部位划分

水上区	水位变动区	水下区
设计高水位以上	水上区与水下区之间	设计低水位以下

注:水上区也可按历年平均最高水位以上划分。

2.混凝土强度等级(1E411052)

港口与航道工程混凝土强度等级按立方体强度标准值(MPa)划分,用符号C表示,其强度等级如表1.4.16所示。

表1.4.16　港口与航道工程混凝土强度等级

普通混凝土	C10	C15	C20	C25	C30	C35	C40	C45	C50	C55	C60	C70	C80
引气混凝土	—	C15	C20	C25	C30	C35	C40	—	—	—	—	—	—

立方体试件抗压强度是指按标准方法制作的边长为150 mm的立方体试件在标准条件(温度20±3℃、相对湿度90%以上)下养护28 d龄期,测得的抗压强度,以$f_{cu,k}$表示。**立方体抗压标准强度值**是低于该值的百分率不超过5%的某一数值,即具有95%保证率的立方体试件抗压强度,不同于立方体试件抗压强度。

3. 混凝土的和易性及其指标(1E411052)

1)和易性的概念

和易性是指混凝土拌和物易于施工操作(拌和、运输、浇灌、捣实)并能获得质量均匀、成型密实的性能。和易性是一项综合技术性质,包括流动性、黏聚性和保水性三方面的含义。

流动性是指混凝土拌和物在自重和施工机械振捣作用下,能产生流动,并均匀密实地填满模板的性能。

黏聚性是指混凝土拌和物的组成材料之间有一定的黏聚力,在施工期间不致产生分层和离析现象的性能。

保水性是指混凝土拌和物在施工过程中具有一定的保水能力,不致产生严重泌水现象的性能。

混凝土拌和物的流动性、黏聚性和保水性三者之间互相关联,又存在矛盾。和易性就是这三方面性质在某种条件下的矛盾统一。

2)和易性的指标

目前还没有能全面反映混凝土拌和物和易性的测定方法,通常是采用坍落度试验测定拌和物的流动性,并同时观察和经验评定黏聚性及保水性。

测定流动性常用的方法有坍落度试验和维勃(V.B)稠度试验两种。对于塑性、低塑性混凝土拌和物,浇筑时的**坍落度**宜按表1.4.17选用。

表1.4.17　港口与航道工程混凝土浇筑时的坍落度选用值　　mm

混凝土种类	坍落度
素混凝土	10~30
配筋率不超过1.5%的钢筋混凝土、预应力混凝土	30~50
配筋率超过1.5%的钢筋混凝土、预应力混凝土	50~70

4. 混凝土的耐久性及提高耐久性措施(1E411051)

1)耐久性的概念

港口与航道工程混凝土除应具有适当的强度,能安全承受设计荷载外,还应具有在所处的自然环境及使用条件下经久耐用的性能,如抗渗性、抗冻性、抗侵蚀性以及预防碱—骨料反应等。这些性能决定着混凝土经久耐用的程度,统称**为耐久性**。

(1)混凝土的抗渗性

混凝土的**抗渗性**是指混凝土抵抗压力水、油等液体渗透的能力。它直接影响混凝土的抗冻性和抗侵蚀性,当混凝土抗渗性较差时,不但容易透水,而且混凝土容易受到冰冻或侵蚀作用被破坏,引起钢筋锈蚀和保护层剥落。

混凝土的抗渗性用抗渗等级(W)表示,抗渗等级是指对 28 d 龄期的标准试件按规定的方法进行试验时所能承受的最大水压力。港口与航道工程混凝土的抗渗等级划分为 W4、W6、W8、W10 和 W12 五个等级,分别表示试件(6 个试件中 4 个)未出现渗水时所承受的最大水压力为 0.4、0.6、0.8、1.0 和 1.2 MPa。

根据最大作用水头与建筑物壁厚之比的不同,港口与航道工程混凝土的抗渗等级应按表 1.4.18 的规定选用。

表 1.4.18 港口与航道混凝土抗渗等级选用标准

最大作用水头与建筑物壁厚之比	抗渗等级
<5	W4
5~10	W6
10~15	W8
15~20	W10
>20	W12

混凝土的抗渗性主要与其密实度以及内部孔隙大小和构造有关。提高混凝土抗渗性能的措施是增加混凝土的密实度,改善内部孔隙结构,减少渗透通道。常用的办法是掺用引气型外加剂,使混凝土内部产生不连通的气泡,截断毛细通道。此外,选用适当品种和强度等级的水泥,减小水灰比,保证施工振捣密实,养护充分,对提高抗渗性都有重要作用。

(2)混凝土的抗冻性

混凝土的**抗冻性**是指混凝土在饱和水状态下能经受多次冻融循环而不被破坏且强度也不显著降低的性能。

混凝土的抗冻性用抗冻等级(F)表示,抗冻等级是以经过水中养护(20±3℃)28 d 龄期的标准试件按标准试验方法(慢冻法)经过反复冻融循环,在强度损失不超过 25%,重量损失不超过 5% 时所能承受的冻融循环次数决定。如 F100 表示混凝土抗冻试验能经受 100 次冻融循环。

对于港口与航道工程的水位变动区,有抗冻要求的混凝土的抗冻等级应按表 1.4.19 的规定选用。浪溅区中的下部 1 m 范围的抗冻等级与水位变动区相同。码头面层混凝土应选用比同一地区低 2~3 级的抗冻等级。

表 1.4.19　港口与航道工程混凝土抗冻等级选用标准

工程所在地区	海水环境		淡水环境	
	钢筋混凝土 预应力混凝土	素混凝土	钢筋混凝土 预应力混凝土	素混凝土
严重受冻地区（最冷月月平均气温低于-8℃）	F350	F300	F250	F200
受冻地区（最冷月月平均气温在-4℃～-8℃之间）	F300	F250	F200	F150
微冻地区（最冷月月平均气温在0℃～-4℃之间）	F250	F200	F150	F100

注：对于开敞式码头和防波堤的混凝土，宜选用比同一地区高一级的抗冻等级。

提高混凝土抗冻性的主要措施有减少毛细孔体系的体积，提高混凝土密实度，改善孔隙结构。常用的办法是掺用加气剂，在混凝土内部形成互不连通的微细气泡，使水分不易渗入内部。含气量应适当控制，过低对提高抗冻性不明显，过多会导致混凝土强度显著下降。有抗冻要求的港口与航道工程混凝土含气量应控制在表 1.4.20 所列的范围内。

表 1.4.20　港口与航道工程混凝土含气量选择范围

骨料最大粒径（mm）	含气量（%）	骨料最大粒径（mm）	含气量（%）
10.0	5.0～8.0	40.0	3.0～6.0
20.0	4.0～7.0	63.0	3.0～5.0
31.5	3.5～6.5		

此外，对于有抗冻性要求的混凝土，宜选用普通硅酸盐水泥和硅酸盐水泥，且用较小的水灰比，不宜选用火山灰质硅酸盐水泥。施工中注意捣实、加强养护，都有利于提高抗冻性。

（3）混凝土的抗侵蚀性

当混凝土所处的环境中含有侵蚀介质（软水，含酸、盐水等）时，要求混凝土具有抗侵蚀性能。混凝土的**抗侵蚀性**与混凝土的密实程度、内部孔隙特征以及所用水泥品种有关。密实度大且内部孔隙封闭的混凝土，其抗侵蚀性较强，而普通硅酸盐水泥和硅酸盐水泥抗侵蚀性较差。

（4）混凝土的碱—骨料反应

当混凝土中的碱含量（主要来自水泥、外加剂、混合材料和水）较高时，水分与骨料的某些成分起化学反应而产生不均匀膨胀，造成混凝土强度降低、出现裂缝直至破坏。对于混凝土的**碱—骨料反应**，可采取以下防治办法：

①选用低碱水泥，碱含量低于 0.6%；
②掺活性混合材料，如矿渣、火山灰及粉煤灰等，以吸取钠、钾离子；
③掺加某种外加剂，如引气剂，降低膨胀压力。

(5)混凝土拌和物中的氯离子含量

钢筋混凝土结构中的钢筋处于水泥石的碱环境中,在钢筋表面形成一层钝化薄膜,以保护钢筋不锈蚀。但是,氯离子将会促进锈蚀反应,从而破坏保护膜,尤其在干湿交替下的钢筋混凝土结构受海水氯离子渗透最严重。为防止钢筋锈蚀发生,混凝土拌和物中的**氯离子最高限量**应符合表1.4.21的规定。

表1.4.21 混凝土拌和物中氯离子最高限值(按水泥质量百分比计)

环境条件	预应力混凝土	钢筋混凝土	素混凝土
海水	0.06	0.10	1.30
淡水	0.06	0.30	1.30

2)提高耐久性的措施

提高耐久性的措施如下。

①选用与工程相适应的水泥品种;

②适当控制混凝土的水灰比并保证足够的水泥用量,以保证混凝土的密实度;

③选用质量好的矿、石骨料,选取较好的骨料级配,并严格控制骨料中有害物质含量;

④掺用加气剂或减水剂,可提高抗渗、抗冻性能;

⑤改善施工操作方法,达到搅拌均匀、振捣密实、养护充分。

高性能混凝土(HPC)具有高耐久性、高工作性、高强度、高体积稳定性和合理的经济性。

5.港口与航道工程混凝土的材料(1E411051)

1)水泥

港口与航道工程混凝土用水泥的选用要求见1.4.1节中4的规定。

2)细骨料

粒径在0.16~5 mm的骨料称为**细骨料**。对于港口与航道工程混凝土,应选用岩石颗粒(砂)体为细骨料,并有以下要求。

①细骨料的杂质含量限值应符合表1.4.22的规定。

表1.4.22 细骨料中杂质含量限值

杂质名称	有抗冻性要求	无抗冻要求	
		≥C30	<C30
总含泥量(以质量百分比计)	≤3.0	≤3.0	≤5.0
其中泥块含量(以质量百分比计)	<0.5	≤1.0	<2.0
云母含量(以质量百分比计)	<1.0	≤2.0	
轻物质(以质量百分比计)	≤1.0	≤1.0	
硫化物及硫酸盐含量(以SO_3质量百分比计)	≤1.0	≤1.0	
有机物含量	用比色法试验,颜色不应深于标准色,否则应进行砂浆强度(按水泥胶矿方法)对比试验,相对抗压强度不应低于95%		

②海水环境工程中严禁选用活性细骨料。淡水环境工程中所用细骨料若具有活性时,应选用碱含量小于 0.6% 的水泥。

③细骨料的粗细度和颗粒级配分区应符合规范规定。

④选用海砂作细骨料时,对于浪溅区和水位变动区的钢筋混凝土,海砂中氯离子含量不宜超过 0.07%(占水泥质量的百分比)。

⑤对于选用碳素钢丝、钢绞线及钢筋永存应力大于 400 MPa 的预应力混凝土,不宜选用海砂,如不得不选用海砂时,海砂中氯离子含量不宜超过 0.03%。

3)粗骨料

粒径大于 5 mm 的骨料称为**粗骨料**。港口与航道工程混凝土常用的粗骨料有碎石及卵石两种,并有如下要求。

①其强度应符合规范规定。

②粗骨料的杂质含量应符合表 1.4.23 的规定。

1.4.23 粗骨料杂质含量限值

杂质名称	有抗冻性要求	无抗冻要求	
		≥C30	<C30
总含泥量(以质量百分比计)	≤0.7	≤1.0	≤2.0
水溶性硫酸盐及硫化物(以 SO_3 的质量百分比计)	≤0.5	≤1.0	
有机物含量		用比色法试验,颜色不宜深于标准色,否则应进行混凝土对比试验,其强度降低率不应大于 5%	

③粗骨料中的最大粒径应满足:不大于 80 mm;不大于构件截面最小尺寸的 $\frac{1}{4}$;不大于钢筋最小净距的 $\frac{3}{4}$;当保护层为 50 mm 时,不大于保护层厚度的 $\frac{4}{5}$;在南方地区的浪溅区,不大于保护层厚度的 $\frac{2}{3}$。

④海水环境工程中严禁选用活性粗骨料。

⑤颗粒级配应符合规范规定。

6. 混凝土配合比设计(1E411052)

1)混凝土配合比的含义

混凝土配合比是指混凝土各组成材料用量之间的比例关系。常用的表示方法有两种,一种是以每 1 m³ 混凝土中各项材料的**质量**表示,例如水泥 300 kg、水 180 kg、砂 720 kg、石子 1 200 kg,每 1 m³ 混凝总质量为 2 400 kg;另一种是以各项材料间的**质量比**表示(以水泥质量为 1),将上例换算成质量比为水泥:砂:石 =1:2.4:4.0,水灰比 =0.6。

2)混凝土配合比设计的基本要求

混凝土配合比设计应满足以下基本要求。

①混凝土结构设计的强度等级；
②施工过程中混凝土拌和物的和易性；
③混凝土的耐久性；
④节约水泥和降低混凝土成本。

3）混凝土配合比设计中的三个参数

事实上，混凝土配合比设计就是确定水泥、水、砂、石用量之间的比例关系。

①水与水泥之间的比例关系，常用**水灰比**表示。
②砂与石子之间的比例关系，常用**砂率**表示。
③水泥浆与骨料之间的比例关系，常用 1 m^3 **混凝土的用水量**(称为单位用水量)表示。

综上，水灰比、砂率和用水量即为混凝土配合比设计的三个参数。

4）混凝土配合比设计的步骤

混凝土配合比设计应采用试验—计算法，并按下述顺序进行。

(1) 混凝土施工配制强度

混凝土施工配制强度 $f_{cu,0}$ (MPa) 应按下式计算，

$$f_{cu,0} = f_{cu,k} + 1.645\sigma \tag{1.4.1}$$

式中：$f_{cu,k}$ 为设计要求的混凝土立方体抗压强度标准值，MPa；

σ 为工地实际统计的混凝土立方体抗压强度标准差，MPa。

施工单位如有近期混凝土强度统计资料时，σ 可按下式计算，

$$\sigma = \sqrt{\frac{\sum_{i=1}^{N} f_{cu,i}^2 - N\mu_{fcu}^2}{N-1}} \tag{1.4.2}$$

式中：$f_{cu,i}$ 为第 i 组混凝土立方体抗压强度，MPa；

μ_{fcu} 为 N 组混凝土立方体抗压强度的平均值，MPa；

N 为统计批内的试件组数，$N \geq 25$。

当施工单位没有近期混凝土强度统计资料时，宜按表 1.4.24 中混凝土强度标准差的平均水平(σ_0)，结合本单位的生产管理水平，酌情选取 σ 值。开工后，尽快积累统计资料并对 σ 组进行修正。

表 1.4.24 混凝土强度标准差的平均水平

强度等级	<C20	C20~C40	>C40
σ_0 (MPa)	3.5	4.5	5.5

注：采用压蒸工艺生产的高强度混凝土管桩，可取 $\sigma_0 = 0.1 f_{cu,k}$。

(2) 选择水灰比

水灰比的选择应同时满足混凝土强度和耐久性要求。按强度要求的水灰比确定方法是先建立强度与水灰比的关系曲线，然后从曲线上查出与混凝土施工配制强度相对应的水灰比。按耐久性要求的水灰比最大允许值，见表 1.4.25 和表 1.4.26。

表 1.4.25 海水环境混凝土按耐久性要求的水灰比最大允许值

环境条件			钢筋混凝土、预应力混凝土		素混凝土	
			北方	南方	北方	南方
大 气 区			0.55	0.50	0.65	0.65
浪 溅 区			0.50	0.40	0.65	0.65
水位变动区	严重受冻		0.45	—	0.45	—
	受 冻		0.50	—	0.50	—
	微 冻		0.55	—	0.55	—
	偶冻、不冻		—	0.50	—	0.65
水下区	不受水头作用		0.60	0.60	0.65	0.65
	受水头作用	最大作用水头与混凝土壁厚之比 <5	0.60			
		最大作用水头与混凝土壁厚之比 5~10	0.55			
		最大作用水头与混凝土壁厚之比 >10	0.50			

表 1.4.26 淡水环境混凝土按耐久性要求的水灰比最大允许值

环境条件			钢筋混凝土、预应力混凝土	素混凝土
水上区	受水气积聚或通风不良		0.60	0.70
	不受水气积聚或通风良好		0.65	
水位变动区	严重受冻		0.55	0.55
	受 冻		0.60	0.60
	微 冻		0.65	0.65
	偶冻、不冻		0.65	0.70
水下区	受水头作用	不受水头作用	0.65	0.70
		最大作用水头与混凝土壁厚之比 <5	0.60	
		最大作用水头与混凝土壁厚之比 5~10	0.55	
		最大作用水头与混凝土壁厚之比 >10	0.50	

按强度要求得出的水灰比应与按耐久性要求规定的水灰比相比较,取其较小值作为配合比的设计依据。

(3)选择用水量

根据所用的砂石情况和确定的坍落度值,按各地区的经验或按表 1.4.27 选择用水量。

表 1.4.27 用水量选用值 kg/m³

坍落度 (mm)	碎石最大粒径(mm)			
	20	40	63	80
10~30	185	170	160	150
30~50	195	180	170	160
50~70	210	195	185	175

注:1. 选用卵石时,用水量可减少 10~15 kg/m³。
　2. 选用粗砂时,用水量可减少 10 kg/m³;选用细砂时可增加 10 kg/m³。
　3. 选用外加剂时可相应减少用水量。

(4)确定最佳砂率

按选定的水灰比和用水量计算近似的水泥用量,并按各地区经验或可按表 1.4.28 选取数种不同砂率。在保持水泥用量和其他条件相同情况下,拌制混凝土拌和物并测定其坍落度,其中坍落度最大的一种拌和所用的砂率即为最佳砂率。

表 1.4.28 砂率选用值 %

碎石最大粒径 (mm)	近似水泥用量(kg/m³)							
	200	225	250	275	300	350	400	450
20	38~44	37~43	36~42	35~41	34~40	32~38	30~36	28~34
40	36~42	35~41	34~40	33~39	32~38	30~36	28~34	26~32
63	33~39	32~38	31~37	30~36	29~35	27~33	26~32	25~31
80	32~38	31~37	30~36	29~35	28~34	26~32	25~31	24~30

注:1. 选用卵石时,砂率可减少 2%~4%。
　2. 选用引气剂时,空气含量每增加 1%,砂率可减少 0.5%~1.0%。
　3. 选用细砂时,砂率可减少 3%;选用粗砂时,砂率可增加 3%。

(5)确定水泥用量

按选定的水灰比和已确定的最佳砂率,拌制数种水泥用量不同的混凝土拌和物并测定其坍落度。依此绘制坍落度与水泥用量的关系曲线,从曲线上查出与施工要求坍落度相应的水泥用量。对于在海水环境中有耐久性要求的混凝土,上述过程应在不掺减水剂的情况下进行,据以确定水泥用量并不得低于表 1.4.29 中规定。

表 1.4.29 海水环境耐久性要求的最低水泥用量 kg/m³

环 境 条 件	钢筋混凝土、预应力混凝土		素混凝土	
	北方	南方	北方	南方
大气区	300	360	280	280
浪溅区	360	400	280	280

续表

环境条件		钢筋混凝土、预应力混凝土		素混凝土	
		北方	南方	北方	南方
水位变动区	F350	395	360	395	280
	F300	360		360	
	F250	330		330	
	F200	300		300	
水下区		300	300	280	280

(6)确定砂石用量

计算每立方米混凝土中的砂石用量宜采用绝对体积法,即

$$V = 1\,000(1 - 0.01A) - \frac{W_w}{\rho_w} - \frac{W_c}{\rho_c} \tag{1.4.3}$$

$$W_{fa} = V\gamma\rho_{fa} \tag{1.4.4}$$

$$W_{ca} = V(1-\gamma)\rho_{ca} \tag{1.4.5}$$

式中:A 为混凝土拌和物中的空气含量,以占混凝土体积的百分数表示,普通混凝土取 $A = 0$;

W_c 为每立方米混凝土中的水泥用量,kg;

ρ_c 为水泥密度,kg/L;

W_{fa} 为每立方米混凝土中的砂的质量,kg;

ρ_{fa} 为砂表观密度,kg/L;

W_{ca} 为每立方米混凝土中的石的质量,kg;

ρ_{ca} 为石表观密度,kg/L;

W_w 为每立方米混凝土中的用水量,kg;

ρ_w 为水密度,kg/L;

γ 为砂率(按体积计);

V 为每立方米混凝土中砂石料的绝对体积,L。

(7)确定混凝土配合比

按以上确定的混凝土配合比和施工要求的坍落度,经试拌校正,得出经济合理的配合比。

(8)校核混凝土配合比设计

按确定的配合比制作试件。根据指定的要求,对混凝土强度、抗冻性和抗渗性进行试验校核。

7.大体积混凝土的防裂(1E411060)

1)大体积混凝土的温度应力

对于拌和后的混凝土,由于水泥产生的水化热致使混凝土的温度升高,直到水化过程结束时温升达到峰值,而后随着热量散失温度缓慢下降至常温。同时,温度变化引起了混凝土温度变形,即升温时膨胀,冷却时收缩。当混凝土的温度变形受到约束时,其内部产生的应力称为**温度应力**。如果拉应力超过**混凝土的抗拉强度**时,混凝土便会开裂。在港口与航道工程中,现浇的连续式结构(如码头和防波堤的胸墙)以及大型预制构件(长、宽、高尺度相近)等容易因

温度应力引起变形的混凝土通称为**大体积混凝土**。

2)大体积混凝土的防裂措施

大体积混凝土的防裂措施如下。

(1)混凝土原材料的选择

按如下要求选择混凝土的原材料。

①水泥宜选用中、低热水泥。

②骨料宜选用线膨胀系数较小的骨料。

③外加剂应选用缓凝型减水剂。

(2)混凝土配合比设计的要求

在进行混凝土配合比设计时,应满足如下要求。

①在满足设计、施工要求的情况下,宜减少混凝土单位水泥用量。

②粗骨料级配宜为三级配。

③在综合考虑混凝土耐久性的情况下,可适当增加粉煤灰掺量。

④选用微膨胀水泥或掺用膨胀剂。

(3)混凝土施工采取的措施

在混凝土施工中,可采取以下措施。

①应降低混凝土的浇筑温度,例如:充分利用低温季节,避免夏季浇筑混凝土;夏季在骨料堆场搭棚遮阳;水泥降至自然温度方能使用;宜使用低温拌和水;混凝土内部设冷却水管;混凝土在运输和浇筑过程中,应设法遮阳;冷天施工时,混凝土入模温度应控制在2℃~5℃,浇筑后应有保温措施。

②在无筋或少筋大体积混凝土中,宜埋放块石。

③对于混凝土早期温升,应采取散热措施,如分层浇筑、顶面洒水或流动水散热、用钢模板等。

④在混凝土降温阶段,应有保温措施,如:在寒冬季节推迟拆模时间,拆模后采取保温措施;在已浇筑的混凝土块上浇筑新混凝土时,间隔时间应尽量缩短,不宜超过10 d;对于地下结构,应尽早回填保温,减小干缩。

⑤合理设置施工缝,如:对于在岩基或原混凝土上浇筑的混凝土结构,纵向分段长度应在15 m以内;对于在底板上连续浇筑墙体的结构,墙体上的水平施工缝应设在墙体距底板顶面≥1.0 m的位置;对于不宜设置施工缝的结构,可采取跳仓浇筑和设置闭合块的方法,减少一次浇筑的长度;上、下两层相邻混凝土应避免错缝浇筑。

⑥岩石地基表面宜处理平整,防止因应力集中而产生裂缝。在地基与结构之间,可设置缓冲层,减少约束。

(4)养护的规定

混凝土在浇筑后必须养护,并有如下规定。

①应加强混凝土的潮湿养护,养护期宜延长。

②热天宜采用流水养护;在不冻地区,冷天宜采用滞水养护。

③应根据气候条件,采取保温、保湿或降温措施,并应设置测温孔或埋设热电偶,以测定混凝土内部和表面温度,使内外温差控制在设计要求之内,或不超过25℃。

1.4.4 土工织物(1E411120)

土工织物是港口与航道工程如码头、防波堤、护岸、吹填、港区堆场和道路常用的建筑材料之一。

1. 土工织物的主要性能和性能指标(1E411121)

1)主要性能

(1)反滤

在土层之间铺放土工织物,当水、气通过时,能有效地防止土颗粒流失,即**反滤**性能。

(2)排水

利用土工织物在土体中形成的排水通道,将水汇集并沿某一方向排出,即**排水**性能。

(3)隔离

土工织物可以把不同粒径的土、砂、石料或把含土、砂、石料的地基与建筑主体隔离而不掺混,即**隔离**性能。

(4)加筋

当土工织物埋于土中,可扩散土体应力,增加土的变形模量,传递拉应力,限制土体侧向位移,增大不同建筑材料之间的摩阻力,从而提高了建筑物的稳定性,起到了**加筋**的作用。

(5)防渗

土工织物是复合型化工合成材料,可防液体渗漏、气体挥发,有利建筑物安全和环保,即**防渗**性能。

(6)防护

土工织物对土体有**保护**作用。

2)性能指标

(1)产品材料和尺度

土工织物的材料和尺度包括材质、幅度、每卷长度、厚度、有效孔径。

(2)物理力学性能

土工织物的物理力学性能用单位面积质量、耐热性、断裂抗拉强度、断裂伸长率、撕裂强度、顶破强度、耐磨性、渗透系数以及与岩土之间的摩擦系数、耐久性和抗老化性表示。

无纺土工布:断裂强度为 3.34~8.40 kN/m;断裂伸长率为 9%~30%。

机织土工布:断裂强度为 3.96~7.90 kN/m;断裂伸长率为 7%~60%。

(3)耐久性能

土工织物多为有机合成材料。当直接暴露于大气中,在阳光、空气、水分、温度及生化等因素作用下,其内部分子改变,导致土工织物的老化。老化后,土工织物发生变形、变脆、变黏、变色,以致强度和耐久性能降低。但是,当土工织物埋入土中,则其耐久性能大为提高。

2. 土工织物在港口与航道工程中的应用(1E411122)

1)码头应用

在码头工程中,土工织物主要应用其反滤功能。

(1)重力式码头

用土工织物作为重力式码头后方抛石棱体上的反滤层,以代替传统粒状反滤材料。其优点不但能达到反滤的连续,而且不存在粒状材料的滚落。

(2)高桩码头

用土工织物作为高桩码头后方抛石棱体上的反滤层,可以防止抛石棱体后方回填土流失。

(3)板桩码头

选用土工织物代替结构复杂、施工繁琐的传统反滤层,简单又有效。

2)防波堤应用

将土工织物铺设在软基所建斜坡堤的堤基表面和堤心结构,如长江口一期工程的深水段导堤横卧半圆轻型结构防波堤的软体排护底和浅水段导堤的袋装砂堤心结构(图1.4.1和1.4.2)不仅起到了加筋、排水、隔离、防护的作用,而且技术经济效果好。

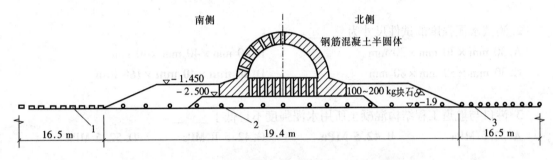

图1.4.1 长江口一期工程的深水段导堤(土工织物软体排护底)
1—混凝土联锁块余排;2—砂肋软体排;3—砂肋余排

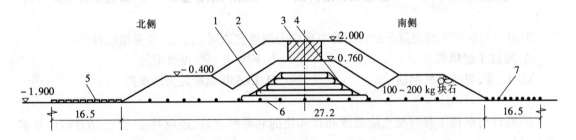

图1.4.2 长江口一期工程的浅水段导堤(土工织物袋装砂堤心结构)
1—450 g 土工织物袋装砂;2—2 t 钩联块体;3—C20 土工织物模袋混凝土;
4—覆盖450 g 土工织物;5—混凝土联锁块余排;6—软体排护底;7—砂肋余排

3)护岸应用

(1)护坡

将土工织物铺设在块石护面与土料护坡之间作为反滤层,则整体反滤效果好。

(2)护岸墙

用土工织物代替陡岸墙后传统排水结构,与排水砾石层组合,其排水效果好。

(3)护岸

用土工织物模袋充灌混凝土作护岸,不仅施工快捷,而且美观耐久。

4)吹填应用

在围海造陆的吹填工程中,使用土工织物模袋建造的海堤和围堰其整体稳定性好。

5)堆场应用

用土工织物制成塑料排水板(带)或包覆反滤材料和透水材料,处理堆场软基加固或排水盲沟。

6) 港区道路应用

将土工织物铺设于路基与基础土之间,以减小路基厚度,达到隔离、反滤、加筋、排水和加固软基的作用,防止道路翻浆和冒泥。

【模拟试题】

1. I 型硅酸盐水泥(P·I)是在硅酸盐水泥熟料粉磨时,_____。
   A. 筛析   B. 凝结   C. 掺加混合材料   **D. 不掺加混合材料**

2. 测试水泥强度的试件尺寸为_____。
   A. 30 mm×30 mm×30 mm   B. 40 mm×40 mm×40 mm
   C. 30 mm×30 mm×80 mm   **D. 40 mm×40 mm×160 mm**

3. 港口与航道工程结构混凝土所用水泥强度不得低于_____。
   A. 32.5 MPa   **B. 42.5 MPa**   C. 42.5 R MPa   D. 52.5 MPa

4. 港口与航道工程钢结构用钢宜选用_____。(多项选择)
   A. 优质碳素钢   **B. 普通碳素结构钢**   **C. 桥梁用低合金钢**   **D. 普通低合金结构钢**

5. 港口与航道工程混凝土结构用的非预应力钢筋宜选用_____。(多项选择)
   A. 冷拉 I 级钢筋   B. 冷拉 II、III、IV 级钢筋
   C. I、II、III 级热轧钢筋   **D. LL550 级冷轧带肋钢筋**

6. 港口与航道工程混凝土除强度和拌和物的和易性之外,还应具备_____的特点。(多项选择)
   A. 抗冻性   **B. 抗渗性**   **C. 抗蚀性**   **D. 防钢筋锈蚀**

7. 混凝土抗压强度标准试块尺寸为_____。
   A. 边长 10 mm 立方体   B. 边长 120 mm 立方体
   C. 边长 150 mm 立方体   D. 边长 200 mm 立方体

8. 混凝土的和易性指标为_____。(多项选择)
   A. 流动性   **B. 黏聚性**   **C. 保水性**   D. 耐久性

9. 浇筑时的坍落度表明混凝土的_____。
   A. 和易性   B. 耐久性   C. 部位划分   D. 抗压标准强度值

10. 港口与航道工程混凝土的细骨料用_____。
    A. 砂   B. 卵石   C. 碎石   D. 活性细骨料

11. 混凝土配合比设计参数有_____。（多项选择）
   A. 水灰比　　　　　B. 用水量　　　　　C. 砂率　　　　　D. 坍落度

12. 混凝土配合比的各项参数的量纲为_____。（多项选择）
   A. 重量　　　　　　B. 质量　　　　　　C. 体积　　　　　D. 质量比

13. 大体积混凝土容易产生_____。（多项选择）
   A. 开裂　　　　　　B. 强约束　　　　　C. 温度应力　　　D. 温度变形

14. 土工织物具备_____特性。（多项选择）
   A. 反滤　　　　　　B. 排水　　　　　　C. 隔离　　　　　D. 加筋
   E. 防渗　　　　　　F. 防护

15. 土工织物老化后，_____。
   A. 变软　　　　　　B. 不变形　　　　　C. 强度提高　　　D. 颜色可变

2 港口与航道工程专业技术（1E412000）

港口与航道工程专业技术部分主要包括：重力式码头施工技术、高桩码头施工技术、板桩码头施工技术、斜坡式防波堤施工技术、航道整治施工技术以及疏浚和吹填施工技术。

2.1 重力式码头施工技术（1E412010）

重力式码头是依靠自身重力维持稳定，同时结构自重和其上所受荷载又对地基产生应力。码头基础是重要部位，其作用是将墙身传来的力分布到地基较大范围，以减小地基应力和建筑物沉降，而且还保护地基免受波和流的淘刷，以保证码头结构稳定。重力式码头要求地基有较高承载能力和强度。

重力式码头应依照现行行业技术标准《重力式码头设计与施工规范 JTS 167—2—2009》进行施工。

2.1.1 重力式码头的组成（1E412010）

重力式码头一般由码头主体结构、墙后回填和码头设备组成。

1. 码头主体结构

码头主体结构的作用是构成船舶系靠所需要的直立墙面，阻挡墙后回填料坍塌，承受作用于码头上的各种荷载和外力，并将力传至基础和地基。

胸墙——码头连成整体的上部结构。

墙身——码头下部直立墙面结构。

基础——地基上的抛石基床。

2. 墙后回填

码头墙后必须进行回填，以形成码头地面。

抛石棱体——采用大粒径和内摩擦角较大的材料回填，以减小墙后土压力和防止回填土流失。

倒滤层——在抛石棱体的顶面和后方设置倒滤层，以防止回填土流失。

回填土——选择土源丰富、土压力小、易于密实、有足够承载力的土料为回填土。

3. 码头设备

为保证船舶在码头前方安全系靠，实现码头的装卸、堆放作业使命，在码头上必须设置各种附属设备，即码头设备。包括：系船设施、防冲设施、安全设施、工艺设施和路面等。

本章重点阐述码头主体结构和墙后回填的施工方法。

2.1.2 重力式码头的施工程序(1E412010)

重力式码头施工程序如图2.1.1所示。

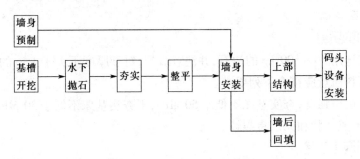

图 2.1.1 重力式码头施工顺序

在重力式码头施工中,基础、墙身、抛石棱体和倒滤层的施工十分重要,这些工作技术要求高,工作量大且持续时间长,各工作间相互衔接制约。开工前,必须制定施工组织计划,拟定切实可行的安全、技术和质量保证措施,以期按时完工。

2.1.3 重力式码头的抛石基床施工(1E412011)

重力式码头的抛石基床施工包括基槽开挖、基床抛石、基床夯实和基床整平。

1．基槽开挖

1)基槽开挖施工工艺选择

基槽开挖应根据不同的地质条件采用相应的施工工艺。

(1)岩石地基

对于未风化或弱风化岩石,采用水下爆破,然后用抓斗式挖泥船清渣。

对于强风化岩,直接用抓斗式挖泥船开挖。

(2)非岩石地基

对于非岩石地基,多选用相应类型挖泥船开挖。

2)挖泥船选择

在选择挖泥船时,根据自然条件、工程规模、开挖精度和挖泥船技术性能等因素,选用合适的挖泥船。通常可按下列原则选用。

①对于沙质、淤泥质土,宜选用绞吸式挖泥船。

②对于黏性土、松散岩石,宜选用链斗式、抓斗式或铲斗式挖泥船。

③在外海无掩护情况,选用抗风浪能力强的挖泥船。

④在已有建筑物附近开挖,选用小型抓斗式或铲斗式挖泥船。

3)基槽开挖施工要点与质量控制

基槽开挖施工要点与质量控制按以下要求进行。

①开工前复测水深,核实挖泥量,有回淤时,应将挖泥期间的回淤量计入挖泥工程量内。

②基槽深度较大时,应分层开挖,每层厚度根据边坡稳定精度要求、土质条件和挖泥船类型确定。

③挖泥时要勤对标,勤测水深,以保证基槽平面位置准确,防止欠挖,控制超挖。

④挖至设计深度时,要对土质进行核对,如土质与设计要求不符,应继续挖至相应土层。

⑤当在干地施工时,必须做好基坑的防水、排水和基土保护。

2. 基床抛石

1)基床石料的质量

基床块石宜选用 10~100 kg 的块石,并注意级配,对于厚度不大于 1 m 的薄基床,宜选用较小的块石。石料质量应符合下列要求。

①满足饱水抗压强度,夯实基床不低于 50 MPa,不夯实基床不低于 30 MPa;

②未风化、不成片状和无严重裂纹。

2)基床抛石施工工艺

(1)抛石方法

重力式码头基床抛石多为水上抛石,其方法有以下两种。

①人力抛填:由民船或方驳运石料,用人工或简单的起重设备抛石到指定位置。

这种方法的特点是抛填灵活,位置准确,顶面平整度好,质量易控制,但劳动强度大,生产效率低。

②抛石船抛填:选用倾卸驳船或开底驳船抛石。

这种方法的特点是生产效率高,但顶面平整度差,增加粗平工作量,适用于抛石量较大的厚基床。

(2)导标布设

为保证基床抛石的精度,抛石开始前应做好**导标布设**和**抛石船驻位**工作。导标分为以下两种。

①纵向导标,包括基床中心线导标和基床顶面坡肩边导标。

②横向导标,包括抛石分段标和抛石起点标。

根据要求的分段施工顺序,抛石船依据导标定位。导标布设和抛石船驻位方式如图2.1.2所示。

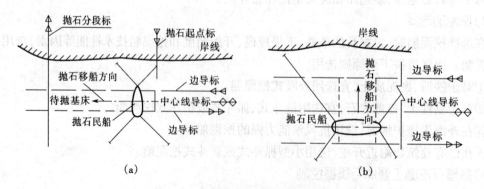

图 2.1.2 导标布设和抛石船驻位方式平面示意图

(a)横向导标;(b)纵向导标

(3)厚基床抛石

当基床较厚时,必须分层抛填、分层密实,分层厚度宜相等。采用重锤夯实法密实时,层厚不宜大于 2 m。

3)基床抛石施工质量控制

为了保证工程质量,基床抛石施工应注意以下要点。

①抛石前应检查基槽尺寸有无变动。当基槽底部回淤沉积物的含水率 $w<150\%$、厚度大于 0.3 m 时,应清除。

②基床抛石应考虑水流、风浪及水位对抛石落点位置的影响,宜采用试抛确定抛石船位。

③导标位置要设置准确,施工中勤对标,以确保基床平面位置。

④施工中应勤测水深,以防止漏抛或抛高。基床顶面不得超过施工规定的高程,且不宜低于 0.5 m。

⑤粗抛与细抛相结合,顶面以下 0.5~0.8 m 范围内应细抛,其余可粗抛。

⑥做夯实处理的基床应预留夯沉量,其数值由经验或试夯资料确定。无资料时,预留夯沉量可取抛石层厚度的 10%~20%。

3. 基床夯实

抛石基床的**基床夯实**措施有重锤夯实法和爆破夯实法。

1)重锤夯实法

当基床厚度在 2.0 m 以下,采用重锤夯实法进行基床夯实。

(1)施工机具

水上重锤夯实无专用夯实船,一般用抓斗式挖泥船或在方驳上安装起重机(或卷扬机)吊重锤进行夯实,如图 2.1.3 所示。

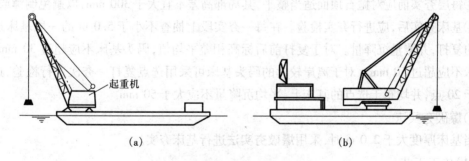

图 2.1.3 重锤夯实法的夯实船

(a)方驳上安装起重机;(b)抓斗挖泥船

(2)施工工艺要求

①基床夯实应分层分段进行,每层厚度宜大致相等,重锤夯实后厚度不宜大于 2.0 m。分段夯实的搭接长度不应小于 2.0 m。

②夯锤底面压强可为 40~60 kPa,落距可取 2.0~3.0 m。不计浮力、阻力等影响时,每夯的冲击能不宜小于 120 kJ/m²;对无掩护水域的深水码头,冲击能宜采用 150~200 kJ/m²,且夯锤宜具有竖向泄水通道。

③基床夯实一般采用纵横向相邻接压半夯每点一锤的方法,如图2.1.4所示,并分初夯、复夯各一遍,一遍4夯次,两遍共8夯次。必要时可多遍夯实,以防止基床局部隆起或漏夯。

(3)施工质量控制

①夯实范围应满足设计要求,如设计未规定,可按墙身底面各边向外加宽1.0 m。分层夯实时,可按分层处与应力扩散线的交点向外加宽1.0 m,如图2.1.5所示。

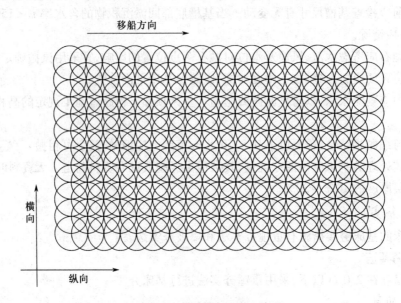

图2.1.4　夯锤落点平面示意图

②每层抛石接近顶面时应勤测水深,以控制超抛或欠抛。

③每层夯实前应对抛石顶面适当整平,其局部高差不宜大于300 mm,以避免倒锤或偏夯。

④基床夯实后,应进行夯实检验。在每一夯实段上抽查不小于5.0 m的一段基床进行不压夯的复打,并测量沉降量。对于复打前后标高相差平均值,码头基床不应超过30 mm,防波堤基床不应超过50 mm。对于离岸较远的码头基床可采用选点复打一夯次进行检验,选点数不少于20点,并均布于选点的基床上,平均沉降量不应大于50 mm。

2)爆破夯实法

当基床厚度大于2.0 m时,采用**爆破夯实法**进行基床夯实。

(1)施工工艺

基床的分层厚度、药包重量及悬挂高度、布药方式、爆夯遍数、一次爆夯的总药量等参数应经设计和试验确定。夯沉量一般控制在抛石层厚的10%～20%。而且还应考虑爆夯对周围环境的影响,并控制爆夯点与需要保护对象间的安全距离。

爆破夯实法工艺流程如图2.1.6所示。

(2)施工方法及质量控制

①布药施工可选用水上布药船或陆上布药机。水上布药时,应取逆风或逆流向布药顺序。

②布药方式可选用点布、线布或面布。

③局部补抛石层平均厚度大于50 cm时,应按原设计药量的一半补爆一次,药包按原设计

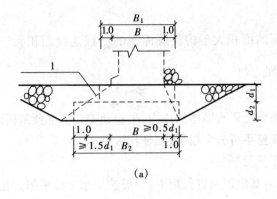

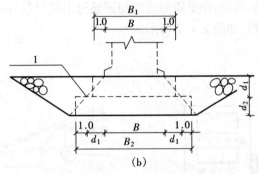

图 2.1.5 基床分层夯实范围示意图

(a)墙后有填土;(b)墙后无填土

1—应力扩散线;$B_1 - d_1$ 层夯实范围;$B_2 - d_2$ 层夯实范围;

B—墙底宽;d_1、d_2—抛石基床夯实分层厚度

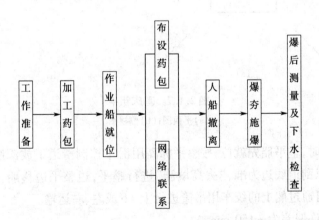

图 2.1.6 爆破夯实法工艺流程图

位置布放。

④夯实率可分别选用水砣、测杆或测深仪进行检测。用水砣或测杆测深时,每 5~10 m 设一个断面且不少于三个断面,断面中 1~2 m 设一个测点,且不少于三个测点;用测深仪测深时,断面间距可取 5 m,且不少于三个断面。

3)补夯处理

当夯实后补抛块石的面积大于构件底面积的 $\frac{1}{3}$ 或连续面积大于 $30m^2$ 且厚度普遍大于 0.5 m 时,宜做补夯处理。

4. 基床整平

为使基床能均匀地承受码头墙体的压力,平稳地安装上部预制构件,抛石基床顶面需进行整平。按精度要求**基床整平**可分为粗平、细平和极细平。

1)基床粗平施工工艺及要求

基床夯实前,要求对基床顶面进行粗平,一般选用水上整平船。在船边伸出两根工字钢作为刮道支架,支架外端安装滑轮,用重轨做成的刮道通过滑轮悬吊在水中,在刮道两端系以测深绳尺,以此控制刮道高程,如图2.1.7所示。

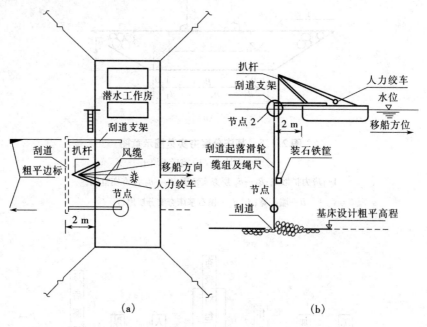

图2.1.7 基床粗平
(a)平面图;(b)侧视图

基床夯实施工时,整平船先就位,按整平标高用滑车控制滑道下放深度,并根据水位变化随时调整,潜水员以刮道底边为准,"去高填洼"进行整平,边整平边移船,压茬向前进行。如去填量较大,石料可通过船上的绞车用吊筐进行上、下或左、右运输。

粗平的高程允许偏差为±150 mm。

2)基床细平和极细平施工工艺及要求

基床的细平和极细平仍选用水上整平船进行,但由于精度要求较高,需要在基床面设导轨(一般用钢轨)。导轨在基床两侧各埋入一根,搁置在事先已安放好的混凝土小方块上,小方块间距5~10 m,方块与导轨之间可用不同厚度的钢板将导轨顶标高调到基床设计高程,整平时,刮道在导轨上移动,检查基床顶面的高低,如图2.1.8所示。

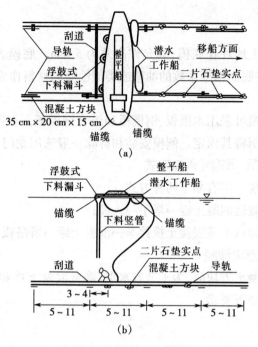

图 2.1.8 基床细平和极细平
(a)平面图;(b)侧视图

细平和极细平的要求如下。

①基床前肩部分和压肩方块底边外加宽 0.5 m 范围要求细平,高程允许偏差为 ±50 mm。

②码头墙身底面每边各加宽 0.5 m 范围应进行极细平,高程允许偏差为 ±30 mm。大型构件底面尺寸大于 30 m² 时,基床可不进行极细平。

③基床整平时,块石间不平整部分宜用二片石填充,二片石间不平整部分宜用碎石填充,碎石层厚度不应大于 50 mm。

④每段基床整平后,应及时安装墙身构件。

2.1.4 重力式码头的构件预制、吊运和安装(1E412012)

重力式码头墙身多采用预制混凝土方块、沉箱、扶壁和大直径圆筒等结构形式。

1.方块的预制、吊运和安装

1)方块预制场类型和吊运方式

混凝土方块属重大构件,需在预制场预制。预制场有下列两种类型。

①利用离岸边较远的现有构件预制场作为临时方块预制场。预制好的方块由预制场到出运码头必须经过陆上吊运。小型方块可用预制场的移动式龙门起重机吊起方块运到码头装船;大型方块必须用水垫运输方式将方块搬运到岸边,再用起重船吊装。

②利用永久或临时的码头面作为方块预制场,并位于起重船的工作半径之内。方块进行水上吊运,用起重船吊装,由方驳转运。

2)方块的预制模板

(1)底模

方块预制宜用混凝土地坪作底模,其允许高差为 5 mm。底模表面应采用妥善的脱模措施,不应采用能降低构件底面摩擦系数的油毡或类似性质的材料作为脱模层。

(2)侧模

方块预制所用的侧模可采用木模板、钢模板和组合钢模板。在四面侧模外用大号型钢或钢制桁架体作为水平围图将其固定。侧模安装和拆除一般选用龙门吊或塔吊配合进行。

3)方块的混凝土制备、运输和入模方式

从混凝土搅拌至入模一般有如下两种方式。

①拌机搅拌→汽车载运混凝土罐→塔吊→入模;

②拌合机搅拌→自卸汽车或混凝土搅拌车→混凝土罐→塔吊或皮带机→入模。

4)埋入块石混凝土方块预制

预制体积较大的混凝土方块时,为了节省水泥,降低混凝土拌和物的温度,通常在方块中埋入块石。埋入块石有如下要求。

(1)块石材料

①块石尺寸根据运输条件和振捣能力确定,块石形状大致方正,$\frac{长边}{短边} \leq 2$;

②有显著风化、裂缝夹泥沙、片状体或强度低于粗骨料强度指标的块石都不得使用;

③块石埋入前要冲洗干净并保持湿润。

(2)块石至方块表面的距离

①有抗冻要求的,不得小于 300 mm;

②无抗冻要求的,不得小于 100 mm 或混凝土粗骨料最大粒径的 2 倍。

(3)块石埋放位置

块石应立放在新浇的混凝土层中,块石之间净距不得小于 100 mm 或混凝粗骨料最大粒径的 2 倍,块石应被混凝土充分包裹。

5)方块的混凝土振捣方式

①采用插入式振捣器时,振捣顺序宜从近模处开始,先边后内,移动距离不应大于振捣有效半径的 1.5 倍。

②随浇筑高度的上升分层减水。浇筑至顶部时,宜采用二次振捣及二次抹面,如有泌水现象,应予排除。

③为了增加上下层方块间的摩擦系数,方块顶面可用木抹子搓抹。

6)方块的混凝土养护方法

混凝土浇完后应及时覆盖,硬结后进行保湿养护。养护方法可根据方块外形采用盖草袋洒水、砂围堰蓄水、塑料管扎眼喷水、涂养护剂或覆盖塑料薄膜等方法。方块的混凝土养护应注意以下事项:

①持续养护时间 10 ~ 21 d,根据当地气温、水泥品种和方块体积确定;

②日平均气温低于 5℃时,不宜洒水养护;

③素混凝土宜用淡水养护,缺乏淡水时,可用海水保持湿润养护;

④处于海上大气区、浪溅区和水位变动区的钢筋混凝土和预应力混凝土预制构件不得使用海水养护,如用淡水养护确有困难时,北方地区应适当降低水灰比,南方地区可掺入适量的阻锈剂,并在浇筑后 2 d 拆模,再喷涂腊乳型养护剂养护。

7)方块外形尺寸允许偏差

预制方块外形尺寸的允许偏差应符合表 2.1.1 的规定。

表 2.1.1 方块、空心块体、扶壁外形尺寸的允许偏差　　　　　　　　mm

构件名称	项　目		允许偏差
方块	长度	≤5 m	±10
	宽度	>5 m	±15
	高度		±10
	顶面两对角线	短边长度≤3 m	±20
		短边长度>3 m	±30
	表面凹凸(平整度)		10
	吊孔或吊环位置		40
空心块体	长度	≤5 m	±10
	宽度	>5 m	±15
	高度		±10
	顶面两对角线		±30
	表面凹凸(平整度)		10
	壁厚		±10
	侧面竖向倾斜		2‰H
	吊孔、吊环位置		40
扶壁	板厚		±10
	立板临水面和两侧竖向倾斜	扶壁全高≤7.5 m	15
		扶壁全高>7.5 m	2‰H
	立板迎水面和两侧面局部凹凸(平整度)		10
	立板高度		±10
	立板长度		±10
	底板两侧边线尾端处偏位		−15
	吊孔位置		30
	预埋件位置		20

注:H 为空心块体或扶壁高度。

8)方块的安装

(1)方块安装顺序

墩式建筑物:以墩为单位,逐墩安装,每个墩从一角开始,逐层安装。

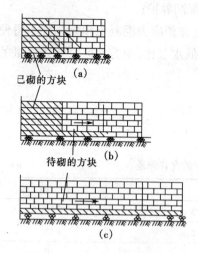

图 2.1.9 方块立面安装顺序
(a)阶梯安装;(b)分段分层安装;(c)长段分层安装

线型建筑物:由一端开始向另一端安装,如建筑物长度较大,可由中间向两端安装。在平面上,先安装外侧后安装内侧。在立面上,可采用阶梯安装、分段分层安装或长段分层安装等三种方法,如图2.1.9所示。

上述立面上的三种安装顺序,依次前者比后者传给地基的荷载更为集中,当地基土压缩变形比较大时,安装后的墙身易产生不均匀沉降。

(2)方块安装方法

实心方块的安装一般选用固定吊杆起重船,安装控制采用水下拉线法。当安装底层方块时,在基床上墙边线的外侧距墙线一定距离(15~20 mm)拉线,作为前沿线控制线。

方块安装应满足如下要求。

①安装前,必须对基床进行全面检查,基床顶面如有损坏,须加以修整,基床表面如有淤积,应予清除。

②方块装驳前,应清除方块顶面的杂物和底面的粘底物,以免方块安装不平稳。

③方块装驳或从驳船上吊取时,应对称地装和取,并且后安装的靠里放,先安装的靠外放。当运距较远又可能遇到风浪时,装船时要采取固定措施,以防止方块间相互碰撞。

④在安装底层第一块方块时,方块的纵、横向都无邻依托,一般在第一块方块位置先粗安一块,以它为依托安装好第二块,然后再以第二块为依托,重新按准确位置安放第一块,以避免方块反复起落而扰动基床整平层。

⑤方块安装的允许偏差应符合表2.1.2的规定。

表2.1.2 方块、空心块体安装的允许偏差 mm

项 目		允 许 偏 差	
		岸壁式	墩式
砌缝平均宽度		20	—
砌缝最大宽度	第一层	50	70
	第二层以上	70	
临水面与施工准线		±50	±70
相邻方块临水面错牙		30	30
相邻方块顶面高差		30	30
轴线位置		—	±100

2.沉箱的预制、吊运和安装

1)沉箱预制场的类型

沉箱在预制场的台座上制造。按沉箱下水的方式不同,沉箱预制场有以下四类:

①可利用修造船或专修的滑道下水的预制场;

②可利用修造船的干船坞、浮船坞或专建的土坞制造和下水的预制场；
③可利用座底浮坞下水的预制场；
④在码头岸边预制,利用大型起重船直接吊运下水的预制场。

2）沉箱的接高

当受到台座承载力或出运设备能力的限制使沉箱不能一次预制到设计高度时,必须运出场外进行接高。接高的施工缝不宜设在水位变动区。接高的施工缝及钢筋接头应按规范有关规定处理。沉箱接高方式有以下两种。

（1）座底接高

在抛石基床上座底接高方式要求有一定大小的水域,地质条件好,水深适当。因必须建抛石基床,所以费用高。适用于接高沉箱数量多,风浪较大的情况。

（2）漂浮接高

采用漂浮接高方式的沉箱必须抛锚,所以占用水域面积大,受风浪影响大。适用于接高沉箱数量少,水域水深较大,风浪小的情况。漂浮接高时,应及时调整压载,以保证沉箱的浮游稳定。

3）沉箱外形尺寸的允许偏差

沉箱预制外形尺寸的允许偏差应符合表2.1.3的规定。

表2.1.3 沉箱预制外形尺寸的允许偏差　　　　　　　　　　mm

项 目	允 许 偏 差			
	矩形		圆形	
长度、直径	箱长≤10 m	±25	直径≤10 m	±25
	箱长>10 m	±2.5‰L	直径>10 m	±2.5‰D
宽度	箱宽≤10 m	±25	—	
	箱宽>10 m	±2.5‰L		
高度	±10		±10	
外壁厚度	±10		±10	
顶面两对角线	±50		—	
椭圆度	—		直径≤10 m	50
			直径>10 m	5‰D
顶面平整度	支承面	10	10	
	非支承面	15		
外壁竖向倾斜	2‰H		2‰H	
外壁面平整度	10		10	
内隔墙厚度	±10		±10	
内隔墙顶高程	−10		−10	
预埋件位置	20		20	

注：1. H 为沉箱高度；L 为沉箱外边长。
　　2. D 为沉箱外径。

4)沉箱的海上运输

沉箱海上运输有**拖船拖带浮运**和**半潜驳干运**两种方式。

(1)拖船拖带浮运

浮运前,必须进行吃水、压载和浮游稳定性验算。其中,计算以定倾高度 m 表示的浮游稳定性时,沉箱的定倾高度 m 应符合下列规定:

①远程浮运(有夜间航行或运距≥30 n mile)时,$m≥0.4$ m(固体压载)或 $m≥0.5$ m(液体压载);

②近程浮运时,$m≥0.2$ m。

远程浮运时要采取密封仓措施,近程浮运可做简易封仓。

(2)半潜驳干运

当无资料和类似条件下运输实例时,应验算半潜驳各作业阶段的性能指标,如半潜驳的吃水、稳定性、总体强度、甲板强度和局部承载力以及船舶运动响应和沉箱强度、稳定性等。

5)沉箱的安装

沉箱安装一般采用**锚缆**或**起重船吊装**就位,在陆上用经纬仪定位,沉箱充水下沉。安装方法和安装要点如下。

①对于顺岸式和突堤式码头,由一端向另一端安装,在陆上设置经纬仪并观测其顶部位置。

②对于墩式码头,以墩为单元,逐墩安装。当每个墩由数个沉箱组成时,每个墩从一角开始逐个安装。安装第一个墩的沉箱时,在陆上设经纬仪,采用前方交会法定位,然后在已安装好的墩上用测距仪定线、测距,逐个安装下一个墩。

③当波浪和水流条件复杂时,沉箱安装后应立即灌水,待经历过1~2个低潮后复测位置,确已合格后,及时在沉箱内填料。

④沉箱内抽水或填料时,各仓格要同步,仓面高差限值应通过计算确定。

3. 扶壁的预制、吊运和安装

1)扶壁预制方法

扶壁宜整体预制,混凝土浇筑一次完成,以免出冷缝。预制方式有立制和卧制两种方式。采用卧制时混凝土质量易保证,但运输安装时必须空中翻身,给施工带来困难,故多采用立制方式。

按施工工艺不同,立制方式可分为整体拼装组合钢模板浇筑混凝土和滑模施工两种形式。预制扶壁外形尺寸的允许偏差应符合表2.1.1的规定。

2)扶壁的运输和安装

(1)扶壁的运输

扶壁通常用方驳运输。为防止方驳横倾,装船时扶壁的肋应平行于方驳的纵轴线,且扶壁重心应位于方驳的纵轴线上。

(2)扶壁的安装

扶壁一般用固定吊杆起重船吊装。扶壁肋板上预设吊孔,孔壁镶钢套管,用吊装架吊起安装,扶壁安装的允许偏差应符合表2.1.4的规定。

表 2.1.4　单层一次出水空心块体、扶壁安装的允许偏差　　　　　　　　　　mm

项　目		允　许　偏　差
接缝平均宽度	构件高度≤10 m	20
	构件高度>10 m	30
接缝最大宽度	构件高度≤10 m	100
	构件高度>10 m	150
临水面与施工准线		±50
相邻块临水面错牙		30

注：1. 接缝平均宽度是指码头长度方向所有接缝宽度的平均值。
　　2. 接缝平均宽度的偏差是指与设计尺寸的偏差。

2.1.5　重力式码头的抛石棱体、倒滤层和回填土施工(1E412013)

为了不使回填土流失和减小土压力，墙后设置抛石棱体，并在抛石棱体的顶面和坡面设置倒滤层。

1. 抛石棱体施工

抛石棱体施工方法如下。

①棱体抛填前应检查基床和岸坡有无回淤和塌坡，必要时应进行清理。
②抛石棱体宜分段分层施工，每层错开足够距离。
③对于方块码头的抛石棱体，可在方块安装1~2层后开始抛填。对于沉箱和扶壁的抛石棱体，应在墙身安装完成后进行。
④抛石棱体一般用民船或驳船进行水上抛填。抛填断面的平均轮廓线不得小于设计断面。棱体顶面和坡面表层应铺0.3~0.5 m厚的二片石，并应进行整理。

2. 倒滤层施工

倒滤层施工方法如下。

①倒滤层宜分段分层施工，每层错开足够距离。
②在有风浪影响的地区，胸墙未完成前，不应抛筑抛石棱体顶面的倒滤层。倒滤层完工后应尽快填土覆盖。
③当空心块体、沉箱、圆筒和扶壁安装缝宽度大于倒滤材料粒径时，接缝或倒滤井应采取防漏措施。
④当选用土工织物作为倒滤材料时，其材料性能应符合设计要求。必要时，对材质进行抽检。
⑤在抛石棱体面铺设土工织物倒滤层时，土工织物底面的石料应进行理坡，不应有石尖外露，必要时可用二片石修整；土工织物搭接长度应满足设计要求且不小于1.0 m；铺设土工织物后应尽快覆盖。
⑥在竖向接缝处选用土工织物作为倒滤材料时，应有固定的防止填料砸破土工织物的技术措施。

3. 回填土施工

倒滤层完成后应及时**回填**，回填方式有**陆上干地填筑**和**吹填**两种。

1)陆上干地填筑

当陆上干地填筑时，应按下列要求执行。

①陆上回填应由码头墙后向岸坡方向填筑,以防止淤泥被挤到墙后。
②用开山石做填料时,靠近码头墙后的部分应选用质量较好的开山石料。
③填土如用强夯法夯实时,夯击区要离开码头前沿一定距离(一般为40 m)。
④回填料为黏土时,填料应分层压实,如用人工夯实,填土每层虚铺厚度不宜大于0.2 m,用机械夯实或碾压时,不宜大于0.4 m。填土表面应留排水坡。

2)吹填

当墙后采用吹填时,应按下列要求执行。
①码头内外水位差不应超过设计限值。
②排水口宜远离码头前沿,其口径尺寸和高程应根据排水要求和沉淀效应确定。
③墙后无抛石棱体时,吹泥管口宜靠近码头墙背,以便使泥浆中的粗颗粒沉淀在近墙处。
④吹泥管口距倒滤层坡脚距离不宜小于5 m,必要时,应经试吹确定。
⑤围堰顶高程宜高出填土顶面设计高程0.3~0.5 m,其断面尺寸应经设计确定。
⑥在墙前水域取土吹填时,应控制取土地点与码头的距离和取土深度,以免危害码头的稳定性。
⑦在吹填过程中,应进行施工观测,其内容包括填土高度、内外水位和码头位移及沉降等。如发现异常,应立即停止吹填,并采取有效措施。

2.1.6 重力式码头的胸墙施工(1E412014)

胸墙是用以将墙身预制构件连成整体的上部结构。胸墙多用现浇混凝土,以求整体性好。

1. 胸墙模板

胸模模板设计要求如下。
①胸墙模板应进行设计。设计时除计算一般荷载外,还应考虑波浪力和浮托力的影响。
②模板的拼缝要严密,以防止漏浆。模板与已浇混凝土的接缝处和各片模板之间均应采取止浆措施。

2. 胸墙混凝土浇筑

胸墙混凝土浇筑施工要求如下。
①直接在填料上浇筑胸墙混凝土时,应在填料密实后浇筑。
②胸墙混凝土浇筑应在下部构件沉降稳定后进行。
③扶壁码头的胸墙宜在底板上进行回填压载后进行。
④浇筑胸墙混凝土时,应保持混凝土在水位以上进行振捣,底层混凝土初凝前不宜被水淹没。
⑤体积较大的胸墙,混凝土宜采用分层分段浇筑,施工缝应做成垂直缝或水平缝。在有埋入块石的胸墙中,水平施工缝应使埋入的块石外露一半,以增强新老混凝土的结合。
⑥在施工缝处浇筑混凝土时,要求已浇混凝土抗压强度不小于1.2MPa;在已硬化的混凝土表面上浇筑混凝土时,应清除水泥薄膜和松动石子以及软弱颗粒混凝土层;浇筑新混凝土前,先用水充分湿润老混凝土表层,低注处不得有积水。垂直缝应刷一层水泥浆,水平缝应铺一层厚度为10~30 mm的水泥砂浆。水泥浆和水泥砂浆的水灰比应小于混凝土的水灰比。

【重力式码头施工案例】

拟建重力式码头工程概况如表2.1.5所示。

表 2.1.5 重力式码头工程概况

结构类型	规 模	码头前沿长度(m)	码头前沿高度(m)	基槽开挖水深(m)	地 基	基 床
重力式沉箱	2泊位5万吨级	700	-17.0~+5.4	20~26	淤泥质土、黏土和松散岩石	抛石厚4~7.5 m

施工技术归纳如下。

(1)基槽开挖

选用 1 450 m³/h **绞吸式挖泥船**一艘,用于开挖淤泥质土。

选用 8 m³ **抓斗式挖泥船**一艘,用于开挖黏土和松散岩石。

配有 500 m³ 泥驳二艘。开挖按**分层、分条、分段**推进,后方清淤同步进行。

(2)基床抛石

水上抛石选用 200~500 m³ 开底驳,配合民船补抛,达基床厚度 4~7.5 m。

(3)基床夯实

基床厚度较大,采用**爆破夯实法**分两层进行基床夯实,**线性布药**并由**水上布药船**完成。

(4)基床整平

潜水员以水上整平船的刮道底边为准,去高填洼进行粗平,同时配有装运二片石、碎石的船三艘。在细平、极细平之前,检查超量回淤并清淤。

(5)沉箱预制、运输及安装

沉箱尺寸为 11.6 m×9.8 m×16.5 m,在**现场预制场的台座上预制**,选用气囊运输至预制场的出运码头上 8 000 吨**半潜驳干运**,到位后,由锚缆协助安装沉放。而后及时进行沉箱内、外回填。

(6)抛石棱体、倒滤层和回填土

在沉箱沉放、安装后,抛石棱体采用**开底驳和民船配合分段分层抛填**;倒滤层采用**皮带船分段、分层抛填**;回填采用疏浚土(基槽开挖)**吹填**。

(7)胸墙混凝土浇筑

当沉箱填料密实后且沉箱沉降稳定后,**现场分层、分段浇筑胸墙混凝土**,并留有水平、垂直施工缝。

【模拟试题】

1.当重力式码头基槽开挖时,对于砂质及淤泥质土,宜采用_____挖泥船。

A.链斗式　　　　B.抓斗式　　　　C.铲斗式　　　　D.**绞吸式**

2.在重力式码头的抛石基床施工时,对基床块石的质量有一定要求,下述不符合要求的是_____。

A.无严重裂纹　　　B.块石未风化　　　C.宜采用 10~100 kg 的块石

D.**夯实基床的块石饱水抗压强度不低于 40 MPa**

3.为了保证重力式码头基床抛石施工的精度,在抛石开始之前,应做好导标设立,其中横向导标有_____。

A.移船导标　　　　　　　　　　　B.**抛石分段标**

C. 基床中心线导标　　　　　　　　D. 基床顶面坡肩边导标

4. 重力式码头基床抛石顶面不得超过施工规定的高程,且不宜低于规定高程_____。
A. 0.2 m　　　　B. 0.3 m　　　　C. 0.4 m　　　　**D. 0.5 m**

5. 重力式码头基床抛石应按规定施工,以下所列不符合规定要求的是_____。
A. 基槽底部不必清淤　　　　　　B. 基床顶面不得小于设计宽度
C. 对于回淤严重的港区,应有防淤措施
D. 分层抛石基床的上、下层接触面上不应有回淤沉积物

6. 下面所列内容,符合重力式码头基床整平要求的是_____。
A. 只在码头墙身底面范围进行极细平
B. 块石之间不平整部分,宜用碎石填充
C. 对于基床细平,高程允许偏差为 ±40 mm
D. 大型构件底面尺寸大于 30 m² 时,基床可不进行极细平

7. 预制掺块石混凝土方块时,有多项施工要求,下述各项内容正确的是_____。
A. 块石埋入前要冲洗干净　　　　B. 对于块石形状,$\frac{长边}{短边} \leq 3$
C. 块石强度可低于粗骨料强度指标
D. 埋入的块石至方块表面的距离不得小于粗骨料粒径的 3 倍

8. 在沉箱远程浮运采用固体压载时,定倾高度 m 应取_____。
A. $m \geq 0.2$ m　　B. $m \geq 0.3$ m　　C. $m \geq 0.4$ m　　D. $m \geq 0.5$ m

2.2 高桩码头施工技术(1E412020)

高桩码头利用打入地基中的桩将作用于上部结构的荷载传到地基。桩不仅是基础,而且是码头结构的组成部分。高桩码头适用于软土地基,且可建深水大码头。

高桩码头应依照现行行业技术标准《高桩码头设计与施工规范 JTS 167—1—2010》进行施工。

2.2.1 高桩码头的施工特点和施工程序(1E412020)

高桩码头由桩基、上部结构、码头设备、接岸结构及护坡组成。

1. 高桩码头的施工特点

高桩码头施工一般包括水下挖泥、桩基施工、上部结构施工、抛石回填、面层及附属设备施工等,大多在水上作业,并具有以下主要特点:
①受自然条件(风、浪、潮汐、水位、土质等)的影响很大;
②使用船舶机械多,相互干扰大,水陆联系困难,施工条件复杂;
③高桩码头上部结构断面不大、工序多、工作面狭窄,施工困难;

④桩基的施工是高桩码头施工技术的关键,关系着码头施工的进度和质量;

⑤顺岸式码头大多设在斜坡上或斜坡脚,在打桩振动、挖泥、抛填等施工的影响下,岸坡稳定是高桩码头施工中必须妥善处理的重大技术问题。

2．高桩码头的施工顺序

在组织高桩码头施工时,必须对施工条件与自然条件进行周密调查,拟定正确的施工顺序和施工方案。施工顺序根据码头结构类型、自然条件、施工条件和施工方法确定,高桩码头施工顺序如图2.2.1所示。

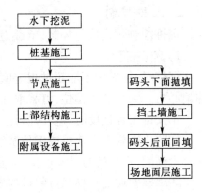

图 2.2.1　高桩码头施工顺序

2.2.2　高桩码头的桩基施工(1E412021)

高桩码头的桩基既是基础又是码头的主要部件,沉桩施工必须使用打桩架或打桩船。

1．沉桩方式

沉桩有两种方式。

1)陆上沉桩

对于临近岸边或陆上的桩基,可直接用陆上打桩架打桩,或搭设栈桥用陆上打桩架打桩。

2)水上沉桩

对于远离岸边并有足够水深的桩基,一般用打桩船打桩。

2．沉桩前的准备工作

沉桩前应进行下列工作:

①根据基桩允许偏差,校核各桩是否相碰;

②根据选用船机性能、桩长和施工时水位变化情况,检查沉桩区泥面标高和水深是否符合沉桩要求;

③检查沉桩区有无障碍物;

④检查沉桩区附近建筑物和沉桩施工互相有无影响。

3．沉桩平面定位

1)直桩

直桩平面定位需用2~3台经纬仪,采用前方任意角或直角交会法定位。定位前,在桩位布置图上布置施工基线,计算基线上控制点与桩位连线的方位角。定位时,在现场精确测量控制点位,然后在控制点上设置经纬仪,按已算得的方位角放出视线,几台经纬仪的视线交点即为桩的位置。

2)斜桩

斜桩平面定位需用2~3台经纬仪和一台水准仪配合。沉桩时,桩的坡度由打桩架的坡度保证。

4．桩尖高程控制

桩尖应落在设计规定的标高上,以满足基桩承载力的设计要求。桩尖高程控制是通过桩顶测量实现。沉桩时,在岸上用水准仪高程测量法对桩顶标高进行控制。

5.沉桩控制

沉桩控制包括偏位控制、承载力控制和桩的裂损控制。

1)偏位控制

沉桩时,桩偏位不能超过规定值,偏位过大会给上部结构安装带来困难,使结构受到有害的偏心力。为了减小偏位,可采取如下措施。

①安排工程进度时,避开强风季节,当风、浪、水流超过规定时,停止沉桩作业。

②防止因施工作业造成定位基线的移动,采用有足够精度的定位方法,及时开动平衡装置和松紧锚缆,以维持打桩架坡度,防止打桩船走动。

③掌握斜坡上打桩和打斜桩的规律。拟定合理的打桩顺序、采取恰当的偏离桩位下桩,以保证最终位置符合设计要求,并采取削坡和分区跳打方法,防止岸坡滑动。

水上沉桩桩顶偏差应符合表2.2.1的规定。

表2.2.1 水上沉桩桩顶允许偏差 mm

桩型 沉桩区域	混凝土方桩		预应力混凝土大直径管桩		钢管桩	
	直桩	斜桩	直桩	斜桩	直桩	斜桩
内河和有掩护近岸水域	100	150	150	200	100	150
近岸无掩护水域	150	200	200	250	150	200
离岸无掩护水域	200	250	250	300	250	300

注:1. 近岸指距岸≤500 m,离岸指距岸>500 m。
2. 直径≤600 mm的管桩按方桩允许偏差执行。
3. 墩台中间桩可按表中规定放宽50 mm。
4. 表列允许偏差不包括由锤击震动等所引起的岸坡变形产生的基桩位移。

2)桩的设计承载力控制

沉桩完成后,基桩应保证满足设计承载力的要求。沉桩时,应按下述方法控制。

①设计桩端土层为一般黏性土时,应以桩端标高控制。桩沉放后,桩顶标高允许偏差为+100 mm,-0.0 mm(只高不低)。

②设计桩端土层为砾石、密实砂土或风化岩时,应以贯入度控制。当沉桩贯入度已达到控制贯入度,而桩端未达到设计标高时,应继续锤击贯入100 mm,或锤击30~50击。其平均贯入度不应大于控制贯入度,且桩端至设计标高的距离不宜超过1~3 m。

③设计桩端土层为硬塑状态的黏性土或粉细砂时,应以桩端标高控制为主,当桩端达不到设计标高时,应以贯入度作为校核。当桩端已达到设计标高而贯入度仍较大时,应继续锤击,使贯入度接近控制贯入度,但继续下沉的深度应考虑施工水位的影响。

3)桩的裂损控制

锤击沉桩时,预应力混凝土桩不得出现裂缝,钢筋混凝土桩尽量避免出现裂缝,为此,可采取如下控制措施:

①控制打桩应力;
②沉桩前检查桩的质量;
③选用合适的器具打桩,如桩锤、桩垫材料等;

④随时观察沉桩情况,如桩锤、替打和桩三者是否在同一轴线上,贯入度的变化及桩顶碎裂情况等。

6.夹桩

沉桩结束后应及时**夹桩**,加强基桩之间的连接,以减少桩身位移,改善施工期受力状态。根据受力情况进行夹桩设计,必要时应进行现场加载试验。

①当有台风、大浪及洪峰等预报时,必须检查夹桩设施是否牢固可靠,并采取必要的加固措施。

②当施工荷载较大时,可采用吊挂式夹桩。

③桩距较大且桩顶高程距施工水位较小时,可采用钢梁或上承式桁架结构。

2.2.3 高桩码头的构件预制、吊运和安装(1E412022)

高桩码头的结构组成部件多为预制并在现场安装和连接。

1.预制场选择

预制场地的布置应根据施工工艺要求并结合具体条件合理安排,以节约用地,减少场内搬运和工序间的干扰。选择临时预制场时,应满足下列要求:

①宜靠近码头施工现场,有贮存场地,周围道路畅通,临近水域,便于出运构件;

②岸坡稳定,地基有足够承载力,且不易产生有害的不均匀沉降,必要时,应对地基加以处理;

③不易受水位变化和风浪影响;

④利用原有码头面作为预制场地时,构件及施工机械的荷载不应超过码头的设计荷载。

2.构件吊运、存放及出运

1)吊运要求

①预制构件吊运时,混凝土强度应达到设计要求,如提前吊运,应经验算确定。

②采用绳扣吊运时,吊点位置偏差不应超过设计规定位置±200 mm。如用钢丝绳捆绑时,为避免损坏构件棱角,吊运时,宜用麻袋或土块等衬垫。

③吊运时,应使各点同时受力,并应注意防止构件产生扭曲。吊绳与构件水平面夹角不应小于45°。

④吊运时,应徐徐起落,以免损坏。

⑤吊运桁架时,应有足够的刚度,必要时用夹木加固。

⑥对于有特殊吊运要求的构件,应根据设计要求并结合施工具体情况,采用必要的特制工具或其他吊运和加固措施,以保证施工质量。

2)构件存放规定

①存放场地宜平整。

②按两点吊设计的构件可用两点支垫存放,但应避免长时间用两点支垫堆存,防止构件产生挠曲变形。必要时,可采用多点支垫或其他方式存放。按三点吊以上设计的构件,宜采用多点支垫存放。垫木应均匀铺设,并应注意场地不均匀沉降对构件的影响。

③不同规格的构件宜分别存放。

④在岸坡顶部存放构件时,应加强观测,必要时,采取措施,以防止产生滑坡或有害沉降。

⑤构件存进贮存场后,仍应按规定继续养护。

3)构件多层存放的要求

多层存放构件时,其堆放层数应根据构件强度、场地地基承载力、垫木强度和存放稳定性确定。各层垫木应位于同一垂直面上,其位置偏差不应超过±200 mm。混凝土构件堆放层数应符合下列规定:

①桩不超过三层;

②叠合板不超过五层;

③空心板和无梁板不超过三层;

④桁架不超过两层。

4)构件出运

(1)用驳船装运构件的规定

①注意船甲板的强度和船体的稳定性,宜采用宝塔式和对称的间隔方法装驳。

②吊运构件时,应使船体保持平稳。

③垫木布置的位置、数量与在存放场地相同。

(2)用驳船长途运输的规定

①应对船体进行严格检查,采取必要的加固措施。

②如有风浪影响,应水密封仓。

③预制构件装驳后,应采取加撑、加焊和系绑等措施,防止因风浪影响而造成的构件倾斜或坠落。

3.构件安装

1)准备工作

构件安装前,应做好以下准备工作:

①测设构件的安装位置线和标高控制点;

②对构件的类型编号、外形尺寸、数量、质量、混凝土强度、预留孔、预埋件及吊点等进行复查;

③检查支撑结构的可靠性及周围的钢筋和模板是否妨碍安装;

④为使安装顺利进行,应结合施工情况,选择安装船机和吊索,编制构件装驳和安装顺序图,以便按顺序图装驳和安装。

2)构件安装要求

构件安装时,应满足以下要求。

①搁置面应平整,构件与搁置面间应接触紧密。

②应逐层控制标高。

③当露出的钢筋影响安装时,不得随意割除,应及时与设计单位研究解决。

④对于安装后不易稳定及可能遭受风浪、水流和船舶碰撞的构件,应在安装后及时采取夹木、加撑、加焊和系缆等加固措施,如纵梁在横梁上搁置就位后,将两根相接的纵梁底部伸出的钢筋焊接起来。叠合板就位后,将接缝处外伸钢筋焊接起来。

⑤靠船构件安装时,用两根附带张紧器(花篮螺丝)的拉条临时固定,位置调好后,将外伸钢筋与横梁钢筋焊接。

⑥各构件安好后,浇筑节点接缝混凝土,以将构件连成整体。

3)构件的搁置面

搁置面用水泥砂浆找平的有关规定如下:

①不得在水泥砂浆硬化后安装构件;

②水泥砂浆找平厚度宜取10~20 mm,超过20 mm时,应采取措施;

③应做到坐浆饱满,安装后略有余浆挤出缝口为准,缝口处不得有空隙,并在接缝处用砂浆嵌塞密实及勾缝。

2.2.4 高桩码头的接岸结构和岸坡施工(1E412023)

接岸结构和岸坡施工技术及施工程序应符合码头岸坡稳定的设计要求。否则,应进行岸坡稳定验算。

1. 码头施工区挖泥

码头施工区挖泥应按下列要求进行:

①挖泥前,应测量挖泥区水深和断面;

②应按设计或施工的开挖要求进行阶梯形分层挖泥;

③挖泥结束后,应复测开挖范围的水深和断面是否符合要求。

2. 岸坡施工

沉桩后进行回填或抛石前,必须清除回淤浮泥和塌坡泥土。抛填过程中,宜定时施测回淤量。如遇异常情况,如大风暴、特大潮过后,必须及时施测回淤,必要时,应再次清淤。清淤后及时进行抛填,并应做到随清随抛。

抛填时,应由水域向岸边分层进行。在基桩处,沿桩周对称抛填,桩两侧高差不得大于1 m。如设计另有规定,应满足设计要求。

3. 接岸结构施工

接岸结构施工有以下原则。

①在接岸结构岸坡回填土或抛石时,不宜采用由岸边向水域方向倾斜推进的施工方法。

②当接岸结构设置挡土墙时,其基础回填土或抛石均应分层夯实或辗压密实。如设置板桩挡土时,应按《板桩码头设计与施工规范 JTS 167—3—2009》规定进行施工;如采用深层水泥搅拌加固地基时,应按《港口工程地基规范 JTS 147—1—2010》规定施工。

③施工过程中,根据设计要求,结合现场施工条件设置沉降缝和位移观测点。

【高桩码头施工案例】

拟建高桩码头工程概况如表2.2.2所示。

表2.2.2 高桩码头工程概况

结构类型	规 模	码头前沿长度(m)	码头前沿水深(m)	基桩类型
钢筋混凝土高桩上部梁板式结构	3泊位2.5万吨级	543	11.7	预应力混凝土空心方桩

施工技术归纳如下。

(1)基桩

钢筋混凝土桩桩长 40~50 m,在现场预制场制作,使用钢模板(空心处用 φ300 胶囊)。选用**先张法施加预应力**。用门吊进行桩的转堆,再用门吊将桩由**出运码头**装至方驳。选用 D—80 型打桩船进行**水上沉桩**,桩位用经纬仪前方交会法检测,标高与贯入度用水准仪双控。**纵、横向夹桩**选用⊏10 和⊏12 槽钢,形成稳定网格。现浇桩帽。

(2)上部结构

梁板构件现场在台座上**预制**,并用起重船**吊装**。构件节点和面层**现浇**并振捣。

(3)接岸结构

抛砂垫层、抛石护坡、抛石棱体和倒滤层依次**抛填**。最后分段**现浇**混凝土挡土墙。

【模拟试题】

1.下述四项内容中,_____不是高桩码头的施工特点。

A.上部结构工序多且施工困难　　　　B.使用船舶机械多且相互干扰大

C.不受自然条件(风、浪、潮、水位等)的影响

D.对于顺岸式高桩码头,岸坡稳定是施工中必须妥善处理的问题

2.高桩码头的水上沉桩会有桩顶偏位。对于近岸有掩护水域的混凝土方桩的直桩,其桩顶允许偏差为_____。

A.100 mm　　　B.150 mm　　　C.200 mm　　　D.250 mm

3.高桩码头的基桩采用锤击沉桩。当设计桩端土层为一般黏性土时,应以桩端标高控制。桩沉放后的桩顶标高允许偏差为_____。

A. +50 mm,−20 mm　　　　　　**B. +100 mm,−0.0 mm**

C. +150 mm,−30 mm　　　　　　D. +200 mm,−50 mm

4.在高桩码头预制构件多层存放时,桩不能超过_____。

A.三层　　　B.四层　　　C.五层　　　D.六层

5.以下所述,_____不符合高桩码头构件安装的要求_____。

A.构件搁置面应平整　　　　　　B.构件高程应逐层控制

C.安装后不易稳定的构件应及时采取加固措施

D.当构件外露钢筋影响安装时,可以现场割除

6.高桩码头预制构件搁置面上水泥砂浆找平厚度宜为_____。

A. >20 mm　　B.5~10 mm　　C.5~15 mm　　**D.10~20 mm**

7.高桩码头沉桩控制的内容包括_____。(多项选择)

A.偏位控制　　　　　　　　　**B.打桩锤重控制**

C.桩的裂损控制　　　　　　　**D.桩的设计承载力控制**

8.高桩码头预制构件的吊运要求有_____。(多项选择)
A.吊运时,应徐徐起落 B.吊运时,应使各吊点同时受力
C.吊运时,混凝土强度应达到设计要求 D.吊绳与构件水平面夹角不应大于45°

2.3 板桩码头施工技术(1E412030)

板桩码头靠板桩下端沉入地基工作,上端用锚碇结构承受拉杆拉力。主要构件都在预制场预制。板桩沉桩和锚碇结构安装是板桩码头施工的主要工作。

板桩码头应依照现行行业技术标准《板桩码头设计与施工规范 JTS 167—3—2009》进行施工。

2.3.1 板桩码头的组成(1E412030)

板桩码头由板桩墙、帽梁、拉杆、水平导梁、锚锭结构和码头设备组成。

1.板桩墙

板桩墙是由连续打入地基的薄壁板形桩构成的墙体。常用钢筋混凝土板桩和钢板桩。

2.帽梁

帽梁位于板桩顶部,将板桩连成整齐的一体。当潮差不大时,可将帽梁与导梁合为胸墙。

3.拉杆

当码头较高时,在板桩墙上部设拉杆,可减小板桩跨中弯矩和入土深度,避免桩顶向水域方向的位移。

4.水平导梁

为使每根板桩都被拉住,在拉杆与板桩墙的连接处设置水平导梁,以将拉杆力传递给板桩。

5.锚碇结构

锚碇结构承受拉杆拉力,常用的锚碇结构有锚碇墙(或锚碇板)、锚碇叉桩和锚碇板桩(或锚碇桩)等。

6.码头设备

码头设备包括系船设施、防冲设施、安全设施和工艺设施等。

2.3.2 板桩码头施工规定(1E412031)

板桩码头施工应遵照以下规定。

①勘测基线(点)及水准点必须按规定手续交接,并进行现场复核。

②施工基线、桩位控制点及现场水准点均应按勘测基线(点)及水准点测设,其精度应符合有关规定,并应定期检查和复核。

③对板桩墙轴线上的障碍物应进行探摸和清除。

④在岸坡上沉桩时,应控制沉桩速率,并对临近岸坡和建筑物进行监控,发现异常现象应及时研究处理。

⑤在沉桩过程中,应及时采取桩位固定措施。台风季节,应按防台风措施对桩位进行加固。

⑥地下墙式板桩码头的施工有陆上和水上两种。

2.3.3 板桩沉桩(1E412031)

1. 沉桩机具

对沉桩机具有如下要求。

①**打桩船**和**打桩机**应有足够的起重能力和起吊高度。施工水域或场地条件应满足船舶吃水深度或打桩机的接地压力的要求。

②根据地质条件及桩的品种、规格和打入深度,选择**桩锤**。

③沉桩作业宜设置导桩和导架等**导向装置**,导向装置应具有足够的强度和刚度。

2. 沉桩方式

1) 多次往复沉桩法

以若干根桩为一批,预先插立在导向架内,先打两端的1~2根桩,并一直打至设计标高(或其一半),后打中间的其余的板桩,一次(或分若干次)按顺序打至设计标高。

2) 一次沉桩法

每次打1~2根板桩,并一次打到设计标高。

沉桩允许偏差应符合表2.3.1的规定。

表2.3.1 沉桩允许偏差　　　　　　　　　　mm

项　目		允　许　偏　差	
		钢筋混凝土板桩	钢板桩
桩顶平面位置	陆上沉桩	100	100
	水上沉桩	100	200
垂直板桩墙纵轴线方向的垂直度		1.0%	1.0%
沿板桩墙轴线方向的垂直度		1.5%	1.5%
钢筋混凝土板桩间的缝宽		<25	——

3. 施工异常处理

施工出现异常情况时,应采取以下措施处理。

①当沿板桩墙纵轴线方向的垂直度偏差超过规定时,对于钢筋混凝土板桩,可用修凿桩尖斜度的方法逐渐调整或用加楔形板桩进行调整;对于钢板桩,可用加楔形钢板桩的方法进行调整。

②当板桩偏移轴线产生平面扭转时,可在后沉的板桩中逐根纠正,使墙面平滑过渡。

③当下沉的板桩将邻近已沉的板桩"带下"或"上浮"时,可根据"带下"的情况重新确定后沉板桩的桩顶标高,对"上浮"的板桩,应复打至设计标高。

④当发生脱榫或不联锁等现象时,应与设计单位研究处理。

⑤沉桩应以桩尖设计标高作为控制标准。如桩尖沉至设计标高有困难,应同设计单位研究处理。当有承载力要求时,沉桩应以桩尖设计标高和承载力作为双控标准。

4. 安全防护措施

为维护正常施工,应采取以下安全防护措施。

①在已沉入的桩位处设置明显标志,夜间应挂警示灯。严禁在已沉入的桩上系缆并应防止锚缆碰桩。

②钢板桩应采取防腐措施,防护层的涂料品种和质量应符合设计要求,涂料防护层的施工应符合行业标准的有关规定。涂层在吊运和沉桩过程中如有损坏,应及时修补,修补涂料应与原涂层相同或相匹配。受潮水影响部位应使用快干涂料。

2.3.4 锚碇系统施工(1E412032)

1. 锚碇结构类型

常用锚碇结构类型如 2.3.1 节中所述。锚碇结构类型的选用应根据码头后方场地条件和拉杆力大小而定。

1)锚碇墙(或锚碇板)

当码头后方场地宽敞且拉杆力不大时,宜采用锚碇墙结构或锚碇板(不连续布置)结构,并应符合下列规定。

①**锚碇墙结构**宜采用现浇钢筋混凝土墙,也可采用由预制的钢筋混凝土板安装而成的连续墙,此时需在板后设置**连续导梁**。锚碇墙可选用矩形断面或梯形断面及 L 形断面。

②**锚碇板结构**可采用预制的钢筋混凝土板,现场安装在碎石垫层上。锚碇板可选用平板、双向梯形板或 T 形板。

③锚碇墙(板)的高度由稳定计算确定,宜选用 1.0～3.5 m。锚碇墙(板)的厚度由强度计算确定,宜选用 0.2～0.4 m,不宜小于 0.15 m。

④在施工条件允许的情况下,锚碇墙(板)的设置高程宜适当放低。

⑤锚碇墙(板)应预留拉杆孔,其位置宜与作用于锚碇墙(板)上的土压力合力作用点重合,斜度与拉杆方向一致。

2)锚碇叉桩

当码头后方场地狭窄且拉杆力较大时,宜采用**锚碇叉桩结构**,并应符合下列规定。

①锚碇叉桩可采用钢筋混凝土桩或钢桩。桩的斜度宜选用 3∶1～4∶1。在施工条件允许的情况下,两桩在桩顶处的净距宜减小。

②叉桩可用现浇钢筋混凝土桩帽连接。

3)锚碇板桩和锚碇桩

当码头后方场地宽敞且地下水位较高或能利用原土层时,宜采用**锚碇板桩结构**或**锚碇桩结构**,并应符合下列规定。

①锚碇板桩结构应与码头前沿板桩结构相适应。

②锚碇板桩可采用钢筋混凝板桩或钢板桩,并应设导梁,导梁材料与码头前沿板桩相同。

③锚碇桩多采用钢筋混凝土桩,对于钢板桩码头,也可采用钢桩。

2. 锚碇结构现场浇筑或预制构件安装

锚碇结构施工时,应符合以下规定。

①现浇锚碇墙的允许偏差符合表 2.3.2 的规定。

表 2.3.2 现浇锚碇墙的允许偏差   mm

项 目	允许偏差
轴线位置	20
厚度	±10
顶面标高	±20
相邻段表面错牙	10
预留孔位置	20
预留孔直径	+10，-0

②现浇锚碇墙拆模后或预制锚碇板安装后，应加临时支撑固定。
③在预制构件吊运时，其混凝土强度应符合设计要求，如设计无规定，起吊时强度应大于设计强度的70%。
④预制构件堆垛高度不宜超过五层，构件吊运及存放要求与板桩相同。
⑤预制锚碇板安装的允许偏差应符合表2.3.3的规定。

表 2.3.3 预制锚碇板安装的允许偏差   mm

项 目		允 许 偏 差
平面位置	沿轴线方向	100
	垂直轴线方向	50
顶面标高		±50
竖向倾斜	前倾	0
	后倾	$1.5H/100$

注：H 为锚碇板高度，mm。

3. 拉杆的制作与安装

1）材质与规格

(1) 钢制拉杆及配件的规格和材质应符合设计要求。材料应具有出厂合格证书，并按有关规定抽样对其力学性能和化学成分进行检查。

(2) 拉杆接头的焊接及检验应符合设计要求和有关国家标准的规定。

2）拉杆的防护措施

①拉杆防护层的包敷涂料的品种和质量应符合设计要求。
②在堆存和吊运过程中，拉杆应避免产生永久变形，保护层及丝扣等免遭损伤。
③拉杆上面严禁用腐蚀性材料回填。

3）拉杆安装

拉杆安装应符合下列要求。
①如设计对拉杆的安装支垫无具体规定时，可将拉杆搁置在垫平的垫块上，垫块间距取 5 m 左右。
②拉杆连接铰的转动轴线应位于水平面上。

③在锚碇结构前回填完成后且锚碇结构及板桩墙导梁或胸墙的现浇混凝土已达到设计强度时,方可张紧拉杆。

④张紧拉杆时,使拉杆具有设计要求的初始拉力。

⑤拉杆的螺母全部旋进,并有不少于2个丝扣外露。

⑥拉杆安装后,应对防护层进行检查,发现有涂料缺漏和损伤之处,应加以修补。

4)拉杆制作与安装的允许偏差

拉杆制作与安装的允许偏差应符合表2.3.4的规定。

表2.3.4 拉杆制作和安装的允许偏差　　　　　　　　　　　　　　mm

	项　目	允　许　偏　差
制作	每节拉杆长度	+20,−10
	拉杆接头处轴线偏移	5d/100,且不大于3
安装	拉杆间距	±100
	拉杆标高	±50

注:d为拉杆直径,mm。

【板桩码头施工案例】

拟建板桩码头工程概况如表2.3.5所示。

表2.3.5 板桩码头工程概况

板桩墙材料	锚碇结构	规　模	码头前沿长度(m)	码头前沿高度(m)
钢板桩	锚碇墙	5 000吨级	170	−11.0～+3.0

施工技术归纳如下。

(1)板桩

板桩为**钢板桩**289根,选用**锤型为MB-80的打桩船**施打,并配置方驳和拖轮协助沉桩作业。用两台经纬仪在岸上**直角交会**控制其位,用一台水准仪控制单根复打的桩顶标高。钢板桩用**往复沉桩法**拼组插立在**导向架**内,插打至一定深度后,再**单根复打**至设计标高。

(2)导梁

导梁选用2根⊏20槽钢焊制而成,使钢板桩连接为一整体墙。

(3)拉杆

安装拉杆,旋入张紧螺栓,待锚碇墙吊入后,反复张紧拉杆。

(4)锚碇结构

采用**锚碇墙单锚结构**,预制钢筋混凝土锚碇墙矩形断面尺寸为1.78 m×2.5 m,质量为10 t,选用30 t履带吊机安装。

(5)帽梁

现浇混凝土帽梁,断面尺寸为3.3 m×2.0 m,选用30 t吊机配合0.8 m³拌合机吊罐入仓。

(6)码头设备

安装各种码头设备。

(7)回填

清淤后,及时**抛石分层回填**。

【模拟试题】

1. 下列各项中,_____不符合对板桩沉桩机具的要求。
   A.打桩船应有足够的起吊高度　　　B.**对打桩船的起重能力无要求**
   C.打桩机的接地压力不能超过场地承载力
   D.根据桩的规格、打入深度和地质条件等选择桩锤

2. 当钢筋混凝土板桩在水上沉桩时,桩顶平面位置允许偏差为_____。
   A.50 mm　　　B.**100 mm**　　　C.150 mm　　　D.200 mm

3. 板桩沉桩施工方式有两种,其中之一是_____。
   A.锤击沉桩　　　B.水冲沉桩　　　C.二次沉桩　　　D.**多次往复沉桩**

4. 当板桩码头后方场地狭窄且拉杆力较大时,锚碇结构宜采用_____。
   A.锚碇板　　　B.锚碇墙　　　C.**锚碇叉桩**　　　D.锚碇板桩

5. 对于板桩码头,现浇锚碇墙的顶面标高允许偏差为_____。
   A.±10 mm　　　B.±15 mm　　　C.**±20 mm**　　　D.±25 mm

6. 对于板桩码头,当设计对拉杆支垫无具体规定时,可将拉杆搁置在垫平的垫块上,垫块间距可取_____。
   A.3.5 m　　　B.4.0 m　　　C.4.5 m　　　D.**5.0 m**

7. 在板桩码头的拉杆安装时,拉杆标高的允许偏差是_____。
   A.±30 mm　　　B.±40 mm　　　C.**±50 mm**　　　D.±60 mm

2.4 斜坡式防波堤施工技术(1E412040)

防波堤直接承受巨大的波浪力作用,大多建在水深浪大处,施工艰难,造价颇高,占港口工程总投资的主要部分。

按结构类型的不同,防波堤分为两类,如表2.4.1和图2.4.1、图2.4.2所示。

表2.4.1 防波堤结构类型

结构类型	断面形式	基础材料	断面形式	适用条件
直墙式防波堤	直立墙式	抛石无垫层	砌块或沉箱	水深、基础好
斜坡式防波堤	梯形	砂或土工布垫层	堤心石和护面	地基差、石料丰富

防波堤的平面布置如下。

纵轴线由一段或几段直线组成,各段之间用圆弧或折线相连接。根据水深、波浪、地质的不同情况,防波堤各分段可采用不同结构类型和断面尺度。

直墙式防波堤的施工技术,除无墙后回填以外,同重力式码头施工技术。

本节重点阐述**斜坡式防波堤**施工技术的特点。

斜坡式防波堤应依照现行行业技术标准《防波堤设计与施工规范JTS 154—1—2011》进行施工。

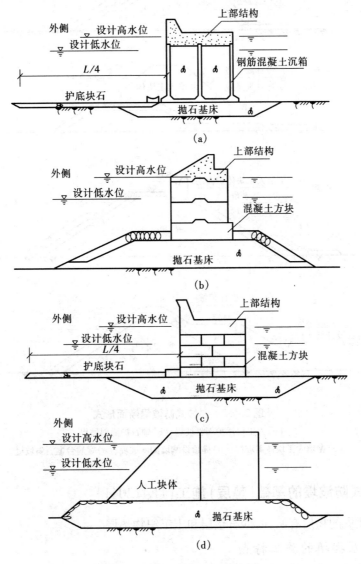

图2.4.1 直墙式防波堤断面形式
(a)沉箱式直立堤;(b)削角方块直立堤;(c)正砌方块直立堤;(d)水平混合式直立堤

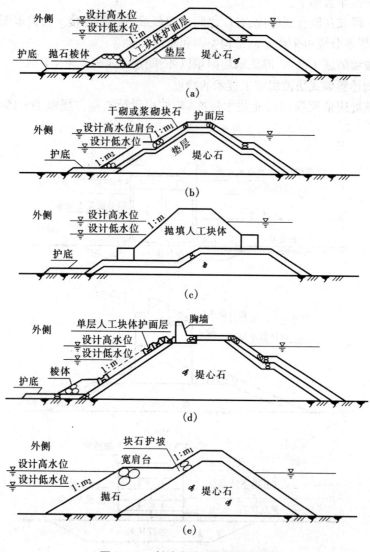

图 2.4.2 斜坡式防波堤断面形式
(a)人工块体护面斜坡堤;(b)砌石护面斜坡堤;
(c)抛填人工块体斜坡堤;(d)堤顶设胸墙的斜坡堤;(e)宽肩台抛石斜坡堤

2.4.1 斜坡式防波堤的基础(垫层)施工(1E412041)

斜坡式防波堤的垫层有两种:砂石垫层和土工织物垫层。

1. 砂石垫层抛填的施工特点

砂石垫层抛填的施工特点如下。

①试抛确定抛砂船的驻位,以考虑水深、水流和波浪对抛砂漂流的影响。

②砂石垫层的抛填应根据自然情况和施工条件分段施工,并及时用块石覆盖。

③砂石垫层抛填的质量要求如表2.4.2所示。

表 2.4.2　砂石垫层抛填的质量要求

砂石垫层顶面高程	砂石垫层厚度	砂石垫层顶宽	砂石粒径	含泥量
不高于设计高程 0.5 m 不低于设计高程 0.3 m	不小于设计厚度	不小于设计宽度 超宽不大于 3 m	按设计要求	不大于 5%

2. 土工织物垫层铺设的施工特点

土工织物垫层铺设有如下施工特点。

①铺设土工织物之前,应对砂垫层整平。铺设后及时抛填堤身,以防止风浪(水下)、日晒(陆上)的破坏。

②土工织物加工成铺设块,其宽为 8~15 m,长为堤宽加富余量(水下 1.5~2.5 m,陆上 0.5~1.0 m)。沿宽度拼缝用丁缝和包缝处理,沿长度不得接缝,铺设块搭接长度 0.5 m(陆上)~1.0 m(水下)。

③用定位桩固定一端,并用重物(砂袋、碎石袋)压稳。水下沿导轨或导线顺水流、平潮铺设,平缓展开、拉紧,以免皱折。

2.4.2　斜坡式防波堤的堤身施工(1E412042)

根据《防波堤设计与施工规范 JTS 154—1—2011》,堤身抛填应根据设计要求、施工能力、波和潮等影响,分层分段进行。

1. 抛填顺序

依施工要求不同,应按以下顺序进行**抛填**。

①当堤侧有块石压载时,先抛压载层,后抛堤身。

②当有爆破排淤要求时,由中间向两侧抛。

③当有加荷速率要求时,应设置沉降观测点,以控制加荷间歇时间。

④人工块体抛填前,先安放压边块体,边线误差不大于 0.3 m。

2. 抛填方法

堤心石为 10~100 kg 块石,非片状,无严重风化和裂纹。

抛填方法有**水上抛填**和**陆上推进**两种。抛填后,应及时理坡并覆盖块石和护面层。

1)水上抛填

①根据工程量、施工条件和石料来源等因素,选择抛石船。

②根据水深、水流和波浪等自然条件对块石产生漂流的影响,确定抛石船驻位。

2)陆上推进

①位于浅水区的堤根一次抛填到顶,堤身至堤头可一次或多次抛填到顶。

②可按堤顶宽度和工程量的不同,施工机具选用拖拉机、汽车和装载机等。

3. 软土地基基础处理

1)爆破排淤填石法

将爆破空腔置换为抛石体(石舌)充填,称为**爆破排淤填石法**。适用于厚度为 4~12 m 的软基。

2)检查方法

采用爆破排淤填石法处理的软基位置和深度应进行施工期和竣工期检查。检查方法有:

体积平衡法、钻孔探摸法和探地雷达法。

2.4.3 斜坡式防波堤的护面块体施工(1E412043)

斜坡式防波堤一般用于水浅、地质差、石料丰富地区,当用人工块体作护面时,也可用于水深、浪大地区。**护面块体**有栅栏板、四脚空心块体、扭工字块体、四脚锥体和扭王字块体等多种。

1. 护面块体的预制

预制模板宜采用钢模板、木模板和钢木混合模板。预制块体的重量允许误差为 ±5%。

2. 护面块体的安放

护面块体使用吊机和平板车运送安放。安放有如下要求。

①检查护面块体之下的块石垫层坡度、厚度和块石重量。

②护面块体应**由下而上安放**。安放方法可采用**定点随机安放**或规则安放。数量偏差为 ±5%,高差不大于 0.15 m(四脚空心),砌缝宽不大于 0.1 m(栅栏板)。

2.4.4 斜坡式防波堤的胸墙施工

胸墙在堤身和地基沉降完成后方可施工。

1. 现浇

现浇前,应整平堤身,并铺碎石砂浆垫层。现浇模板应具备**施工期挡浪作用**,且防止胸墙与堤身接触之间漏浆。现浇胸墙顶面高程允许偏差为 ±0.30 m。

2. 砌筑

分层座浆砌筑要求上下错缝、内外搭砌、砂浆饱满、勾缝密实牢固。施工缝应预留阶梯接茬,其高不超过 1.2 m,浆砌块石胸墙允许偏差为 ±0.40 m。

【斜坡式防波堤施工案例】

拟建斜坡式防波堤工程概况如表2.4.3所示。

表2.4.3 工程概况

结构类型	护面块体	上部挡浪	总 长(m)	堤 高(m)	地 基	基 础
斜坡式	12t 扭王字块	C30 胸墙(110 m)	551	−20 ~ +8	淤泥质土和粉质黏土	砂石垫层

施工技术归纳如下。

(1)基础

自堤头位置开始,采用**爆破排淤填石法**,约100 m 以后,进行侧向爆破,处理淤泥质土和粉质黏土的软土地基。基础为**砂石垫层**。

(2)堤身

"**水下抛填——爆破排淤**"重复进行,达到设计断面和高程以及稳定的堤身。

(3)护面块体

采用预制12 t 扭王字块,选用150 t 吊机并配置平板车,**自下而上规则安放**。

(4)胸墙

推土机整平堤身表面后,用二片石和碎石铺垫、压实,再铺 2~3 cm 砂浆层,最后**分段分层现浇 C30 胸墙**。每 10 m 分段并设置伸缩缝。

【模拟试题】

1. 对于斜坡堤土工织物垫层,其土工织物加工宽度为_____。
   A. 8~15 m　　　　B. 15~20 m　　　　C. 10~25 m　　　　D. 20~30 m

2. 斜坡堤砂垫层施工特点包括_____。(多项选择)
   A. 试抛驻位　　　**B. 分段抛填**　　　C. 块石覆盖　　　**D. 搭接铺设**

3. 斜坡堤堤身施工有压载层时,应_____。
   A. 从中间向两侧抛　　　　　　　　B. 设置沉降观测点
   C. 先抛压载层,后抛堤身　　　　D. 先抛堤身,后抛压载层

4. 斜坡堤护面安放应_____。(多项选择)
   A. 自上向下　　　**B. 自下而上**　　　**C. 规则安放**　　　**D. 定点随机安放**

2.5　航道整治施工技术(1E412050)

航道整治是根据河床演变规律,进行全河段总体规划和滩险整治,改善天然河道条件,以利通航的工程措施。其中,改善天然河道条件是指整治水位和整治线宽度的满足,以利通航是指船舶在最低通航水位、航道标准宽度、水深和水流速度条件下,顺利航行。

航道整治工程应依照现行行业技术标准《航道整治工程技术规范 JTJ 312—2003》进行施工。

2.5.1　滩险航道整治措施(1E412051)(1E412052)(1E412053)

滩险航道整治是指在碍航的滩险上修建整治建筑物和实施整治措施。对于不同的浅滩、急滩和潮汐河口等滩险情况,其航道整治措施分别如下。

1. 浅滩航道整治(1E412051)

浅滩分为沙质(含卵石)、泥质和石质,其航道整治措施分别如表 2.5.1 所示。

表 2.5.1　浅滩航道整治措施

浅滩分类	沙质(含卵石)	泥质	石质
航道整治措施	筑坝束床 基建疏浚 裁弯取直 分流选汊	疏浚挖槽	炸礁开槽 筑坝壅水

[浅滩航道整治案例]——长江中游湖北界牌河段,如图 2.5.1 所示。

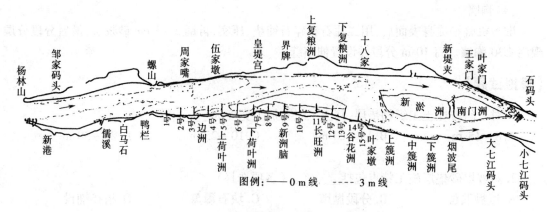

图 2.5.1　浅滩(界牌)航道整治工程示意图

航道整治措施如下。
(1)丁坝
在右岸自鸭栏以下建 15 道**丁坝**,以巩固边滩、缩窄河宽、堵塞窜沟、调整水流、减弱比降、集中水流、冲刷浅滩为目的。
(2)护岸
在新淤洲头平顺**护岸**,形成鱼嘴,导引水流,促使新堤夹有稳定和分流分沙条件。
(3)锁坝
在新淤洲与南门洲之间夹套内建**锁坝**,封堵夹套以防止夹套内冲刷发展,有利新堤夹分流增加、冲刷河床、改善航道水深条件。
(4)疏浚
在新堤夹下游进行基建性**疏浚**挖槽,以改善枯季航道水深条件。

2. 急滩航道整治(1E412052)

山区河流具有流急、坡陡的特点,从而形成船舶上航困难的**急滩**。急滩可按基岩、溪口、卵石、崩岩、滑坡不同急滩类型采取不同的航道整治措施,如表 2.5.2 所示。

表 2.5.2　急滩航道整治措施

急滩类型	基岩	溪口	卵石	崩岩	滑坡
航道整治措施	筑坝		疏浚		炸礁

急滩整治的目的是以扩大滩口过水面积、改善比降、壅高水位、调整流速分布,而达到船舶自航上滩。(受经济条件所限,也可与绞滩结合)

[**急滩航道整治案例**]——长江上游四川斗笠子滩,如图 2.5.2 所示。
航道整治措施如下。
(1)疏浚
在右岸**疏浚**水下突嘴,以扩大过流断面、减缓比降和流速。
(2)锁坝
在左岸与兔脑壳头左侧之间建**锁坝**,以堵塞汊道、增大主航道流量、冲刷淤石。

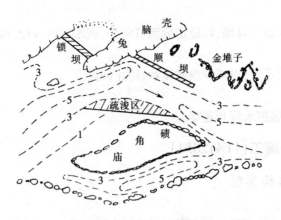

图 2.5.2 急滩(斗笠子滩)航道整治工程示意图

(3)顺坝

在兔脑壳尾右建顺坝,以调整滩口比降、改善水流、减弱卵石运动。

3. 潮汐河口航道整治(1E412053)

潮汐河口是海洋与河流的交汇处,受河流下泄径流和海洋面临波、潮、流和泥沙等动力要素的影响。潮汐河口航道整治措施以修建堤坝建筑物和疏浚为主。按河口拦门沙和港口口门内浅滩的不同位置,采取相应的航道整治措施,如表 2.5.3 所示。

表 2.5.3 潮汐河口航道整治措施

河 口 位 置	河 口 拦 门 沙	港 口 口 门 内 浅 滩
航道整治措施	导堤 疏浚	疏浚 筑坝

[**潮汐河口航道整治案例**]——长江口,如图 2.5.3 所示。

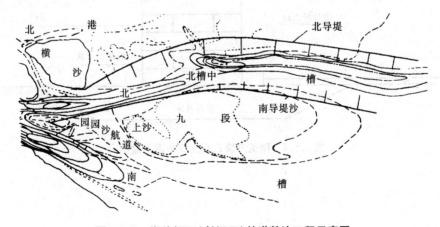

图 2.5.3 潮汐河口(长江口)航道整治工程示意图

航道整治措施如下。

(1)导堤

在南港北槽中建两条长**导堤**,以稳定分流口河势,截断底沙入侵,堵塞窜沟。

(2)丁坝

在长导堤内侧筑短**丁坝**,以减少浅滩掀沙、防止回淤。

(3)疏浚

槽内**疏浚**,以改善航道水深和底宽。

2.5.2 整治建筑物施工(1E412054)

1. 整治建筑物结构类型

1)整治工程的堤坝

整治建筑物多指内河**筑坝**(丁坝、顺坝、锁坝)和外海**筑堤**(突堤、岛堤、导流堤)。堤或坝的结构类型有**直立式**和**斜坡式**两种,如表 2.5.4 和图 2.5.4～图 2.5.12 所示。

表 2.5.4 整治建筑物结构类型

结构类型	断面形式	特点
直立式结构	砌筑方块式	坚固、简便、自重大、混凝土用量多、进度慢
	沉箱式	整体性强、进度快、预制、出运设备便捷
	大直径圆筒式	材料用量少、结构受力好、进度快
	桩式	简单、造价廉、整体性差
斜坡式结构	抛石	结构简单、施工方便、稳定性好、就地取材,但材料用量大、吸收和消散波能强
	袋装砂填芯	
	抛人工块体	

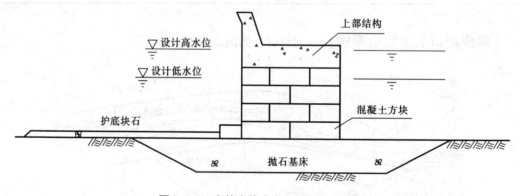

图 2.5.4 砌筑方块式直立堤断面示意图

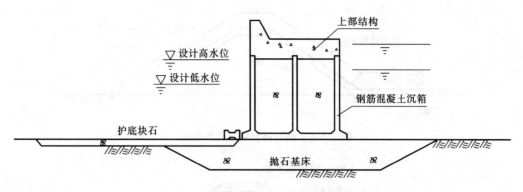

图 2.5.5 沉箱式直立堤断面示意图

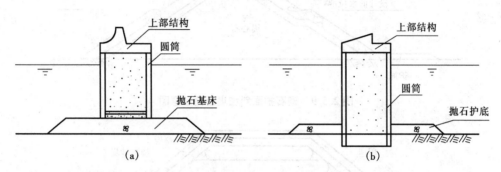

图 2.5.6 大直径圆筒式直立堤断面示意图
(a)座床式；(b)插入式

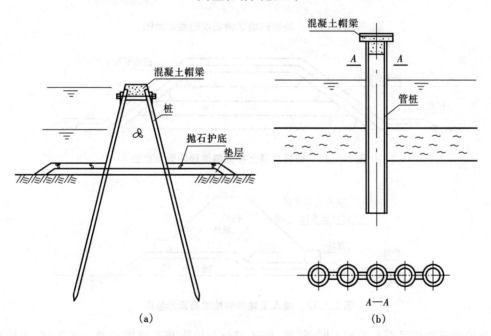

图 2.5.7 桩式直立堤断面示意图
(a)双排桩直立堤；(b)单排管柱桩直立堤

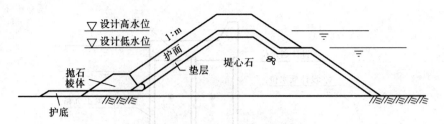

图 2.5.8 抛石斜坡堤断面示意图

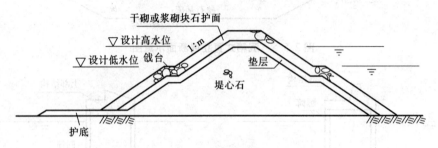

图 2.5.9 砌石护面斜坡堤断面示意图

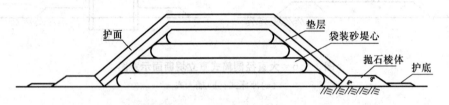

图 2.5.10 袋装砂填芯斜坡坝断面示意图

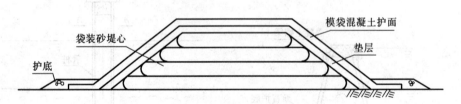

图 2.5.11 模袋混凝土护面斜坡堤断面示意图

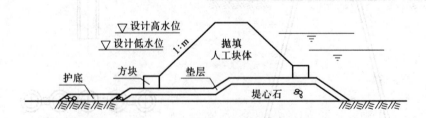

图 2.5.12 抛人工块体斜坡堤断面示意图

整治建筑物按平面布置的不同,其坝、堤还可分为接岸和不接岸两种。如丁坝、突堤和接岸导流堤属**接岸建筑物**,其一端接岸,另一端伸向水中,由堤(坝)头、堤(坝)身、堤(坝)根组成;而顺坝、岛堤和导流堤属**不接岸建筑物**,其两端均不接岸,孤立于水中,由两个堤(坝)头和堤(坝)身组成。

2)整治工程的护岸

整治工程的护岸多用平顺护岸,必要时也采用短丁坝护岸。护岸包括**护脚**和**护坡**。其材料可采用块石、卵石、混凝土块体、水泥土、梢料、柴排和土工织物等。

2. 整治工程施工

1)整治工程施工的一般规定

根据《航道整治工程技术规范 JTJ312—2003》,整治工程施工一般规定如下。

①整治工程必须按批准的施工图施工。施工单位应进行现场调查,编制施工组织设计。

②开工前,必须协调施工与通航之关系,提前发出施工通告。

③施工单位在施工前应对自然条件、助航设施、船筏通过规律、爆破或疏浚等工程措施对环境产生的影响进行调查,并接实测量控制点、水尺位置和零点高程。在易变滩段,应复测地形,校核工程量。

④施工单位进入现场后,应进行施工技术交底和施工展布,并落实安全措施,以保证施工安全。

⑤施工单位对工程设计如有修改意见,应向建设单位反映,按修改后的设计通知单进行施工。

2)筑坝(堤)

筑坝(堤)应依照《航道整治建筑物技术规范 JTJ312—98》进行。

(1)丁坝、顺坝施工

丁坝、顺坝按下列顺序施工。

①如坝根抗冲能力弱,宜先处理坝根和上、下游两岸护坡。

②需要护底的宜先护底,不需要护底的可沿坝底先平抛一层块石,以防止河床被冲刷。

③可由坝根向坝头抛筑坝身,坝身较长时,也可分段同时抛筑。

④在抛筑过程中,应随时检查坝位、坝身和边坡等是否符合设计要求。

⑤最后整理坝顶和边坡。

(2)锁坝施工

锁坝按下列顺序施工。

①先处理坝根和护底,再进行上、下游两岸护坡,然后抛筑坝身。

②坝身宜分层平抛,采用端进法筑坝时,应选好合龙口位置。

③在抛筑过程中,应随时检查坝位和高度等是否符合设计要求。

④最后整理坝顶和边坡。

(3)坝(堤)体施工要求

坝(堤)体施工应满足下列主要要求。

①按设计的块石重量和粒径级配抛筑。

②应按导标控制坝轴线、坝顶宽度和坝体长度,并按设计要求控制坝体断面。

③坝顶和水面以上坝体应按设计要求整理,对于块石之间的局部缝口宽度,人力安砌不得大于0.1 m,机械铺筑不得大于0.2 m,并用小块石填实嵌紧,如采用浆砌块石或条石,勾缝质量应符合要求。

3)护岸施工

护岸工程宜在汛后备料,枯季施工。护岸工程也依照《航道整治建筑物技术规范

JTJ312—2003》进行。

(1)护岸施工顺序

护岸施工应先护脚,再削坡、铺反滤层,最后铺砌护坡块石。

(2)护脚施工要求

护脚施工应满足下列要求。

①护石护脚,应由岸边向河心逐步抛石,并控制其范围和厚度。

②柴排护脚,应在沉放地点准确定位,从排头起用块石均匀抛压,使其紧贴床面,排与排之间相互拼接。

③土工织物排护脚,排应依靠在定位船侧,绷紧四周绳头,均匀抛石或系重物,使其铺放平整、紧贴床面、防止翻卷,排与排之间相互拼接。

(3)护坡施工要求

护坡施工应满足下列要求。

①应按设计要求削坡和铺反滤层,削坡土应清除于坡外。

②用块石护坡宜从护脚内缘的抛石棱体开始,由低向高处逐步铺砌、嵌紧、整平,达到设计厚度,如需勾缝,就待块石沉实稳定后进行。

4)整治工程的疏浚和炸礁

整治工程的疏浚及炸礁应根据《疏浚工程技术规范 JTJ319—99》和《水运工程爆破技术规范 JTJ286—99》的有关规定执行。

对于浅水区大面积疏浚和水下炸礁,可修筑围堰,变水下施工为陆上施工。

(1)疏浚

疏浚要点是:在易于冲刷的滩段进行航道整治,宜先筑坝后疏浚;在难于冲刷的滩段进行航道整治,宜先疏浚后筑坝。

(2)炸礁

水下炸礁的碎石块大小应适宜挖泥船清渣要求,且完工后,必须进行**硬性扫床**,检验施工质量。

【模拟试题】

1.在基岩急滩上的航道整治措施为_____。

　A.**筑坝**　　　　　B.疏浚　　　　　C.炸礁　　　　　D.选汊

2.在港口口门内浅滩上的航道整治措施为_____。(多项选择)

　A.导堤　　　　　B.**疏浚**　　　　　C.**筑坝**　　　　　D.炸礁

3.丁坝施工应_____。(多项选择)

　A.**由坝根向坝头分段抛筑**　　　B.**最后整理坝顶和边坡**
　C.由坝头向坝根分段抛筑　　　D.**随时检查坝位、坝身和边坡是否符合设计要求**

4.难于冲刷滩段的疏浚要点是_____。

　A.**先疏浚后筑坝**　　　　　　B.先筑坝后疏浚

C.先炸礁后疏浚　　　　　　　　　　D.先疏浚后炸礁

2.6 疏浚和吹填施工技术(1E412060)

疏浚是利用水力或机械挖泥机具开挖水下土石方,以疏通航道、浚深港池和锚地水域的工程。

吹填是将挖取的泥沙通过排泥管线在指定地点填筑的工程。

疏浚和吹填工程应依照现行行业技术标准《疏浚工程与吹填工程设计规范 JTS 181—5—2012》进行施工。

2.6.1 疏浚机械——挖泥船(1E412061)(1E412062)(1E412063)(1E412064)

按工作原理不同,挖泥船有两种:**水力式和机械式**,如表 2.6.1 所示。

表 2.6.1 挖泥船分类

工 作 原 理	挖泥船名称	挖(吸)泥土设备	施工方式	挖 泥 机 具
水力式(吸扬)	耙吸式	泥泵	纵挖法	耙头—吸泥管—泥泵—排泥管—泥舱
	绞吸式		横挖法	绞刀—吸泥管—泥泵—排泥管
机械式(挖掘)	链斗式	泥斗	横挖法	链斗—绞车—泥驳—拖船
	抓斗式		纵挖法	抓斗—绞缆机—泥舱(驳)
	铲斗式		纵挖法	铲斗—斗柄—泥驳

五种不同的挖泥船如图 2.6.1~图 2.6.5 所示。

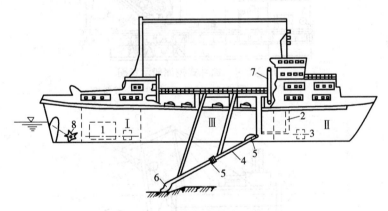

图 2.6.1 耙吸式挖泥船示意图
Ⅰ—主机舱;Ⅱ—泥泵舱;Ⅲ—泥舱
1—主机;2—泥泵;3—电动机;4—吸泥管;5—挠性接头;6—耙头;7—排泥管;8—推进器

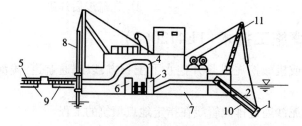

图 2.6.2 绞吸式挖泥船示意图

1—绞刀;2—吸泥管;3—泥泵;4—船上排泥管;5—水上排泥管;
6—主机;7—船体;8—钢桩;9—浮筒;10—绞刀桥;11—绞刀桥吊架

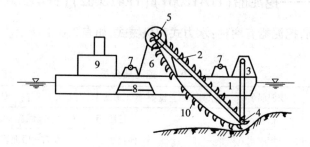

图 2.6.3 链斗式挖泥船示意图

1—船体;2—斗桥;3—升降塔;4—下鼓轮;5—上鼓轮;
6—斗桥塔;7—绞车;8—主机;9—锅炉房;10—泥斗

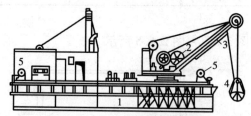

图 2.6.4 抓斗式挖泥船示意图

1—船体;2—吊机;3—吊杆;4—抓斗;5—绞缆机

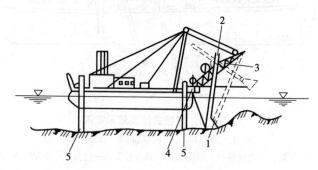

图 2.6.5 铲斗式挖泥船示意图

1—铲斗;2—斗柄;3—支杆;4—转盘;5—定位桩

112

1. 耙吸式挖泥船(drag suction dredger)(1E412061)

1)施工方式

耙吸式挖泥船采用纵挖法,分段分层作业,毋需抛锚停泊。一般当水域和水深足够时,多用装舱法(装舱溢流);有足够流速时,可用旁通法(边挖边抛);使用排泥管时,即用吹填法(指定地点填筑)。

耙吸式挖泥船可以挖掘淤泥、壤土和砂土,适用于狭长航道的开挖。

2)技术指标

耙吸式挖泥船的技术指标有生产率、装机功率、舱容、挖深、航速等参数。

生产率按下式计算,

$$W = \frac{Q_1}{L_1/V_1 + L_2/V_2 + L_3/V_3 + T_1 + T_2} \tag{2.6.3}$$

式中:W 为装舱循环运转小时生产率,m^3/h;

Q_1 为泥舱装载土方量,m^3;

L_1、L_2、L_3 分别为重载航行地段、空载航行地段、挖泥地段的长度,km;

V_1、V_2、V_3 分别为重载、空载、挖泥的航速,km/h;

T_1 为抛泥和转头时间,h;

T_2 为挖泥和转头及上线时间,h。

其中,泥舱装载土方量可按下式计算,

$$Q_1 = \frac{G - r_w Q}{r_s - r_w} \tag{2.6.4}$$

式中:G 为泥舱中装载的泥浆总质量,t;

Q 为泥舱容积,m^3;

r_s 为土体天然重度,t/m^3;

r_w 为水的重度,t/m^3。

耙吸式挖泥船以**泥舱的容量**即舱容衡量其生产率大小,并用舱容标定公称规格,单位为 m^3。目前,世界最大耙吸式挖泥船舱容已达 33 000 m^3,最大挖深已超过 100 m。

2. 绞吸式挖泥船(cutter suction dredger)(1E412062)

1)施工方式

绞吸式挖泥船采用横挖法,分条、分段、分层、顺流或逆流作业。由一根钢桩或主(艉)锚为摆动中心,左、右边锚控制横移和前移。一般顺流挖泥常用钢桩横挖法;风浪大时,多用三缆定位横挖法;波流都大或逆流挖泥时,采用锚缆横挖法。

绞吸式挖泥船可以挖掘砂土、壤土、淤泥,适用于内河湖区和风浪小、流速低的沿海港口疏浚工程。

2)技术指标

绞吸式挖泥船的技术指标有标称生产率、总装机功率、泥泵功率、绞刀功率、吸排泥管直径、挖深和排距等参数。其中,生产率包括挖掘生产率和泥泵管路吸输生产率并以二者较小者为代表。

挖掘生产率按下式计算,

$$W_{挖} = 60KDTv \tag{2.6.1}$$

式中:$W_{挖}$ 为挖掘生产率,m^3/h;

K 为绞刀挖掘系数,取 0.8~0.9;

D 为绞刀前移距,m;

T 为绞刀切泥厚度,m;

v 为绞刀横移速度,m/min。

泥泵管路吸输生产率按下式计算,

$$W_{吸} = QP \tag{2.6.2}$$

式中:$W_{吸}$ 为泥泵管路吸输生产率,m³/h;

Q 为泥泵管路工作流量,m³/h;

P 为泥浆浓度。

3. 链斗式挖泥船(bucket dredger)(1E412063)

1)施工方式

链斗式挖泥船采用横挖法,分条、分段、分层作业。当流速大时,多用平行横挖法;如水域良好,可用斜向横挖法;而水域和吃水受限时,采用扇形横挖法。

链斗式挖泥船可以挖掘壤土、卵石、砂土、淤泥,适用于开挖港池、泊地和建筑物基槽。

2)技术指标

链斗式挖泥船的技术指标有生产率、斗容和挖深等参数。

生产率按下式计算,

$$W = \frac{60n\,c\,f_m}{B} \tag{2.6.5}$$

式中:W 为链斗式挖泥船生产率,m³/h;

n 为链斗运转速度,斗/min;

c 为泥斗容积,m³;

f_m 为泥斗充泥系数,充泥体积/斗容;

B 为土的搅松系数。

现代大型链斗式挖泥生产率达 1 000 m³/h,适用于挖掘水下淤泥、黏土、砂土、砾石、卵石等。

4. 抓斗式挖泥船(grab dredger)(1E412064)

1)施工方式

抓斗式挖泥船用锚定位,采用纵挖法,分条(8~10 m)、分段(60~70 m)、分层(1~2 m)作业。可以顺、逆流挖掘淤泥、黏土和砾石,但不宜挖砂土,适用于航道、港池和水下基础的开挖。

2)技术指标

抓斗式挖泥船的生产率按下式计算,

$$W = \frac{n\,c\,f_m}{B} \tag{2.6.6}$$

式中:W 为抓斗式挖泥船生产率,m³/h;

n 为每小时抓取斗数;

c 为抓斗容积,m³。

一般以**抓斗容积**衡量其生产率,世界最大斗容达 200 m³。

5. 铲斗式挖泥船(dipper dredger)

1)施工方式

铲斗式挖泥船用定位钢桩定位,采用纵挖法,分条作业。可以挖掘黏土、砾石、卵石和水下爆破的石块,并适用于水下清障。

2)技术指标

铲斗式挖泥船的生产率计算同抓斗式挖泥船。

一般以铲斗容积衡量其生产率,最大可达 10 m^3。

2.6.2 吹填工程施工(1E412065)

1.吹填工程施工程序

以绞吸船施工为例,吹填工程施工可参照图 2.6.6 的程序进行。

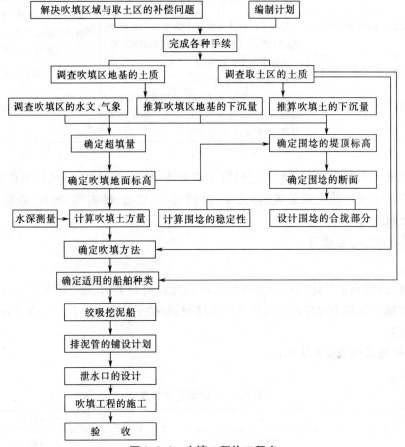

图 2.6.6 吹填工程施工程序

2.吹填工程施工组合

吹填工程的疏浚机械及施工组合方式如表 2.6.2 所示。

表 2.6.2 吹填工程疏浚机械的施工组合

疏浚机械施工组合	适用条件优缺点	备注
绞吸船—吹填	适用于内河或风浪较小的海区,生产效率高,成本低,对土的适应性强,抗风性能较差。最大排距约 5 km	当运距较长,可设接力泵,必要时,也可将两条绞吸船串联
斗式船—泥驳—吹泥船—吹填	适用于内河或风浪较小的海区砂土、黏土的吹填区工程。运距为 5~15 km。抗风性能差。挖流动性淤效果差	非自航泥驳必须与拖轮配套使用 吹泥船排距不够时,可增加泵站

115

续表

疏浚机械施工组合	适用条件优缺点	备注
耙吸船—吹填	适用于取土区风浪大、运距远的工程。施工过程中能改善砂土的质量,成本较高	耙吸船应具有牢固的系泊设施和吹填装置
耙吸船—储砂池—绞吸船—吹填	适用于取土区风浪大、运距远、吹填量大的工程。施工过程中能改善砂土的质量	储砂池的位置与大小应满足绞吸船的输送和施工强度的要求,并应选在回淤、冲刷小的地方。池内外水深应满足所有施工船舶吹填、抛沙施工作业的需要
斗式船—泥驳—储砂池—绞吸船—吹填	适用于内河或风浪较小的海区和吹填量大的工程。设备配套复杂,时间利用率较低	
耙吸船—泥驳—吹泥船—吹填	适用于取土区在内河、风流小、运距远的工程,能改善砂土的质量	耙吸船应具有装驳的设施
斗式船—泥驳—吹泥船—泵站—吹填	适用于运距远、吹程高的长期性的疏浚土处理与吹填造地相结合的工程。施工环节复杂,故障多,时间利率低	泵站应适应距离远、吹程高的要求

采用分期(工程量大、施工期长)、分区(工程量大、吹填面积大)、分层(工程量大、吹填厚度大)吹填施工方案。除吹填装置(接力泵、排泥管、三通管、转向阀、闸板、渗漏孔、挡板等)外,应有推土机配合。

3. 吹填工程施工质量

1)标高

吹填区标高应满足设计要求。当吹填区标高允许有误差时,超、欠填平均高度不得大于 0.15 m;当吹填区标高不允许低于吹填平均高度时,超填平均高度不得大于 0.2 m。

2)平整度

吹填区平整度按表 2.6.3 确定。

表 2.6.3　吹填区平整度　　　　　　　　　　　　　　　　　　m

已经机械平整	砂土	-0.3~+0.4
未经机械平整	淤泥	-0.5~+0.7
	粉、细砂	-0.8~+1.0
	中、粗砂	-1.1~+1.4

3)排放余水含泥量

排放余水含泥量的控制应满足当地环保规定标准,并符合现行行业技术标准《港口工程环境保护设计规范 JTS 149—1—2007》的有关规定。

4. 排泥管线布置

排泥管线布置原则如下。

①除满足设计要求外,平面布局应合理、易于实施和安全经济。

②平面布局应根据挖泥船总扬程、取土区至吹填区的地形、地貌、排距、吹填高程、水位和潮流变化综合考虑。

③排泥管线应选择交通方便的道路、堤线、河或海岸一侧平直布置,并避免与铁路、公路交

叉。排泥管入口应远离排水口。

④吹填区内排泥干、支管线布置应考虑吹填土粒径、泥泵功率、吹填土坡度(表2.6.4)和平整度等因素。围埝距管口距离10～30 m,以防止排泥对围埝的冲刷,排泥管口间距如表2.6.5所示。

表2.6.4 各类吹填土的坡度

土的类别	水面以上	平静海域	有风浪海域
淤泥、粉土	1：100～1：300	—	—
细砂	1：50～1：100	1：6～1：8	1：15～1：30
中砂	1：25～1：50	1：5～1：8	1：4～1：10
粗砂	1：10～1：25	1：3～1：4	1：4～1：10
砾石	1：5～1：10	1：2	1：3～1：6

表2.6.5 排泥管口间距

土质分类	泥泵功率(kW) 间距(m) 分项	<375	375～750	1 500～2 250	3 000～3 750	>5 250
软淤泥黏土类	围埝与排泥管之间	15～20	20～25	25～30	30～35	35～40
	干管之间	150	250	350	400	450
淤泥黏土类	围埝与排泥管之间	10～15	10～15	20～25	25～30	25～30
	干管之间	100	180	300	350	400
	支管之间	40	60	100	130	180
粉细砂类	围埝与排泥管之间	10	10～15	20	20～25	20～25
	干管之间	80	150	250	300	350
	支管之间	30	50	70	80	120
中粗砂类	围埝与排泥管之间	5～6	10	15	20	20
	干管之间	61	120	200	250	300
	支管之间	20	40	50	60	100

⑤为避免水上管线对通航的干扰,应尽可能减少水上管线长度,但绞吹船的水上管线应有足够的自然曲度。水下管线应选在河床平整、冲淤不大的缓流区。水陆管线相接处应设适应潮差和水位变化的架头或平台,并选用柔性接头。

5.吹填土方量计算

吹填土方量按下式计算,

$$V = \frac{V_1 + \Delta V_1 + \Delta V_2}{(1-P)} \tag{2.6.7}$$

式中:V 为吹填土方量,m^3;

V_1 为包括设计预留高度的吹填土体积,m^3;

ΔV_1 为施工期由土的固结引起的增加土方量,m^3;

ΔV_2 为施工期由吹填土荷载引起的原地基下沉所增加的土方量,m^3;

P 为吹填土进入吹填区后的流失率,%。

其中,ΔV_2 可根据地基钻探资料按《港口工程地基规范 JTJ250—98》计算。ΔV_1 按不同土质取值如表 2.6.6 所示。V_1 根据地形测量和设计填土线计算。P 根据土粒径、泄水的位置和高度及距排泥管口距离、吹填面积和高度及水力条件、施工条件和经验确定。

表 2.6.6 ΔV_1 按不同土质取值 %

土 质	相对吹填厚度的百分数
砂土	5
黏土	20
砂土和黏土	10~15

【模拟试题】

1. 耙吸式挖泥船的工作原理为_____。
   A. 水力式吸扬　　B. 机械式挖掘　　C. 水力式挖掘　　D. 机械式吸扬

2. 用斗容衡量挖泥船的生产率者有_____。(多项选择)
   A. 绞吸式　　B. 耙吸式　　C. 链斗式　　D. 铲斗式

3. 绞吸式挖泥船施工方式为_____。
   A. 横挖法　　B. 纵挖法　　C. 水力式挖掘　　D. 机械式挖掘

4. 耙吸式挖泥船生产率以_____衡量。
   A. 斗容　　B. 舱容　　C. 泥泵流量　　D. 绞刀功率

5. 吹填工程的施工质量是以_____衡量。(多项选择)
   A. 标高　　B. 平整度　　C. 管线布置　　D. 排放余水含泥量

6. 在吹填工程中,以下_____符合排泥管线的布置原则。(多项选择)
   A. 避免与铁路、公路交叉　　B. 尽可能减少水上管线长度
   C. 排泥管入口应与排水口接近
   D. 挖泥船总扬程是排泥管线平面布置的依据之一

第 2 篇

港口与航道工程项目管理
（1E420000）

港口与航道工程项目管理由港口航道工程项目管理基础、工程项目招投标管理和合同管理、工程项目质量管理、工程项目进度管理、工程项目费用管理和工程项目安全管理与文明施工组成。

1 港口与航道工程项目管理基础
（1E421140）（1E421150）（1E421060）

1.1 工程项目前期工作（1E421140）

工程项目前期主要工作程序是：预可行性研究报告、项目建议书、工程可行性研究报告、初步设计。

1.1.1 项目建议书（1E421141）

1. 项目建议书编制的依据

项目建议书编制的依据是经过审批的**预可行性研究报告**。

2. 项目建议书的作用

项目建议书有如下作用：

①经过审批的项目建议书是国家选择项目和立项的依据；
②经过审批的项目建议书是开展项目前期工作（可行性研究报告等）的依据；
③项目建议书经过审批后方能开展利用外资项目的工作。

3. 项目建议书的内容

项目建议书应有以下内容：

①提出项目的必要性及依据；
②建设方案、建设规模及地点等方面的设想；
③资源情况、建设条件、协作关系的分析；
④投资估算及筹资计划；
⑤项目进度安排；
⑥经济效益和社会效益初估（进行经济评价指标计算及盈利能力和清偿能力分析）。

4. 项目建议书的审批

1）大中型限额以上项目审批程序

①报国家发展和改革委员会（发改委）；
②国家发改委抄报行业归口主管部门（交通部）进行初审，初审通过后报发改委；
③国家发改委进行综合平衡，并委托咨询单位评估后，予以审批。

2）行业归口主管部门初审的依据及初审内容

初审依据：国家长期规划要求。

初审内容：着重从资金来源、建设布局、资源合理利用、经济合理性、技术政策等方面考虑。

3）国家发展和改革委员会的综合平衡

综合平衡时，主要考虑：建设总规模、生产力总布局、资源优化配置、资金供应可能性、外部协作条件等。
4)小型限额以下项目的审批
按项目隶属关系由部门或地方发展和改革委员会审批。
项目建议书不是项目最终决策。

1.1.2 工程可行性研究报告(1E421142)

1. 可行性研究的基本概念
1)可行性研究的阶段
我国的可行性研究分为预可行性研究和工程可行性研究两个阶段。
2)可行性研究的作用
可行性研究的作用是项目立项和决策的主要依据。
3)可行性研究的任务
在充分调研和勘察、实验的基础上,对项目建设的必要性、经济合理性提出综合论证报告。
4)可行性研究的组织
组织原则如下。
①由经过资格认证、取得相应等级的勘察设计单位承担;
②建设单位与编制单位签订可行性研究工作合同;
③可行性研究报告完成后,经编制单位的行政领导、总工程师、项目负责人签章,交建设单位上报主管部门。
5)可行性研究报告的审批
审批分两步进行:
①主审单位组织预审,符合国家政策规定的通过后提交审查;
②正式审查。

2. 预可行性研究
1)预可行性研究的依据
预可行性研究的依据有二:
①国民经济及社会发展的需要;
②全国运输系统标准及港口总体布局。
2)预可行性研究的作用
经过审批的预可行性研究报告是编制"项目建议书"的依据。
3)对预可行性研究的要求
对预可行性研究应有如下要求:
①论证项目建设的必要性、技术可能性、经济合理性及建设规模;
②其主体工程应达到方案设计阶段的深度,其他工程可按综合指标估算投资。
4)预可行性研究报告的内容
预可行性研究报告应包括以下内容:
①概述(依据、对项目评价意见、问题与建议);
②建设的必要性(现有能力评估、预测吞吐量发展水平、分析能力与需求、建设规模、必要性分析等);

③建设的可能性(论证具备的基本条件,综合分析可能性);
④建设方案(总平面比选、船型选择、投资分析、推荐方案);
⑤投资估算及经济评价;
⑥问题及建议。

3. 工程可行性研究

1) 工程可行性研究的依据

批准的项目建议书和预可行性研究报告是工程可行性研究的依据。

2) 工程可行性研究的作用

工程可行性研究报告的作用有二:
①工程可行性研究报告是编报建设项目设计计划任务书的依据;
②工程可行性研究报告是确定项目是否可行的最后研究阶段及依据。

3) 对工程可行性研究的要求

对工程可行性研究有以下要求:
①主体工程应达到初步设计阶段的程度;
②投资估算与初步设计阶段的概算的差额应控制在10%以内。

4) 工程可行性研究报告的内容

工程可行性研究报告的主要内容包括:概述、现状及问题、发展预测及建设规模、自然条件、生产工艺、总平面布置及方案比选、水工建筑物、配套工程、环保及节能、外部协作条件、施工条件、投资估算及经济评价、组织管理及人员编制、综合论证及推荐方案、问题与建议。

5) 工程可行性研究报告的文件

工程可行性研究报告的文件包括:研究报告(含主要协议)、图纸、附件(主要专题报告)。

1.1.3 初步设计(1E421143)

1. 初步设计的依据

初步设计的依据是经过审批的工程可行性研究报告和国家有关的政策、法令和规范。

2. 初步设计的承担者

由经过资质认证并获得相应资质等级的设计单位承担初步设计。

3. 初步设计的原则

初步设计的原则为:
①认真进行调查、研究、勘察和实验;
②设计基础资料齐全、准确;
③坚持先进、合理、经济、安全;
④在指定的地点、时间及投资限额内,完成技术上可能、经济上合理的初步设计。

4. 初步设计文件的组成

初步设计文件的组成如下:
①设计说明书;
②主要设备及材料(规格及数量,三大材料按单项工程列出);

③工程概算(编制说明、建设工程总概算表、单项工程概算表、主要材料汇总表);
④设计图纸。

5. 初步设计说明书的内容

初步设计说明书主要内容包括:总论、自然要件、运输量和船型、总平面布置、航道与锚地及导航设施、装卸工艺、水工建筑物、陆域形成和道路与堆场、港区铁路、生产与生产辅助及生活辅助建筑物、供电与照明、控制及计算机管理、通信、给排水、采暖、通风与供热、机修、供油、消防、环境保护、职业安全卫生、节能、施工条件、施工方法、施工总体布置与进度、经济效益分析以及存在问题。

【模拟试题】

1. 国家对大中型限额以上项目建议书的审批程序规定首先应上报_____。
   A. 国务院　　　　　　　　　　　B. 行业归口主管部门
   C. 国家发展和改革委员会　　　D. 国务院建设行政主管部门

2. 项目建议书编制的依据有_____。
   A. 项目评估报告　　　　　　　　B. 可行性研究报告
   C. 预可行性研究报告　　　　　D. 经济效益和社会效益初估

3. 批准的预可行性研究是_____的依据。
   A. 初步设计　　　B. 确定立项　　　C. 项目决策　　　**D. 编制项目建议书**

4. 工程可行性投资估算与初步设计概算的差额应控制在_____以内。
   A. 5%　　　　　　**B. 10%**　　　　C. 15%　　　　　D. 20%

5. 项目建议书的作用是_____。(多项选择)
   A. 可行性研究的依据　　　　　**B. 开展项目前期工作的依据**
   C. 采购主要设备和材料的依据　　**D. 国家选择和确立项目的依据**

6. 初步设计的依据有_____(多项选择)。
   A. 技术标准、规范　　　　　　　**B. 批准的项目建议书**
   C. 批准的立项决策报告　　　　　**D. 批准的工程可行性研究报告**
   E. 国家有关政策、法令、规范

1.2　工程项目管理的国外概况(1E421150)

1.2.1　国外工程项目管理的特点(1E421151)

国外工程项目管理的特点如下:
①业主不亲自管理项目,委托咨询工程师进行项目设计、预算及施工招标并由中标的承包商(建造工程师)承担施工任务(监理机构对承包商进行监督管理);

②业主对工程建设中的问题有最终决定权；
③招投标(包括设计咨询、工程承包与分包、采购)及合同管理是项目管理的重要部分；
④严密的组织管理；
⑤严格的合同管理,有效的关系协调。

1.2.2 工程项目管理的国际惯例(1E421151)

国际工程市场已逐渐形成,为各国接受和使用,并公认具有法律效力。

1. 国际通用合同

使用国际通用的合同条件(示范文本),如 FIDIC 合同条件、ICE 合同条件、AIA 合同条件等。

2. 承建模式

不断发展出新的承建模式如下：
①设计施工一体化(交钥匙)；
②建设—营运—转让(BOT)模式(即国家项目招商引资：国家与投资方签订协议,投资方负责建造,建成后负责营运并回收投资及获利,协议期满后将其移交/转让给政府)及其派生的建设转让(BT)等系列承建模式；
③PFI/PPP 模式：与 BOT 类似,由美国提出。它是指利用私人或私营企业资金、人员、技术和管理优势向社会提供长期优质的产品和社会服务。主要用于能源交通以及其他公共工程；
④设计—采购—建造总承包(EPC)模式；
⑤总包、分包、小包的项目管理模式(分层次承包,总包进行有效协调,定时间、定标准、定奖罚)；
⑥主承包模式(分包由业主选定及签约,主包负责对分包监督管理)；
⑦伙伴关系模式,它是指参与一个项目建设的各方之间的关系,也就是以伙伴关系理念为基础,业主与参建各方在相互信任、资源共享的基础上,通过签订伙伴关系协议,做出承诺和组建工作团队,在兼顾各方利益的条件下,明确团队共同目标,建立完善的协调和沟通机制,实现合理分担风险和友好解决争议的一种项目管理模式。

3. 管理人员

精兵强将上一线,表现为：管理层人员少而精、一专多能；劳务层弹性组织结构,混合编组,一专多能。

4. 组织形式

两层分离的组织形式分为：
①管理层(项目管理)；
②作业层(劳务管理),依合同完成管理层下达的施工任务。

5. 施工方案

不断优化的施工方案之间开展竞争,充分发挥承包商的经验、优势及特长。

6. 工程监理

实行全过程的工程监督管理。

7. 合同关系

参与工程各方之间的关系是严格的合同关系。合同规定了当事人各方的责任、权利及法律关系,是各方行动的依据。

8. 企业运行机制

"现场第一"的企业运行机制,表现为:项目人员主要精力与时间用于解决现场问题;后勤供应商业化、社会化。

9. 科学管理

科学、严密的程序管理,依合同约定,各方按规定的程序、时限、规章、制度、标准、规范行动,实施项目。

10. 个人职责

强调主要经营者个人作用及责任,表现为:实行以项目为单位的经济核算制——项目独立核算;实行项目经理责任制——项目经理对项目进度、质量、安全、成本及最终经济效果负责。

1.2.3 国外工程项目管理实例(1E421151)

列举以下国外工程建设项目实例,以备参考比较。

日本大成公司:项目管理(管理层)与劳务管理(劳务层/作业层)分开,劳务由外部公司分包。该公司在承包中国云南鲁布革水电站引水工程项目中,只派出十余人组成的项目部,雇用了约500人的中国劳务(包括工人及技术人员)。

美国雷蒙·凯撒公司:现场的施工由分包商实施,公司的合同经理通过现场的工区经理负责日常合同执行的管理工作。

意大利:按总包(大型总包企业)—分包(专业中小企业)—小包(高专业化小企业)模式进行项目管理。

德国:按总包—分包模式进行项目管理。

【模拟试题】

1. 国外工程项目管理模式特点之一是业主应_____。
   A. 亲自管理项目
   B. 对工程项目的问题无最终决定权
   C. 全权委托施工承包商实施项目管理
   D. 委托咨询工程师进行项目设计、预算、施工招标

2. 国外工程分包是由业主选定分包商并与其签定承包合同,而主包对分包负责监督管理,这种项目管理模式被称为_____。
   A. 主承包模式   B. 建设转让(BT)模式
   C. 建设—营运—转让(BOT)模式   D. 总包—分包—小包的项目管理模式

3. 国家拟开发建设的工程项目,通过招商引资,由政府与投资方签订特许协议,由投资方负责组织筹资、建设、经营管理,协议期满后,投资方将它移交政府。这种建设模式称为

_____。
    A. EPC 模式   **B. BOT 模式**   C. 工程总承包   D. 设计、施工一体化

4. 业主通过项目招标,确定某企业负责承包项目的设计、采购、建造等工作,这种建设模式称为_____。
    A. **EPC 模式**   B. BOT 模式   C. 工程总分包   D. 设计施工一体化

5. 国外对于工程项目管理一般是采取两层分离的组织形式,所谓"两层"是指_____。(多项选择)
    A. 基层   B. 领导层   **C. 管理层**   **D. 作业层**

6. 国外所谓"现场第一"的运行机制,具体指的是_____。(多项选择)
    A. 业主负责现场统一指挥   **B. 后勤供应商业化、社会化**
    C. 施工企业领导层施工现场办公制度   **D. 项目人员主要精力用于解决现场问题**

7. 在项目管理原则上,国外强调主要经营者个人作用及责任,这主要体现在_____。(多项选择)
    A. 实行项目经理责任制   B. 实行项目业主负责制
    C. 实行公司经理对项目全权负责   **D. 实行以项目为单位的经济核算制**

1.3 工程项目施工监理(1E421060)

1.3.1 施工监理的依据(1E421061)

1. 施工监理的概念

由监理单位根据国家法律、法规、技术标准以及监理合同/设计文件/合同文件等的要求,在整个施工阶段(从施工招标、施工准备、施工期直至交工验收及保修期结束),遵照一定的准则,采取相应措施。对水运工程建设的质量/进度/费用进行控制,对合同和信息进行管理,并协调有关参建各方的关系。

2. 施工监理机构的条件

监理机构应具有港口与航道工程监理资质,具有法人资格,并按批准的相应资质等级承担监理业务。

3. 施工监理单位与参建各方的关系

施工监理、业主、设计单位、施工单位之间的关系如下。

施工监理与业主是委托与被委托(监理任务)的关系。

施工监理与承包方是监理与被监理的关系。

施工监理与设计单位是业务配合关系,应通过业主进行协调。

4. 施工监理的依据

施工监理依据的规范、法规和文件包括:

①《建设工程监理规范 GB/T50319—2013》；
②国家现行有关的标准和法律与法规；
③批准的设计文件；
④依法签订的监理合同和其他有关的合同文件；
⑤经业主/监理工程师审查批准的施工组织设计及其他技术文件；
⑥有关会议纪要及其他经确认的文字记载。

5. 监理的授权(1E421024)

监理工程师在甲方(业主)授权内的一切行为，视为甲方的行为。甲方委托监理单位对工程实施监理，乙方(承包方)应接受其监理。监理工程师进场前，甲方应将监理工程师的职责、权限书面通知乙方(承包方)。监理工程师可任命人员协助工作，并授权履行监理部分职责，也可撤销授权。任命、授权、撤销均应提前7天书面通知乙方(承包方)。

1.3.2 施工监理机构的职责、权利和义务(1E421062)

1. 施工监理机构的职责

施工监理机构的职责应在监理合同中规定，内容如下：
①协助招标；
②编制"监理规划"(指导监理的纲领性文件)及"监理实施细则"(指导监理工作的可操作性文件)；
③审查承包方提交的施工组织设计；
④向承包方移交工程测量控制点、线/检验承包方设置的测量控制网点；
⑤组织或参加图纸会审，参与设计交底(设计交底由业主组织)；
⑥检查施工人员、机械、材料进场情况/审查开工申请，签署开工令；
⑦主持或参加工地会议，协调工作(第一次工地会议由业主主持)；
⑧控制施工质量(检查、检验建筑材料及构配件质量/检查施工记录及报告)；
⑨及时对隐蔽工程、分项和分部工程进行检查验收和签认/进行分项工程质量评定；
⑩组织或参加质量事故调查，协助审查处理方案；
⑪检查工程进度和计划执行情况；
⑫审查工程变更引起的工程量变化；
⑬进行工程计量/审核(承包方的)支付申请；
⑭审核交工申请，组织初步验收，合格后及时向业主转报；
⑮参与合同管理/审核索赔报告/协调参建各方关系；
⑯提交施工质量评价意见及监理工作报告；
⑰协助业主审查竣工结算；
⑱审核承包方保修期内的质量问题处理方案及实施情况。

2. 施工监理机构的权利

施工监理机构有以下权利：
①在监理合同规定的范围内，有权对工程进行独立监理；
②查阅受监理工程有关文件；

③参加业主或承包方召开的有关会议;
④制止不合格的建筑材料、构配件和设备进场;
⑤拒绝计量不合格的工程或未经验收的隐蔽工程;
⑥检查工程进度在工程进度滞后时,有权要求限期整改;
⑦检查施工质量,对不符合要求的施工,有权拒绝签收和要求承包人改正,情况严重的,经业主同意,可暂停施工、调整人员,直至建议业主更换承包人。

3. 施工监理机构的义务
1)各级监理人员的行为准则
以全面履行监理合同、秉公办事、尊重业主和承包方的正当权益为行为准则。
2)施工监理机构的义务
施工监理的义务如下:
①设置或更换总监理工程师应经业主认可;
②按监理合同规定配备足够的驻现场监理人员;
③定期向业主书面报告工程质量、进度和费用情况;
④及时向承包人转达业主的要求、建议与意见;
⑤及时向业主转达承包人的要求、建议和意见;
⑥及时办理工程验收、计量、支付签认手续。

4. 监理的主要工作
1)施工招标期的工作
监理机构承担下列工作:核定工程量,编制招标文件,审查投标人资格,参与开标、评标工作,协助业主签订施工承包合同。

2)施工准备期的工作
监理机构承担下列工作:及时派出人员驻场组建监理机构;配备必要的监理设施、设备;熟悉合同文件、设计图纸,掌握有关标准及测试方法;及时向业主提交"监理规划";编制"监理实施细则";建立有关各项规章制度(质量控制、图纸会审、材料检验、工程质量验收、工程质量整改、巡视和旁站、见证取样与送检、工地会议制度等);制定有关的记录、报表、图式(包括质量、进度、费用控制、合同管理、信息管理等)。

施工准备期监理工作内容:召开第一次工地会议(第一次工地会议由业主主持,工地例会由总监理工程师主持);施工监理交底;组织或参加图纸会审,参加设计交底会;审查承包人的施工组织设计;审查承包人的质量管理体系;向承包人移交工程控制点;核验承包人的测量控制网点、基线;审查承包人的工地实验室;审查承包人的开工条件,签置开工令;审查承包人提交的材料/构配件/设备报验单。

3)施工期的工作
施工期监理工作内容如下。
①质量控制:材料、设备报验单签认,巡视与旁站,施工质量的确认,审查试验和检验的结果,检查施工记录和有关资料,组织召开现场会议,组织隐蔽工程及分部、分项工程验收。
②进度控制:检查施工进度安排的合理性,审查承包人的人员、船机、材料、设备供应计划,检查实际工程进度,与计划进度对比,发现问题,加以控制。
③费用控制:审核费用年度使用计划,签认预付款申请,工程量计量及签认中期支付,签认

工程变更支付申请,定期进行工程费用分析,制定防范索赔措施/审查索赔申请/签订索赔文件。

④合同管理:对与业主签订合同的指定分包商进行分包合同管理、工程变更管理、索赔管理、工程保险管理、调解争端。

4)竣工验收及保修期的工作

竣工验收期监理工作内容:审查预验收申请报告,对全部或部分完成的工程进行预验收;审查竣工验收或中间验收报告及有关竣工资料;对申请竣工的工程提出质量等级评价建议;审查质量保修计划;审查竣工结算;参加竣工验收会议;向业主提交监理总结报告。

保修期监理工作内容:检查工程质量,明确质量问题,指令承包人修复;审查/估算修复费用;审查承包人补充的资料;组织审查修复处理方案,分析与明确质量问题责任;检查与确认修复处理的结果;审查承包人保修终止的报告;签认保修终止证书。

【模拟试题】

1.属于竣工验收期监理的工作有_____。
　A.审查或估算修复费用　　　　　　　B.审查承包人保修终止报告
　C.**审查预验收申请报告,进行预验收**　D.检查工程质量情况,指令承包人修复

2.施工监理单位与业主是_____关系。
　A.监理与被监理　　B.业务上的配合　　C.**委托与被委托**　　D.业务上的代理

3.水运工程施工监理的依据除应遵守国家法律法规外,主要还有_____。(多项选择)
　A.监理合同　　　　　　　　　　B.项目贷款协议
　C.有关会议纪要　　　　　　　　D.施工承包合同
　E.批准的设计文件　　　　　　　F.水运工程监理规范
　G.经批准的项目建议书　　　　　H.工程项目可行性研究报告

4.在监理合同中应当规定监理机构的职责,其中包括_____等方面。(多项选择)
　A.组织设计交底　　　　　　　　B.**控制施工质量**
　C.**审查施工组织设计**　　　　　D.**查阅受监工程有关文件**
　E.有权对工程独立进行监理　　　F.**编制监理规划和监理细则**

5.施工期的监理工作有_____。(多项选择)
　A.**质量控制**　　　　　　　　　B.**合同管理**
　C.**进度控制**　　　　　　　　　D.**费用控制**

6.竣工验收期的监理工作主要有_____。(多项选择)
　A.**审查预验收申请报告**　　　　B.**审查质量保修计划**
　C.审查或估算修复费用　　　　　D.**向业主提交监理总结报告**
　E.**对申请竣工的工程提出质量等级评价的建议**

2 港口与航道工程项目招标、投标管理和合同管理（1E421010）（1E421020）

2.1 港口与航道工程项目施工招标、投标管理（1E421010）

2.1.1 施工招标条件、招标方式和招标程序（1E421011）

1. 招标条件

施工招标应具备以下条件：
①有经过审定的施工图设计/或批准的初步设计与概算；
②已基本完成或落实征地拆迁工作，能保证分年度进行连续施工的要求；
③有经主管部门检验的报建手续；
④资金来源已落实。

2. 招标方式

1）公开招标

公开招标方式是公开发布招标。适用范围是依法必须进行招标的项目：大型基础设施、公用事业等关系社会公共利益、公众安全的项目；全部或部分（占主导地位或控股）使用国有资金投资或国家融资的项目；使用国际组织或外国政府贷款、援助资金的项目。

2）邀请招标

邀请招标方式是向被邀请投标者发出邀请函。被邀请对象是3个以上具有相应资质、资信的特定法人/组织。港口与航道工程邀请招标应经过交通主管部门审批、备案。

3）非招标工程

非招标工程包括：保密工程；抢险救灾工程；特殊工程（有特殊要求的设计、特定专业或专有技术）；缓建、停建后复建的工程；扶贫资金以工代赈的工程；其他法律、法规规定的情况。

3. 招标范围

招标范围可以是工程项目、单项工程、专业工程。对主体工程不得肢解发包。

4. 招标程序

招标程序依次是：
①确定招标方式及招标范围；
②编制招标文件；
③向交通行政主管部门报审招标文件，进行审批；

④发布招标公告/或发出投标邀请函；
⑤潜在投标人的投标申请书和报送的资格审查申请文件；
⑥对潜在的投标人进行资格审查；
⑦将资格审查结果报送交通行政主管部门审批；
⑧通知投标申请人审查结果,对合格投标人发放或发售招标文件；
⑨组织投标人现场勘察,召开标前会对投标人提出的问题进行答疑（并以书面文件形式发给每个投标人）；
⑩接收投标人的投标文件；
⑪召开开标会,审查投标文件的符合性（是否符合招标文件要求）；
⑫评标,提出评标报告,确定中标人；
⑬向交通行政主管部门报送评标报告及评标结果,并进行核备；
⑭发出中标通知书；
⑮合同谈判及签订合同。

2.1.2 招标公告和招标文件(1E421012)

1. 招标公告内容

招标公告包括以下内容：
①招标人的名称、地址,取得招标文件的方式方法；
②招标的依据；
③工程概况（工程名称、地点、类别、规模、招标范围、施工工期、资金来源等）；
④招标方式、时间、地点,报送投标申请书和资格审查申请文件的起止时间；
⑤对投标人资格和资信的要求；
⑥对投标申请书和资格审查申请文件的内容要求；
⑦其他事项。

2. 招标文件内容

招标文件包括以下内容：
①投标须知（项目名称、地点、规模、工期,投标文件正副本数、投递时间、地点、方式,开标时间、地点,投标保证金或保函额度、提交与返还方式及时间等),编标时间即从发出招标文件至投标截止日不少于20天）；
②合同条件（通用条件和专用条件）；
③技术文件（标准、规范,图纸和设计说明书,工程量清单、设备清单等）；
④评标原则、标准及方法。

3. 招标文件的编制

若需对招标文件进行澄清或修改时,最少应在招标截止日前15天,书面通知潜在投标人。
若需编制标底时,应参照国家现行定额及市场参考价格计算,并控制在批准的概算之内。标底开标前严格保密。
招标人不具备自行招标能力的,应委托具有相应资源的招标代理机构代办。

2.1.3 对潜在投标人资格要求的审查(1E421013)

1. 施工招标对投标人资格审查的要求

(1)资格审查

招标人组织对潜在投标人资格的审查有资格预审和资格后审两种,前者较为常用。采用资格预审时,招标人向资格审查通过的合格者发放招标文件。**投标人**可以单独投标,也可以由两个以上的法人或组织组成一个联合体,进行联合投标。投标人应在法定的资质等级允许范围内投标承揽项目。

(2)对联合体投标的要求

由同一专业的单位组成的联合体投标时,应按各单位中资质等级低的单位确定联合体的资质等级。联合体各方均需提交资格审查申请文件。联合体成员间应签订协议,明确各方责任、义务、权利,并与投标文件一起提交招标人。中标的联合体各方应共同与招标人签订合同,向招标人承担连带责任。

2. 资格审查申请文件的内容

申请文件内容包括:
①资格审查申请书;
②投标人营业执照;
③投标人资质等级证书和资信证明(包括固定资产净值、技术人员构成、施工设备等);
④投标人经营管理状况包括近三年完成的主要施工项目情况、施工质量情况、完成同类工程的施工实绩、近三年的资产负债表与损益表、施工项目获奖情况及证明、社会信誉、正在承担的施工项目、拟承担本项目的人员与技术负责人及设备情况。如有分包项目(主体工程不允许分包),应附分包单位的有关证明资料等。

3. 无效的资格审查申请文件

有下列情况之一者为无效文件:
①未按时送达申请文件;
②申请文件上未盖公章;
③申请文件无法定代表人(或其授权代理人)签字/印鉴;
④申请文件填写不符合要求;
⑤填报的内容失实。

2.1.4 投标文件(1E421014)

1. 投标文件的主要内容

投标文件的主要内容包括:
①综合说明书(标函);
②对招标文件和条件(如投标须知、合同条件等)实质性要求的响应;
③工程总报价及分部分项工程报价(工程量清单报价),主要材料数量;
④施工工期;
⑤施工方案(主要工程施工方法、使用的主要船机设备、施工进度计划、施工总平面布置、

技术组织措施、质量与安全保证措施）；
　　⑥质量等级；
　　⑦项目负责人的基本情况。
　　2．对投标文件的要求
　　对投标文件有如下要求：
　　①应有投标单位盖章及其法定代表人（或其授权代理人）签字/印鉴,并按规定密封；
　　②投标文件应在规定的投标截止日前送达规定地点,如有补充、修改或撤回也应在此截止日前书面通知招标人；
　　③如未按规定密封,或超过投标截止日送达,招标人不予接受；
　　④投标人少于3人时,应重新招标；
　　⑤投标人报送投标文件时,可按要求另外提交建议方案供选择；
　　⑥如果要求提交投标保证金/保函,应与投交投标文件同时提交。

2.1.5　开标和评标（1E421015）

　　1．开标
　　1）开标时间
　　开标时间应在招标文件中根据招标投标法规定,在投标截止时间的同一时间进行。
　　2）开标地点
　　开标地点应在招标文件中明确规定。
　　3）开标组织
　　由招标人组织及主持,投标人的法定代表人或其授权代理人参加。
　　4）开标程序
　　开标按以下程序进行：
　　①开标时由投标人（或其推选的代表）检查投标文件密封情况/或由公证机关检查并公证；
　　②投标文件经检查确认无误后,由工作人员当众拆封,宣读投标人名称、报价等；
　　③开标过程应记录,存档备查。
　　5）废标条件
　　有下列情况之一者,作为**废标**处理：
　　①投标人的法定代表人（或其授权代理人）未参加开标会；
　　②投标人未按要求提交投标保函或保证金；
　　③投标人提交了内容不同的投标文件,且未书面说明何者有效；
　　④投标人在一份投标文件中,出现同一项目有两个或多个不同的报价；
　　⑤投标人以不正当手段从事投标活动（例如弄虚作假,借用他人资质等级等）；
　　⑥投标文件未按要求密封；
　　⑦投标文件未盖单位公章或无法定代表人（或其授权代理人）签字或印鉴；
　　⑧投标文件不符合招标文件中实质性要求（例如无施工进度计划等）。
　　开标后及发出中标通知前,招投标双方不得以任何方式改变招标文件和投标文件的实质性内容。

2. 评标

1）评标组织

招标人依法组建的**评标委员会**（评委会）应符合以下条件：

①评委会人数应在 5 人以上（《招投标法》规定）；

②评委会成员中，技术、经济等方面专家人数不少于总人数的 2/3；

③评委会成员由招标人从交通部或者省级交通行政主管部门提供的专家库内的相关专业专家名单中确定（一般项目采用随机抽取的方式；特殊项目可由招标人确定）；

④进入评委会的成员不应与投标人有利害关系；

⑤评委会成员名单应报交通行政主管部门核备，在中标结果确定前保密。

2）评标原则

评标应遵循的原则有：报价合理；方案可行，技术先进；工期合理；安全措施可行；信誉良好。

3）评标方法

适用于我国的评标方法如下：

①根据招标文件明确的评标原则、标准和方法，对各投标文件进行综合评审；

②如设置有标底时，若投标人的报价高于标底的 5% 以上，或低于标底超过 15% 者不予评审；

③可以按照"综合评分法"或"合理最低报价法"评比推荐中标人，评委会提出评标报告；

④招标人根据评委会的书面评标报告确定中标人，或由招标人授权评委会确定中标人；

⑤若评委会认为各投标文件均不符合招标文件要求，可对此次投标否决，并重新组织招标；

⑥评标工作一般应在 30 天内完成；

⑦评标期间，评委会可向投标人要求书面澄清投标文件中不明确的内容，但不应超出投标文件的范围或改变投标文件的实质性内容。

3. 中标

1）中标人条件

中标人应符合以下条件之一：

①能最大限度地满足规定的综合评价标准；

②能满足招标文件的实质性要求，评审的投标价格最低，但不低于成本价。

2）中标程序

中标程序如下：

①招标人确定中标人后 10 天内，将评标结果及评标报告报交通行政主管部门核备；

②核备 10 天后，招标人应向中标人发出中标通知书，并将评标结果通知所有投标人；

③招标人和中标人应在发出中标通知书 30 天内签订书面合同；

④对中标后拒绝签订合同（或开标后要求撤回投标书）的投标人，视为严重违约，没收其投标保函或保证金。

【模拟试题】

1. 某分离式干船坞（重力式坞墙）工程的施工招标，可针对_____的施工招标。

A. **桩基工程**　　　　B. 钢筋工程　　　　C. 浆砌石工程　　　　D. 钢筋混凝土底板

2. 招标文件中的工程量清单是_____。
A. 竣工结算的依据　　　　　　　　B. 总价承包时的工程量
C. 准确确定工程量的依据　　　　　D. **投标人计算标价之依据**

3. 大中型工程从发出招标文件到投标截止日的时间,不得少于_____天。
A. 20　　　　B. 25　　　　C. **30**　　　　D. 35

4. 如果招标文件在发出后必须修改、澄清的,经交通行政主管部门批准后,应在投标截止日前_____天书面通知所有的潜在投标人。
A. 7　　　　B. 10　　　　C. **15**　　　　D. 20

5. 当投标人少于_____个时,可以重新招标。
A. **3**　　　　B. 5　　　　C. 7　　　　D. 8

6. 编标时间从发放招标文件起至投标截止日止,不得少于_____天。
A. **20**　　　　B. 30　　　　C. 35　　　　D. 40

7. 当某几个施工单位拟组成联合体,以一个投标人的形式进行投标时的资质等级应按联合体成员单位中资质等级_____的级别作为联合体资质等级。
A. 最高　　　　B. **最低**　　　　C. 居中　　　　D. 次高

8. 当某水运工程招标设置有标底时,若投标人的报价超出标底的_____范围时,则认为是不合理报价,不予评审。
A. +5%~-10%　　B. +5%~-15%　　C. +10%~-10%　　D. +10%~-15%

9. 公开招标与邀请招标在招标程序上的主要差异表现为_____。
A. 是否进行资格审查　　　　　　B. 是否组织现场考察
C. **是否发布招标公告**　　　　　D. 是否解答投标人的质疑

10. 在评标委员会成员中,技术、经济专家人数不应少于总人数的_____。
A. 1/3　　　　B. 2/5　　　　C. **2/3**　　　　D. 3/5

11. 水运工程施工招标的范围可以是对整个项目的全部工程招标,也可是以单项工程招标,或以_____招标。
A. 单位工程　　　B. 分项工程　　　C. **专业工程**　　　D. 综合工程

12. 水运工程施工招标采取邀请招标方式时,按规定被邀请的投标人应当不少于_____。

135

A. 2个 B. 3个 C. 5个 D. 7个

13. 招标人制定出标底后,应报_____审定。
A. 监理单位
B. 设计单位
C. 交通行政主管部门
D. 管辖地的发展和改革委员会

14. 招标人在确定中标人后的_____内,应向交通行政主管部门核备。
A. 5天 B. 10天 C. 15天 D. 20天

15. 开标后,招标人应将_____退还给未中标的投标人。
A. 参加投标费用
B. 投标保函或保证金
C. 购买招标文件的费用
D. 参加编标人员的差旅费及津贴

16. 在施工招标中,若投标人方面出现下列情况中_____之一者,其投标属于废标。(多项选择)
A. 投标文件未密封
B. 投标文件逾期送达
C. 投标文件未按规定格式填写
D. 投标人法定代表人或其授权代理人未参加开标会

17. 投标人有以下行为_____之一,招标人可视为严重违约行为而没收其投标保函或保证金。(多项选择)
A. 不参加开标会
B. 中标后拒绝签订合同
C. 通过资格预审后不投标
D. 开标后要求撤回投标书

18. 进行施工招标应满足的条件包括_____。(多项选择)
A. 已选定监理单位
B. 建设资金已落实
C. 有主管部门检验的报建手续
D. 建设用地征用及拆迁工作落实
E. 有审定的施工图设计或批准的初步设计及概算

19. 我国法定的工程施工招标方式是_____。(多项选择)
A. 议标 B. 定向招标 C. 邀请招标 D. 公开招标

20. 在工程项目发包中,可采用直接委托方式的情况有_____。(多项选择)
A. 保密工程
B. 政府的公共工程
C. 抢险救灾工程
D. 限额以下的建设项目

2.2 工程项目施工合同管理(1E421020)

2.2.1 施工合同文件的组成(1E421021)

1. 施工合同文件的组成及其优先解释顺序

以下标号既为施工合同文件组成,又是优先解释顺序号:
①补充协议书、备忘录;
②合同协议书;
③合同谈判备忘录;
④合同专用条款(特殊条款);
⑤合同通用条款(一般条款);
⑥中标通知书;
⑦其他文件(标准、规范及有关技术文件,图纸,工程量清单,工程报价单或预算书)。

2. 施工合同文件优先解释顺序的概念

上述合同文件原则上应能互相解释、互相说明。但当合同文件中出现含糊不清或相互不一致时,上述各合同文件的序号就是合同的**"优先解释顺序"**。即序号大的文件的解释服从于序号小的文件的解释。如果双方不同意上述排序,可以在专用条款中约定本合同文件组成的优先解释顺序。

3. 设计文件

合同签署后14天内,**甲方**(业主)应向**乙方**(承包方)提供图纸、设计说明等文件。未经业主同意,承包方不得将设计文件提供给第三方。若合同约定承包方承担部分设计,其设计文件需将约定时间/份数交甲方批准后实施。因工程实施或修复缺陷的需要,甲方可在合同范围内提出补充设计文件,乙方应执行。

2.2.2 合同双方责任(1E421022)(1E421023)

1. 甲方责任(1E421022)

甲方承担责任如下:
①向乙方提供场地条件;
②提供水、电、交通条件;
③提供施工条件(征地红线、航行通告、抛泥许可证、码头岸线审批以及施工所需手续);
④提供技术资料(地质报告、测量基准点与控制点、组织技术交底等);
⑤任命甲方代表(合同协议书签订后7天内);
⑥支付工程款;
⑦发布工程指令;
⑧确认进度,办理各种验收、签认;
⑨竣工、验收及结算。

2. 乙方责任(1E421023)

乙方承担责任如下:

①负责施工准备；
②及时向监理工程师提交各种通知、报告、报表计划（验收通知、自检报告、竣工验收申请、事故报告、施工计划、统计报表等）；
③确保工程质量与进度；
④按合同约定，提供监理工程师所需工作与生活条件；
⑤负责工程保护和保修；
⑥任命乙方代表（项目经理），事先经甲方同意，并提前7天通知监理工程师；
⑦遵守政府法令和规章；
⑧接受工程监理；
⑨解决施工船舶临时停泊设施；
⑩采取措施防止船舶、设备、材料的沉没以及做好对沉没物品的处理。

2.2.3 施工期（1E421025）

1. 开工手续

开始施工应履行以下开工手续：
①承包方应在合同专用条款约定期限内，向监理工程师提交**开工申请报告**；
②监理工程师审查其申请，检查其准备工作，如符合要求，交甲方（业主）审查批准后，在规定期限内发布开工令；
③乙方（承包方）收到开工令后，在开工令指定的时间内开工。

2. 延期开工手续

如若延期开工，尚应履行以下手续。

1）乙方延期

乙方（承包方）因故不能按时开工时，收到开工令后3天内，应向监理工程师提出延期开工申请，否则，竣工日不顺延；监理工程师收到乙方延期开工申请后，应于3天内答复，否则视为同意申请的延期开工要求。

2）甲方延期

甲方（业主）需要延期时，书面通知乙方推迟开工期；因此造成的乙方经济损失由甲方承担；竣工日期顺延。

3. 施工工期延长

1）可以延长工期的条件

施工工期延长（工期索赔）应具备以下条件：
①设计变更、工程量增加，造成延误或施工时间加长；
②因不可抗力、地质条件变化，造成延误或时间加长；
③因业主（甲方）原因，造成乙方延误；
④由于合同专用条款约定的其他情况，造成延误。

2）要求延长工期的运作程序
①在延误事件发生后5天内，乙方提出报告；
②监理工程师收到报告后，5天内报甲方确认后答复，确定延长天数及费用；

③如未按时答复乙方,即认为甲方已同意乙方的要求。

4. 暂停施工

1)操作程序

有停工必要时,监理工程师书面指令乙方暂停施工,24小时内向乙方提出处理意见;乙方执行监理工程师的指令,落实处理意见;监理工程师发出复工令并通知乙方后,才能继续施工。

2)责任归属

因乙方原因导致停工时,由乙方承担损失,工期不予延长;因甲方原因导致停工时,乙方的损失由甲方承担,工期予以顺延。

5. 提前竣工

若甲方希望工程提前竣工,可在合同专用条款中约定奖励条件。

若在施工过程中甲方要求提前竣工,与乙方协商,签订协议;乙方修订计划,提交监理工程师;监理工程师审批经修订的计划;乙方实施批准的计划,使工程提前竣工。

6. 阶段工期

若有分阶段的工期要求,应在合同专用条款中约定。

2.2.4 合同价款与支付(1E421026)

1. 合同价款的结算与支付方式

按合同专用条款的约定,**合同价款**的结算与支付可以采取以下方式:

①按月支付,每月底结算当月已完工程款等款项;

②里程碑支付,即按约定完成预定的各施工项目(分部工程或单位工程)进行支付结算;

③完工后一次支付或按阶段分期支付。

2. 合同价款的调整

1)调整的条件

发生下列情况之一,可调整合同价款:

①监理工程师确认的经甲方批准的设计变更/或工程量增减;

②国家/地方造价部门公布价格/费用调整;

③非乙方原因造成的停水、停电、停气累计每周超过8小时,使乙方遭受损失;

④合同约定的其他增减或调整。

2)调整方法

合同价款的调整方法如图2.2.1所示。

①乙方在情况(调整条件)发生后14天内应通知监理工程师,提出发生原因及对金额的要求;

②监理工程师收到该通知后的7天内予以确认并报甲方批复;

③甲方应在监理工程师收到乙方通知后的10天内答复,否则认为已获甲方批准。

3. 预付款的支付

预付款的支付如图2.2.2所示。

1)支付

甲方按合同专用条款的约定(时间、数额)支付乙方预付款(一般在开工前7~10天);

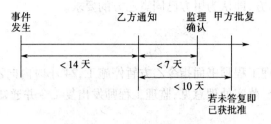

图 2.2.1　合同价款的调整

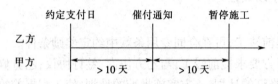

图 2.2.2　预付款的支付

2）扣还

一般按合同约定的方法，分期逐次扣还。

3）未支付的处理

乙方可在合同约定支付日 10 天后（建筑工程合同为 7 天）书面通知甲方催付；若甲方接催付通知后 10 天仍不支付，乙方可暂停施工；从约定支付日起，不支付应加付利息。

4．工程量确认

工程量确认程序如下。

①承包方按专用条款约定，向监理工程师提交已完成工程量表（随支付工程款申请）。

②监理方应于 3 天内审核签认，若 3 天内未提出异议，即为已确认；若有异议，双方核实重报（监理方核实前应通知承包方参与核实，如不通知，核查无效），若承包方拒绝参加核实，则以监理方核定结果为准。

5．工程进度款的支付

工程进度款支付按以下手续：

①按合同约定，监理工程师按确认的工程量开具支付证书；

②业主若在约定支付日后 10 天未支付，承包方可书面通知催付；

③催付 10 天后仍未支付，可放慢或暂停施工，业主应承担责任；

④在承包方同意下，业主通过协议可以延期支付。

2.2.5　设计变更（1E421027）

1．业主（甲方）要求变更

甲方要求变更设计时，按以下手续：

①甲方将变更方案交设计单位（或委托设计单位变更设计）；

②设计单位审查认可（或设计单位进行设计变更，业主认可）；

③监理工程师向乙方发出变更通知，若涉及工程规模或标准的变更，应与乙方（就工期、

费用)协商确定；

④乙方落实施工方案,经监理方认可后组织施工。

2. 承包方(乙方)要求变更

乙方要求变更设计时,应按以下手续：

①乙方向监理工程师提出书面的变更要求；

②监理方审查同意,提交甲方(业主)；

③甲方交设计单位审查同意,或进行变更设计；

④甲方批准后,交监理方发出变更通知,乙方实施；

⑤若变更原因是出于施工方便的考虑,则工期、费用损失由乙方承担；若涉及工期及费用的改变时,经甲乙双方协商一致后实施。

3. 设计原因导致的设计变更

因原设计有问题(设计有误、地质条件变化等),监理方于3天内提出处理意见；乙方取得修改的图纸后,按监理方下达的变更指令实施；工期及费用的变化由甲方承担,工期给予延长并补偿增加的费用。

4. 变更价款的确定

合同文件中有适用的价格时,按合同单价计算；合同文件中有类似情况者,以其为基础确定单价；合同文件中无适用的或类似情况的价格时,甲乙双方协商确定；也可使用合同专用条款中约定的其他方法确定价款；当甲乙双方不能就价格取得一致时,监理工程师有权确定一个价格作为执行价格。

2.2.6 竣工验收与结算(1E421028)

1. 竣工验收申请

乙方(承包方)在工程竣工具备验收条件后7天内向甲方/监理工程师申请**竣工预验收**。

2. 验收程序

竣工验收程序如图2.2.3所示。

①监理工程师进行竣工预验收(审查验收申请、就竣工工程质量及竣工资料两个方面进行预验收)；在符合规定的要求后,乙方提交正式的竣工验收申请,监理方向业主报告,建议组织竣工验收。

②业主确定验收时间,通知有关各方参加验收。

③组织各方按合同约定进行竣工验收,内容包括：对建设各环节进行审查,听取各方汇报情况(管理、设计、施工、监理)；审查竣工资料；现场检查；对工程存在的和遗留的问题提出处理意见。

④质量监督机构对工程质量评定等级。

⑤验收合格后,甲乙双方进行工程交接,竣工日期为乙方正式提交竣工验收申请报告的日期。

⑥未经竣工验收的工程,建设单位不得擅自动用,否则使用后发生严重质量问题应承担责任。

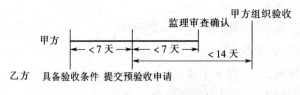

图 2.2.3 竣工验收

3. 现场清理

竣工验收合格后,乙方应按合同约定的期限清理现场并撤离。否则,应支付有关费用。

4. 竣工资料

乙方应提交的竣工资料包括:竣工图纸及资料、自我评价工程质量的报告、阶段(中间)验收及隐蔽工程验收资料、工程材料与设备检验以及试验资料、建筑物观测资料(沉降、位移等)、工程整体尺度测量报告、施工报告、竣工结算报告。

5. 竣工结算

竣工结算如图 2.2.4 所示。

①竣工验收通过后,30 天内乙方应向甲方提交结算报告。

②甲方接到乙方结算报告后 14 天内审核确认,若 14 天内未审核,即视为已被确认。

③确认后 7 天内应向乙方支付工程款,如 7 天内未支付,自第 8 天起加付拖欠款利息,并承担违约责任。

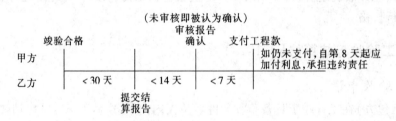

图 2.2.4 竣工结算

【模拟试题】

1. 不属于建设工程施工合同文件的组成内容的是_____。
   A. 中标通知书　　　　　　　　　B. 合同协议书
   C. 项目可行性研究报告　　　　D. 建设工程施工合同条件

2. 施工合同中一般约定,在合同签署后_____天内,甲方(业主)应向乙方提供设计图纸及设计说明书。
   A. 7 天　　　　**B. 14 天**　　　　C. 21 天　　　　D. 28 天

3. 水运工程施工合同文件范本中,下述说法中不正确的是_____。
   A. 合同是由合同条件、合同协议书等组成
   B. 通用合同条件可以根据实际情况适当修改

C. 专用合同条件,可以根据实际情况适当修改
D. 合同条件分为"通用条款"和"专用条款"两部分

4. 发包方的责任义务不包括_____。
   A. 发布开工通知　　B. 提供施工场地　　C. 及时组织验收　　**D. 办理工程中的保险**

5. 承包方的责任义务不包括_____。
   A. 及时进场　　B. 环境保护　　**C. 提交测量基准点**　　D. 提交施工组织设计

6. 水运工程施工合同文本一般约定,若乙方不能按时开工,则应在收到开工指令后的_____内,向监理工程师提出延期开工的申请。
   A. 3 天　　B. 7 天　　C. 10 天　　D. 14 天

7. 因_____的情况发生延误,一般不能给予延长工期。
   A. 甲方原因　　**B. 乙方原因**
   C. 设计变更时工程量增加　　D. 不可抗力或地质条件变化

8. 监理工程师在收到承包方提交的竣工验收申请报告后的_____内,如未对该申请进行审查确认,则应视为已被确认。
   A. 7 天　　B. 14 天　　C. 21 天　　D. 28 天

9. 由于工程变更需要重新确定价格,而甲、乙双方又不能取得一致时,_____有权确定一个价格作为执行价格。
   A. 业主　　B. 定额站　　C. 承包商　　**D. 监理工程师**

10. 水运工程施工合同中的延期开工可能出自乙方或甲方的原因。若乙方因故不能按规定时间开工时,应在收到监理的开工令后的_____内向监理方提出延期开工的申请。逾期未提出则不予顺延竣工日。
    A. 3 天　　B. 7 天　　C. 10 天　　D. 14 天

11. 发包方无正当理由,在竣工验收合格并收到承包方提交的结算报告后_____内不给予结算支付时,自次日起应向承包方支付拖欠工程款利息,并承担违约责任。
    A. 7 天　　B. 14 天　　**C. 21 天**　　D. 28 天

12. 施工合同履行时,属乙方(承包方)的义务是_____。
    A. 开通施工道路　　**B. 竣工后清理施工现场**
    C. 清理施工场地,使之具备施工条件　　D. 将水、电、通讯线路接到协议约定的地点

13. 在水运工程施工合同中,不属于甲方的责任义务的是_____。

A. 提供施工场地条件　　　　　　　B. 提供水电交通条件
C. 提供施工图纸及所需的技术　　　D. 提供监理方的工作与生活条件

14. 某建设单位在竣工验收前动用了已建成的工程项目，使用后发现了严重的质量问题，则质量责任应由_____承担。
    A. 承包单位　　　B. 设计单位　　　C. 建设单位　　　D. 监理单位

15. 在施工合同中，下列_____工作应由乙方完成。（多项选择）
    A. 土地征用和拆迁　　　　　　　B. 提供工程地质报告
    C. 临时用地占道申报批准手续　　D. 提交施工组织设计及工程进度计划
    E. 保护施工现场地下管道及邻近建筑场

16. 施工分包合同的当事人是_____。（多项选择）
    A. 建设单位　　　B. 承包单位　　　C. 监理单位　　　D. 设计单位
    E. 分包单位

17. 在施工合同中由于_____造成工期延误，经甲方代表或监理工程师确认，竣工日期可以顺延。（多项选择）
    A. 发生不可抗力　　　　　　　　B. 工程量变化和设计变更
    C. 雨季降雨天数超出预计的天数　D. 乙方采购的建筑材料未能及时进场
    E. 一周内非乙方原因停电、停水、停气等造成停工累计超过8小时

18. 工程款包括的付款内容有_____。（多项选择）
    A. 预付款　　B. 赔偿金　　C. 工程进度款　　D. 违约应付款
    E. 竣工结算款　　F. 保留金（保修扣留金）

19. 合同中有关延期开工的正确规定包括_____。（多项选择）
    A. 监理工程师书面通知承包方推迟开工日期
    B. 上报国务院建设行政主管部门并批准
    C. 承包商书面通知监理工程师申请延期开工
    D. 承包方申请延期开工，经监理方批准报业主同意

20. 水运工程施工合同文件中包括_____。（多项选择）
    A. 中标通知书　　B. 工程量清单　　C. 合同协议书
    D. 通用条款　　　E. 专用条款
    F. 图纸及技术说明书　G. 补充协议及备忘录

2.3 工程项目施工合同担保(1E421040)

2.3.1 工程项目施工合同担保(1E421041)

1. 工程项目施工合同担保的概念

工程项目**施工合同担保**属于工程保障机制,是合同履约风险管理的有效手段。其目的是为了保证合同中债务的履行,确保债权的实现。

工程项目施工合同担保的种类包括:投标担保、履约担保、预付款担保、保修担保、质量担保、业主支付担保等。

2. 担保的方式

1)经济合同担保

根据我国担保法,经济合同担保方式有:定金、保证、抵押、质押、留置等五种形式。

2)银行保函

由被担保人向银行申办一定款额的担保,由银行开具保函,并收取一定费用。当被担保人不能履约时,担保人将承担违约的担保责任,负责赔偿。履约完成后,保函的担保作用消失,保证金退还。

银行保函可分为无条件保函和有条件保函两种:

①有条件保函——指当事人未履约时,发包人(或工程师)需要出具证明说明情况,担保人鉴定并确认后,才能兑付银行保函款给发包人。建筑业倾向采用此种保函;

②无条件保函——指当事人不履约时,发包人不需出具任何证明,即可对银行保函收兑。

3)担保人出具保证书

担保人出具保证书可以是如下方式:向被担保人提供援助(资金或技术);担保人代替被担保人承担义务及相应权利;担保人按合同约定对债权人给以损失赔偿。

2.3.2 履约担保(1E421041)

1. 目的及作用

履约担保是保证合同当事人按合同约定履行合同义务,如果被担保人违约而不承担违约责任,或不履行本人(被担保人)与受益人之间的合同而发生违约事件时,在规定的金额限度内,向受益人付款或由其安排履行合同。

2. 有效期

有效期通常指截止到被担保方(例如承包商)完成工程施工或缺陷修复之日止的一段时间。有效期一般比合同工期略长;若工期拖延,则协商延长有效期。

3. 履约担保的提交时间

在签署合同协议书时,应连同履约担保(保函)一起提交业主。

4. 担保金额

担保金额一般为合同额的10%,或另行规定的一定数额。

5. 履约担保的退还

全面竣工并验收合格后退还履约担保金。

6. 没收担保的条件

在下列情况下业主有权要求银行支付担保的金额：

被担保人（承包商）中途毁约；任意中止供货；被担保人破产或倒闭；严重拖延工期；质量不合格，而且不承担或无力承担重修责任。

被担保人应注意防止受益人（债权人）无故提取保证金。

2.3.3 预付款担保（1E421041）

1. 目的及作用

预付款担保用于担保承包商按合同约定偿还业主支付的预付款。防止承包商中途毁约、中止合同，从而无法从工程款中扣还预付款。

2. 担保金额

与预付款款额等值，且随着预付款逐步扣还余额减少，而逐渐减少担保额。

3. 预付款扣还

在承包商获得支付工程款累计达到合同约定的某一数额后开始起扣预付款，将其扣至合同约定的终止扣还期为止。在此期间逐月从支付工程款中平均等额扣还预付款。

2.3.4 保修担保（维修保函）（1E421041）

1. 作用

保修担保用于确保在工程竣工后的工程保修期内，承包商承担应负的保修责任。

2. 担保金额

由合同约定（通常为合同额的2.5%左右）。

3. 有效期

与保修期长短相同，即从保修期开始日（竣工验收合格后确认的竣工日）起，至保修期最后一项保修项目完成验收合格日止。

4. 退还担保

在保修期结束并未发生工程缺陷，或承包人已履行"保修责任"的情况下，监理工程师签发"解除保修证书"后，退还保修保函。

【模拟试题】

1. 当以定金作为设计合同的担保方式时，定金_____有约束力。

A. 仅对委托人　　　　　　　　**B. 双当事人双方均**

C. 仅对提供担保的第三方　　　D. 仅对接受定金的设计单位

2. 经济合同担保常采用定金、保证、抵押、质押和留置权五种形式。下列说法正确的是_____。

A. 预付款是定金形式之一

B. 留置物的所有人必须是债务人

C. 保证人可以是合同当事人一方或第三方

D. 抵押人可以是合同当事人一方,也可以是第三方

3. 我国建设工程合同规定,甲方违反合同,不能支付工程款时,乙方可以留置部分或全部工程,该留置工程的保护费用由_____承担。
   A. 甲方
   B. 乙方
   C. 甲乙双方
   D. 出租或变卖部分工程

4. 按照担保法的规定,只能由第三方出面担保的方式是_____。
   A. 保证   B. 定金   C. 留置   D. 抵押或质押

5. 按照担保法的规定,可以当事人本人或由第三方作出担保的方式是_____。
   A. 保证   B. 定金   C. 留置   D. 抵押或质押

6. _____不能成为经济合同的保证人。
   A. 学校   B. 商业银行   C. 建筑企业   D. 保险公司

7. 我国《担保法》规定,采用抵押担保时,其抵押物应当是_____。
   A. 货币
   B. 交付动产
   C. 交付不动产
   D. 只交付不动产的法律文书

8. 质押担保一般是指权利质押,主要包括_____。(多项选择)
   A. 机器设备   B. 房屋及构筑物   C. 依法可以质押的其他权利
   D. 依法可以转让的股份、股票   E. 汇票、支票、本票、债券、存款单、仓单、提单
   F. 依法可以转让的商标专用权、专利权、著作权中的财产权

9. 属于履行合同的担保方式有_____。(多项选择)
   A. 定金   B. 留置   C. 违约金   D. 投标保函
   E. 资产抵押

10. 当事人行使置留权的合同有_____。(多项选择)
    A. 买卖合同   B. 技术合同   C. 运输合同   D. 委托合同
    E. 仓储合同

11. 可以第三方出面替当事人担保的方式有_____。(多项选择)
    A. 保证   B. 抵押   C. 质押   D. 留置   E. 定金

12. 只能当事人本人作出担保的方式有_____。(多项选择)
    A. 保证   B. 抵押   C. 质押   D. 留置   E. 定金

2.4 合同争议(1E422080)

2.4.1 合同争议的产生原因及争议范围(1E422081)

1. 合同争议的产生原因

1)合同出现违约事件

纵向方面:涉及地质勘察、测量、波浪潮汐、物资供应、现场施工、竣工验收、缺陷责任及修复等各过程。横向方面:涉及劳务、进度、监理、计量、支付等方面。

2)客观环境条件、法律法规、经济政策的变化

原合同条件在权利、义务方面表述不周全或不足,各方理解不一致。

2. 合同争议的范围

合同争议的范围如下:

①对合同的是否成立、内容解释、履行、违约责任、变更、中止、转让、解除、终止等产生争议;

②对监理工程师的意见、指示、决定、证书、估价有不同意见产生的争议;

③索赔方面的争议。

3. 解决方式

解决方式有三种:调解(由合同约定的机构、人员进行)、仲裁(合同约定,当事人申请)、起诉(合同约定向有管辖权的法院提出)。

2.4.2 合同争议的处理程序(1E422081)

合同争议的处理按以下程序。

1. 协调

由监理工程师进行协调。

2. 行政调解

请工程所在地合同管理机构进行行政调解。

3. 仲裁

按合同中约定的方式,由仲裁机构裁定。

2.4.3 合同争议的解决方法(1E422081)

1. 协调(协商)

通常由总监理工程师进行**协调**,有法律性争议时,应向法律专家咨询后决定。

1)协调的特点

协调的特点是决定快、经济、大部分争议能得以解决。

2)协调的程序

协调的程序如下:

①当事人一方向总监提交书面报告(副本交对方当事人),总监核实、取证;

②总监进行分析、评价,确定双方各自责任(以法律、法规、合同等为依据);

③总监分别听取各方意见,摆事实,反复劝解、协调;
④总监作出决定(FIDIC 要求在收到争议书后 48 小时内作出决定)。

2. 行政调解

1)行政调解的特点

行政调解由行政机关(管理合同的工商行政管理部门)进行;以《合同争议行政调解办法》为依据。

2)行政调解的原则

行政调解的原则是自愿、公平、合理、合法、不公开。

3)行政调解的程序

调解按以下程序进行。

①当事人递交合同争议调解书及有关材料(证据、法定文件等)。
②调解机关决定是否受理。受理条件是:当事人自愿;申请人是利害关系当事人。
③调解机关指定调解员(1~2 人),进行劝导,促成谅解和达成协议。
④调解成立,双方签订协议或新合同。

3. 仲裁

1)仲裁的特点

仲裁有如下特点:
①仲裁是由合同约定的仲裁机构对当事人争议进行调解或裁定;
②仲裁是国际通行的重要法律制度;
③我国实行"或裁或诉"的制度,FIDIC 合同条件中以仲裁解决争议为最终手段和途径。

2)仲裁的原则

仲裁的原则如下:
①自愿;
②以事实为依据;
③以法律为准绳;
④公平合理;
⑤独立仲裁;
⑥一裁终局。

3)仲裁的程序

仲裁按以下程序进行。

①申请与受理:由当事人向合同约定的仲裁机构提出申请;仲裁委员会审查符合条件予以受理。
②组织仲裁庭:一般由 3 人组成,当事人各选 1 名,双方共同选定 1 人或委托仲裁委员会主席选定 1 人。与当事人有关者应回避。
③开庭与裁决:不公开开庭。裁决书自做出之日起即发生法律效力。

4. 诉讼

1)诉讼的要求

有关**诉讼**条款应在合同专用条款中明确。

①在哪个地方(国家)的法院进行诉讼活动——建筑工程一般适用"不动产所在地"专属管辖权,即工程所在地的法院,我国一般由工程所在地中级人民法院受理。

②适用的法律——国际工程应明确适用哪国的法律。

2)诉讼的条件

诉讼条件有二:

①在合同中未约定仲裁条款;

②事后未达成仲裁协议。

3)审判的程序

审判按以下程序进行:

①起诉与受理;

②诉讼保全——法院根据当事人申请可采取诉讼保全或诉前保全,以利于裁决的执行;

诉讼保全可以是:冻结、划拨被执行人的财产与存款等,查封与扣押,强制履行一定的行为等;

③调查和收集证据;

④调解、审判和判决;

⑤执行。

【模拟试题】

1. 建设工程施工合同中约定有仲裁条款,在发生争议后,合同当事人一方不同意仲裁,这时应采取_____解决争议。

　　A. 诉讼　　　　　B. 仲裁　　　　　C. 调解　　　　　D. 仲裁或诉讼

2. 解决合同争议应当由_____申请仲裁。

　　A. 甲方　　　　　B. 乙方　　　　　C. 甲乙任何一方　　D. 甲乙双方共同

3. 采取解决合同争议的方式中,下列中的_____不应属于解决合同争议的方式。

　　A. 协调　　　　　B. 仲裁　　　　　C. 法律诉讼　　　　D. 合同管理机构调解

　　E. 上级行政主管部门裁决

4. 仲裁庭的成员一般由_____组成。

　　A. 3 人　　　　　B. 5 人　　　　　C. 7 人　　　　　D. 9 人

5. 某合同当事人双方已约定仲裁条款,则当事人双方发生争议后可采用_____方式解决纠纷。(多项选择)

　　A. 协商　　　　　B. 诉讼　　　　　C. 仲裁　　　　　D. 监理工程师调解

　　E. 第三方调解　　F. 人民法院调解

6. 仲裁协议包括如下内容_____。(多项选择)

　　A. 仲裁事项　　　　　　　　　　　B. 争议调解人

C. 所选的仲裁委员会 D. 双方争议的解决方式
E. 不向法院起诉的承诺 F. 请求仲裁的意思表示

[案例]

背景资料 某港口码头工程,在签订施工合同前,业主即委托某监理公司协助业主完善和签订施工合同,并进行施工监理:监理工程师审查了业主(甲方)和施工单位(乙方)草拟的施工合同条款,有以下一些条款引起其注意。

①甲方向乙方提供有关的技术资料(包括施工现场的工程地质和地下主要管网线路资料等),供乙方使用参考。

②甲方应按约定时间(×年×月×日前)向乙方提供临时停泊设施。如延误提供,每日应补偿乙方损失×万元。

③乙方应在开工后不迟于10天内向业主及监理工程师提交施工组织设计。监理工程师应对施工组织进行审批或提出修改意见。乙方按批准的施工组织设计组织施工,乙方不承担因此引起的工期延误和费用增加的责任。

④乙方不得转包工程,但允许分包部分工程,分包单位也可将分包的工程再分包。

⑤下列文件构成本合同不可分割的整体,各文件互相补充,若有不明确或不一致之处,以下列次序在先者为准:

a. 合同通用条款;b. 合同专用条款;c. 合同协议书;d. 双方商定的补充协议或合同期内双方签署的备忘录;e. 中标通知书、投标书和招标书;f. 双方签署的合同谈判备忘录;g. 与本合同有关的其他文件。

问题

1. 请指出上述合同条款中的不妥之处,并提示如何改正。
2. 对合同文件的组成和解释顺序不妥之处予以改正。

参考答案

1. 对不妥之处改正如下。

①甲方向乙方提供有关技术资料供乙方使用,甲方对其提供的资料的真实性负责,乙方对上述资料的理解和应用负责。

②乙方应自行解决施工船舶临时停泊设施,并按有关部门批准的位置和方式停放。

③乙方应在工程开工之前,将经企业法人代表签发批准的施工组织设计报送业主和监理单位。所报送的施工组织设计,经监理工程师审核确认后才能正式批准开工。乙方应按批准的施工组织设计组织施工,在监理工程师的审核确认中,不免除承包方(乙方)应承担的责任。

④原条款中分包单位也可将分包的工程再分包违反我国《建筑法》的规定。应改为:禁止将工程分包给不具备相应资质条件的单位。禁止分包单位将其承包的工程再分包。

2. 合同文件各组成部分所排列的解释顺序不妥。应改为如下顺序:

d—c—f—b—a—e—g

3 港口与航道工程项目质量管理 (1E421050)(1E421130)(1E422050)

3.1 工程项目质量监督(1E421050)

3.1.1 质量监督机构(1E421051)

1. 质量监督机构的性质和层次

1)质量监督机构的性质

质量监督属政府监督性质。水运工程政府监督的执行者是国家和各级地方政府交通建设主管部门及所属质量监督站。

2)质量监督机构

质量监督机构有如下三级：

①交通部基建质量监督总站（受交通部委托执行质量监督）；

②交通部派出机构设立的质量监督站；

③地方质量监督机构。

2. 交通部基建质量监督总站的职责

质量监督总站的职责如下。

①执行国家的工程质量管理的法律、法规、规章和强制性技术标准。

②资质管理方面——对质监站及质监人员的资质,进行考核、发证及业务指导;对港口与航道工程质监工作,进行监督管理及对监理单位和监理工程师的资质管理;对港口与航道工程试验、检测、仪器设备计量检定的机构及人员,进行资质管理及计量认证;对质监、监理、试验检测人员,负责培训管理。

③工程质量管理和监督检查工作方面——监督参建单位的质量保证体系;对国家及部属重点工程项目,进行质量鉴督、检查,组织质量鉴定;组织或参与国家或部级优质工程审核;参与竣工验收。

④受理港口与航道工程质量控制与检查,参与重大质量事故的调查和处理。

⑤其他方面——发布港口与航道工程质量的动态信息,承担交通部委托的其他事项。

3. 交通部派出机构设立的质量监督站的职责

派出机构设立的质量监督站的职责包括以下方面。

①执行国家的工程质量法律、法规、技术标准。

②辖区内的有关资质管理工作——承担对工程监督单位及其工程师资质的管理;负责对

工程试验检测机构及其人员资质的管理;检查参建人员资质。

③工程质量监督检查——组织水运工程质量监督检查;对工程材料、中间产品和设备的质量监督检查;负责已完工程质量鉴定;负责已竣工验收工程的质量评定。

④质量事故处理——组织或参与工程质量事故调查处理,并督促整改落实;受理质量缺陷和事故的投诉与检举。

⑤参与优质工程评审。

4.地方质量监督机构的职责

地方质量监督机构的职责如下。

①贯彻执行国家及上级主管部门有关方针、政策、法规,制定本地区水运工程监理和质量监督实施办法与细则。

②指导与管理本地区的水运工程监理工作及质量监督工作,监督检查现场监理机构、施工单位的质量保证体系,规划、管理工程监理、质量监督。

③资质管理工作——负责下级质监站及其人员的考核、发证工作,参加交通主管部门组织的申报监理单位和监理工程师资格报告的审查,组织小型、专项监理工程师资质考核工作,参与对投标单位的资质审查,组织本地区、部门的质量监督、监理工作经验交流、业务培训等。

④工程监督与检查工作——对未实行监理的工程项目《开工报告》审查,参加重大工程项目的设计文件审查和设计交底工作,负责完工工程质量鉴定和等级核定,组织竣工验收中的质量评定工作;组织工程质量检查,定期发布质量动态,参与本地区优秀的勘察、设计及优质工程的评审,负责对申报优质工程的项目质量鉴定。

⑤组织、参与一般工程质量事故的调查处理,督促事故上报及检查事故处理方案的执行情况。

⑥组织本地区本部门质量监督工作、工程监理工作经验交流及人员培训。

3.1.2 质量监督的内容(1E421052)

质量监督的内容如下:
①监督各参建单位和人员的资质;
②监督各参建单位执行国家/行业强制性标准;
③监督各参建单位的工程质量保证体系及运行;
④监督工程项目试验检测工作的规范性、准确性、客观性;
⑤监督工程使用的材料、中间产品、设备及施工工艺质量;
⑥监督工程实体质量,鉴定与评定工程质量;
⑦对工程质量缺陷及质量事故进行调查处理;
⑧对工程质量档案资料的完整性、规范性、客观性实施监督。

3.1.3 质量监督程序(1E421053)

港口与航道工程质量监督的实施一般由交通部门或其委托的质量监督机构进行。并按以下程序进行:建设单位申请质量监督、质量监督机构核实与受理监督、实施监督、单位工程完工后的质量鉴定、竣工验收前的质量核查、竣工验收监督及工程质量认证、工程质量鉴定与评定、对质量事故监督处理。

1. 申请质量监督

建设单位应在办理施工许可证或开工报告审批前向交通主管部门或质量督机构提交《水运工程质量监督申请书》，办理有关本工程质量监督手续。

按规定时间分阶段提交下列文件：初步设计批复文件；招标文件及有关合同的副本；各参建单位的资质、资信证明材料；各参建单位有关人员的名单及资格证书；施工组织设计、施工质量自检程序及施工工地试验室装备清单，监理规划、监理程序及监理工地试验室装备清单；工程质量自评以及有关工程竣工验收质量的资料；国家规定的其他应提供的资料。

未办理工程质量监督手续的不得批准开工。

2. 核实与受理

质量监督机构收到申请后15天内，对文件、资料及现场进行核实；确定监督计划及人员；向各参建单位送发《质量监督通知书》。

3. 实施质量监督

项目开工后，按质量监督通知书及以下规定实施监督。

①检查工程现场的监理程序和监理质量；

②抽查影响使用功能及安全性能的主体工程、基础工程及其他重要部位、部件、工序；

③检查工地试验室及仪器设备、检测方法等；

④检查国家规定的其他应检内容；

⑤在质量监督实施中发现质量缺陷时，及时向建设单位发送《工程质量监督意见书》，建设单位应按意见书的要求，采取措施改进质量、消除隐患。

4. 质量鉴定

单位工程完成后，应对其进行质量鉴定，鉴定合格后签发《水运工程质量鉴定书》；未经鉴定或鉴定不合格的工程，不能进行竣工验收。对工期长、结构复杂的单位工程，可分阶段鉴定。进行工程质量鉴定或评定时，应做好以下工作，并对出具的鉴定、评定和监督报告的客观性、公正性负责：审查参建单位提供的有关资料（质量保证、质量检查及质量自评等方面的资料）；抽查与检验工程实体质量。

5. 竣工验收的质量监督

竣工验收前，应全面核查工程质量，提出《工程质量监督报告》，送建设单位及有关单位，建设单位应按监督报告中提出的整改意见，进行整改，并在规定时间内报告其整改情况；竣工验收后，签发《水运工程质量证书》。

6. 工程的鉴定、评定及质量监督报告的运作

进行工程质量鉴定和评定时，应做好以下工作：审查参建单位提供的有关质量保证、质量检查及质量自评等资料；抽查与检验工程实体质量。

出具鉴定、评定及质量监督报告者应对所出具的文件的客观性、公正性负责。

对鉴定、评定和质量监督报告的复核：若有关单位或个人对出具的鉴定、评定或监督报告有异议，可在收到上述文件后的30天内向提出上述文件的交通主管部门或其委托的质量监督机构申请复核；收到复核申请后30日内应作出复核决定，并通知有关单位；若复核后认为原质量鉴定（评定或监督报告）不适当，应予变更或撤销。

7. 对质量事故处理的监督

发生质量事故后,有关部门应在 24 小时内向当地交通主管部门或其委托的质量监督机构报告。收到质量事故报告后,应督促有关单位保护现场,采取措施防止损失扩大,并初步判定事故性质,及时报告上级交通主管部门。参与质量事故调查,调查程序按有关规定执行。质监人员进入工地等有关场所进行调查时,应出示《交通行政执法证》。

8. 文件式样

所使用的有关文书、证书等应符合交通部规定的统一样式。

3.1.4 对违反质量监督规定的处罚(1E421054)

对违反质量监督规定的处罚条款如下。

①建设单位未按规定办理质量监督手续的由交通主管部门或委托的质监机构按《质量管理条例》责令改正,并处以 20 万元以上 50 万元以下的罚款。

②行政处罚程序按交通部《交通行政处罚程序规定》执行。

③质监机构不按规定履行职责、发生重大质量事故的酌情给予通报批评,责令整改。

④质监人员玩忽职守、滥用职权、徇私舞弊构成犯罪的,依法追究其刑事责任;未构成犯罪者给予行政处分。

【模拟试题】

1. 水运工程质量监督机构属于_____性质。

A. 政府监督　　　　　　　　　　　B. 接受委托的技术服务

C. 独立于政府与工程参建者间的第三方　　D. 独立的工程咨询服务

2. 在下列各项工作中,不属于水运工程质量监督内容的是_____。

A. 监督各参建单位和人员的资质

B. 监督各参建单位的质量保证体系运行

C. 监督与审批建设单位的招标工作

D. 监督工程项目的试验、检测工作的规范性、准确性、客观性

3. 水运工程质量监督的实施,一般是由_____进行的。

A. 交通主管部门

B. 质量监督机构

C. 交通主管部门或其委托的质监机构

D. 水运工程监理机构

4. 建设单位应在_____前向交通主管部门或质量监督机构提交《水运工程质量监督申请书》并办理有关手续。

A. 工程项目开工　　**B. 办理施工许可证**　　C. 施工招标　　　　D. 设计招标

5. 质量监督机构在收到建设单位的《水运工程质量监督申请书》后的_____内,应对有关

文件资料及施工现场进行核实,确定监督计划及送发《质量监督通知书》。
  A. 5 天   B. 10 天   C. 15 天   D. 20 天

  6. 当有关单位或个人对质量监督机构所出具的质量鉴定、评定或监督报告等文件有异议时,可在收到上述文件后的_____内提出申请复核。
  A. 15 天   B. 20 天   C. 25 天   D. 30 天

  7. 水运工程质量监督机构可分为_____等几个层次。(多项选择)
  A. 交通部派出机构设立的质监站 B. 交通部基建质量监督总站
  C. 交通部所属工程项目的质监站 D. 地方水运工程质量监督机构

  8. 交通部质量监督总站的职责包括_____。(多项选择)
  A. 检查参建人员的资质
  B. 对水运工程建筑企业的资质管理
  C. 对质监站及质监人员的资质管理
  D. 组织或参与国家或部级优质工程的审核
  E. 执行国家的工程质量管理的法律、法规和强制性技术标准
  F. 对国家及部属重点工程项目进行质量监督和组织质量鉴定

  9. 交通部派出机构设立的质量监督站的主要职责有_____。(多项选择)
  A. 检查辖区内参建人员资质
  B. 组织或参与国家或部级优质工程的审核
  C. 对工程材料、中间产品及设备的质量进行监督检查
  D. 负责已完工程的质量鉴定及已竣工验收工程的质量评定
  E. 对国家及部属重点工程项目进行质量监督和组织质量鉴定

3.2 港口与航道工程施工企业资质管理(1E421130)

3.2.1 施工企业总承包资质等级划分及承包工程范围(1E421131)

  施工企业总承包资质等级划分为特级、一级和二级。
  特级:可承担各类港航工程施工。
  一级:可承担单项合同不超过其资本金 5 倍的各类港航工程施工(5 000 万元≤企业注册资本金<3 亿元)。
  二级:可承担单项合同不超过其资本金 5 倍的各类港航工程(见表 3.2.1)施工(2 000 万元≤企业注册资本金<5 000 万元)。

表 3.2.1 二级企业总承包工程范围

工程项目		码头	防波堤	航道工程	船坞、船台、滑道	船闸	升船机	疏浚及吹填工程	港区堆场	围堤护岸	清礁
规模	沿海	<3 万吨级	水深<6m	<5 万吨级	<5 万吨级	<1 000 吨级	<300 t	<600 万 m³	<16 万 m³	<1 200 万 m	<4 万 m³
	内河	<5 000 吨级		<1 000 吨级							

3.2.2 施工企业专业承包资质等级划分及承包工程范围(1E421132)

施工企业专业承包资质等级划分为一级、二级和三级。

一级:可承担各类港航工程施工(企业注册资本金≥4 000 万元);但与特级总承包企业相比,一级专业承包企业不包括港口装卸设备安装、河海航道整治、渠化工程、疏浚与吹填造地、水下开挖与清障、水下炸礁等。

二级:可承担单项合同额不超过企业注册资本金(≥2 000 万元)5 倍的各类港航工程的施工(见表3.2.2)。

三级:可承担单项合同额不超过企业注册资本金(≥500 万元)5 倍的各类港航工程施工(见表3.2.2)。

表 3.2.2 专业企业承包工程范围

工程项目		码头		防波堤	船坞、船台及滑道工程	围堤护岸工程	备注
		沿海	内河				
规模	二级	3 万吨级	5 000 吨级	水深<6m	<5 万吨级	≤1 200 m	相应的堆场、道路、陆域构筑物、水下地基与基础、土石方、航标与警戒标志、栈桥、海岸与近海工程等
	三极	1 万吨级	3 000 吨级	水深<4m	<1 万吨级	≤600m	

【模拟试题】

1.港口与航道工程施工企业总承包的资质等级可划分为_____。
A.一、二、三级   B.**特、一、二级**   C.甲、乙、丙级   D.特、一、二、三、四级

2.某海港口工程招标,该工程的某专业单项合同额为 8 000 万元,则该工程可允许资质等级为_____的施工专业承包企业投标。
A.**一级**   B.二级   C.三级   D.一级或二级

3.某海港工程项目招标,该工程项目包括万吨级码头 6 个泊位,水深 5 m 的防波堤 800m,则该工程要求投标者资质等级至少要达到_____的水平。
A.二级施工总承包企业   B.二级专业施工承包企业
C.**三级专业施工承包企业**   D.一级专业施工承包企业

4.某二级施工总承包企业拟定下年度经营计划时,从已获得的信息中获知如下一部分工

程项目为准备投资建设和进行招标的项目。作为第一步,该企业总经理从这些项目中,找出了工程项目_____是本企业有资格投标、承包的项目。(多项选择)

A. 500万 m^3 疏浚工程 B. 10万吨级的航道工程
C. 水深5.5m的防波堤工程 D. 4泊位万吨级海港码头工程
E. 单项合同额约为3.5亿元的某工程

5. 某三级施工专业承包企业,可以参加以下工程投标,但由于其资质等级不够,而被否定其投标资格的工程有_____(多项选择)。

A. 4泊位万吨级海港码头 B. 水深5m的某防波堤工程
C. 1 000吨级的某船闸工程 D. 5 000吨级的某河码头工程
E. 单项合同额为3 000万元的某工程项目

3.3 港口与航道工程质量检验评定(1E422050)

3.3.1 港口工程质量检验对工程的划分(1E422051)

1.《港口工程质量检验评定标准 JTJ221—98》的规定
1)分项工程
按建筑施工的主要工序(工种)划分。
2)分部工程
按建筑物的主要部位及用途划分。
3)单位工程
按工程的使用功能、结构形式、施工和竣工验收的独立性划分。其中:
①码头工程按泊位划分;
②防波堤工程按结构形式和施工及验收分期划分(量大、工期长的同型结构者可按每千米划分);
③船台、滑道可划分为单位工程;
④栈桥、引堤、独立护岸和防汛墙均可独立划分为单位工程(量大、工期长的同类型者可按每千米长度划分为若干单位工程);
⑤港区内道路为一个单位工程;
⑥工程较小的附属引桥、引堤、护岸及码头过渡段等可各作为一个独立的分部工程,参加其所在的单位工程评定;
⑦港区堆场工程按结构形式和施工及验收的分期划分为单位工程。
开工前施工企业应对工程项目进行逐层分析,明确划分单位工程、分部工程及分项工程,经建设单位和质量监督站同意后,据此进行质量等级的评定。

2.《港口工程质量检验评定标准 JTJ221—98》的条文说明
①工序是工程项目施工的最基本单元,工程质量优劣取决于工序质量的水平。为便于控制、检查与评定各工序质量,与国家标准一样将工序称为分项工程。分项工程质量是整个工程质量的基础。
②港口工程的多数工序为单一作业(如打桩、绑扎钢筋),所以多数按工种划分分项工程,

但也有些分项工程是由几个工种配合施工(如地基预压)。

③港口工程的分部工程数量随结构而异,例如,码头工程分为基础、墙身结构(桩基、墩台等)、上部结构、挡土结构与回填、轨道安装、码头设施等6个分部工程。斜坡式防波堤分为基础、堤身、护面等3个分部工程。

④单位工程竣工交付使用前,要对整个建筑物进行综合评价,以保证其使用功能。

港口工程规模大、工期长,为便于评定工程质量和验收,《标准》规定按工程使用功能、结构形式、施工及竣工验收的独立性划分单位工程,并作出具体的7项规定。

⑤施工单位在施工前,应根据《标准》的原则规定及工程实际情况,编制单位工程的分项、分部工程检验评定计划表,经建设单位(或监理单位)及质监站同意后,据此进行质量检验评定。

3.3.2 港口工程质量等级标准及质量评定工作的程序和组织(1E422052)

1. 工程质量等级标准

工程质量均分为"合格"与"优良"两个等级。

1)分项工程等级标准

(1)合格标准

主要项目全部符合标准的规定;一般项目基本符合标准的规定;允许偏差项目的测点值至少有70%在允许偏差范围内,其余的则不影响正常使用。

(2)优良标准

主要项目和一般项目全部符合标准的相应规定;允许偏差项目的测点值中至少有90%在允许偏差范围内,其余的不影响正常使用。

需要综合评定的分项工程(混凝土、钢筋混凝土、钢结构等)按图纸划分单元,进行全检或抽检。按单元(件、块、段、根等)检验并计算优良率。评定标准为优良:全部合格,其中优良率≥60%;合格:全部合格,其优良率<60%。

分项工程不合格时,必须返工重做后,重新评级。分项工程中某部位/构件经加固、补强后能达到设计要求者,可定为质量合格,但若其数量≥本分项工程总量5%时,该分项工程不得评优。

若某项技术指标由于某种原因无法判断质量时,由法定检测单位鉴定。鉴定认为能达到设计要求,该分项工程为合格;达不到设计要求,但设计单位签认能满足结构安全及使用功能时,可评合格,但其所在的分部工程不能评优。

2)分部工程等级标准

(1)合格标准

所含分项工程全部合格。

(2)优良标准

所含各分项工程全部合格,其中优良分项工程≥50%。

3)单位工程等级标准

(1)合格标准

所含各分部工程全部合格;质量检验资料基本齐全;观感质量评分的得分率≥70%。

(2)优良标准

同合格标准,在全部合格的分部工程中有≥50%的分部工程评为优良,且主要分部工程全部优良,观感质量评分的得分率≥85%。

2. 港口工程质量评定的工作程序和组织

港工质量评定的工作程序和组织见表3.3.1。

表3.3.1 港口工程质量评定工作程序和组织

评定程序	评定的对象	评定的前提和基础	组织者与参加者	核定者
1	分项工程	已完成工序的交接验收	该分项工程施工负责人组织有关人员参加	专职质量员、监理工程师
2	分部工程	在分项工程质量评定完成的基础上	工程项目部技术负责人组织	①专职质量员 ②基础和主要分部工程应由企业技术部门或质量监督部门核实
3	单位工程	在分部工程质量评定基础上	①企业技术负责人组织企业有关部门进行全面检查与自评 ②观感质量评定由质监站组织有关单位人员(>3人)检查评定	①有关质量检验评定资料由建设单位或监理单位审核 ②审核后提交质监站(或主管部门)核定

3. 单位工程质量等级核定的条件

单位工程质量等级核定条件如下:

①工程已按合同及设计图纸要求全部完工;

②分项、分部工程质量全部合格,无隐患;

③工程存在的主要缺陷已修补完毕,工程场地整洁;

④质量检验资料齐全。

3.3.3 航道整治工程质量检验工程的划分(1E422053)

分项、分部、单位工程的划分如下。

1)分项工程

分项工程按主要施工工序划分。

2)分部工程

分部工程按工程类型和部位划分。

3)单位工程

单位工程按单个整治建筑物和具有一定规模并能独立验收的炸礁工程划分。特殊情况如下划分:

①对于单个整治建筑物,长度>10 km 的每2~5 km 划分为一个单位工程;

②分期施工的整治建筑或炸礁工程均可按施工阶段划分单位工程;

③Ⅳ级及以下级的长河段航道整治工程按单滩划分;

④工程量少的附属坝、护岸和炸礁工程作为一个独立分部工程,参加所在单位工程评定。

3.3.4　航道整治工程质量等级标准及质量评定工作程序和组织（1E422054）

1. 航道整治工程质量等级标准

1）分项工程

（1）合格标准

"检验项目"满足工程质量要求；"允许偏差检验项目"测点的实测值在允许偏差范围内的数量≥70%，而且超差点不影响正常使用。

（2）优良标准

"检测项目"完全满足工程质量检验要求；"允许偏差项目"测点的实测值在允许偏差围内的数量≥90%。

2）分部工程

（1）合格标准

所含的各分项工程全部合格。

（2）优良标准

所含的各分项工程全部合格，其中达到优良标准的分项工程数量≥50%。评定时，钢筋、模板一类的项目不参加评定，但应有检测资料。

3）单位工程

（1）合格标准

所含分部工程质量全部合格。

（2）优良标准

所含分部工程质量全部合格；其中达到优良标准的分部工程数量≥50%；而且主要分部工程为优良。

2. 分项工程质量不合格的处理

分项工程质量不合格时，按以下措施处理。

①返工重做的分项工程可重新评定质量等级。

②分项工程中某些构件或部位经加固补强后，能满足设计要求的可定为合格，但加固补强量大于本分项工程总量5%时，该分项工程不得评优良。

③分项工程中某些构件或部位无法判断其质量时，经检测单位鉴定，能达到设计要求的可定为合格。

④分项工程经检测单位鉴定，达不到原设计要求，但经设计单位签认能满足结构安全及使用功能者可定为合格，其所在分部工程不得评优良。

3. 航道整治工程质量评定工作程序和组织

航道整治工程质量评定工作程序和组织见表3.3.2。

表3.3.2 航道整治工程质量评定工作程序和组织

评定程序	评定对象	评定的前提和基础	组织者与参与者	核定者
1	分项工程	分项工程完工后或下道工序覆盖上道工序前	施工现场技术负责人组织自检，现场技术负责人、专职质检员及班组负责人自评	监理工程师审核，核定等级
2	分部工程	分部工程完工后	施工单位项目技术负责人组织自检自评，填写质量检验评定表	监理工程师审核
3	单位工程	单位工程完工后	①施工单位技术负责人组织全面检查 ②填写质量检验评定表 ③在分部工程评定基础上提交自评资料	①总监理工程师组织审核，提出评定意见，提交质量监督机构 ②质量监督机构审核，进行质量鉴定

3.3.5 疏浚工程质量检验评定工作的程序(1E422055)

1.一般规定

疏浚、吹填工程质量检验评定以单位工程为基本单位(疏浚以使用功能及设计要求划分，吹填按独立吹填区或设计要求不同划分)。

检验评定的依据：疏浚工程以工程设计图及竣工水深图为依据；吹填工程以工程设计、施工和竣工等阶段的有关图纸、资料为依据。

疏浚工程断面图的绘制根据：设计断面图、计算超深值和计算超宽值。

2.疏浚工程质量检验评定

1)质量检验

中部水域、边缘水域和边坡三部分分别检验。

(1)有设计备淤深度

设计通航水域内各测点水深必须≥设计通航深度。

设计通航水域内各测点水深应≥设计深度。

设计通航中部水域不得出现上偏差点。

边缘水域上偏差点≥0.3 m，而且不得在同一断面或相邻断面相同部位连续出现。

(2)无设计备淤深度

设计通航的中部水域严禁出现浅点；

设计通航的边缘水域对硬质底严禁出现浅点，对中等底质、软底质，竣工后遗留浅点值应符合表3.3.3中的规定值而且不得连续出现于同一断面或相邻断面的相同部位。

表3.3.3 允许浅值
m

通航水深 底质	沿海			内河
	<8.0	8.0~10.0	>10.0	
中等底质	0.1	0.2	0.3	0.1
软底质	0.1	0.2	0.3	0.2

(3)泊位水深

除码头前沿安全地带外的泊位水域内各测点水深必须达到设计深度。

(4)泊位水域内的超深值

超深值应严格按允许超深值控制。(由建设单位或使用单位提供)

2)质量评定

(1)合格

合格者应满足下列规定之一:有设计备淤深度的设计通航水域,上偏差点数≯该水域总测点的4%;无设计备淤深度的设计通航水域,对中等底质,允许浅点数≯2%该水域总测点数,对软底质,允许浅点≯3%该水域总测点数。

(2)优良

优良者在符合合格的条件下,实挖平均超深≯行业标准规定的计算超深值,并满足下列要求之一:有设计备淤深度的设计通航水域,上偏差点数≯该水域总测点的2%;无设计备淤深度的设计通航水域,硬底质必须无浅点,中等底质允许浅点数≯1%该水域内总测点数,软底质允许浅点数>2%总测点数。

3. 吹填工程质量检验评定

1)质量检验

吹填工程平均吹填高程应大于设计吹填高程,平均超填高度应符合表3.3.4中的规定值。

表3.3.4 吹填质量标准 m

项目内容 质量等级	平均超填高度	吹填高程偏差 Δh			吹填土质
		未经机械整平		经过机械整平	
		淤泥、细砂类土	中、粗砂		
合格	≤0.2	±1.0	±1.4	±0.4	符合设计要求
优良	≤0.15	±0.8	±1.1	±0.3	

吹填土质应符合设计文件及土工试验报告的要求。

2)质量评定

吹填工程质量等级按表3.3.4所示的三项指标(平均超填高度、吹填高程偏差和吹填土质)进行综合评定,三项指标应同时满足相应等级。

在吹填土质符合设计及土工试验要求的前提下,优良:平均超填高度及吹填高程偏差两指标必须均达到优良标准;合格:平均超填高度及吹填高程偏差两个指标均达合格或其中的一个达到优良、另一个达到合格;不合格:吹填工程质量标准的三个指标中有一个为不合格。

4. 疏浚、吹填工程质量检验和评定程序

(1)施工单位自检

单位工程竣工时,施工单位及时组织竣工测量;组织施工船及测量组的代表与质量检验员,对检测资料及测绘仪器的核定资料逐项自检,保证正确无误。

(2)施工单位自评

施工负责人填写疏浚工程质量检验评定表,连同有关资料提交本单位质量检验员及技负责人,评定后,及时以书面形式提交建设单位。

(3)质量检验评定

建设单位组织质量检验评定。

【模拟试题】

1.《港口工程质量检验评定标准 JTJ221—98》规定,在进行港口工程质量检验评定时,可将一个工程项目划分为_____几个层次,依次进行检验评定。
   A. 单项、单位、分部等工程　　　　　　**B. 单位、分部、分项等工程**
   C. 单位、分部、分项工程和检验批　　　　D. 单项、单位、分部、分项等工程

2. 港口工程的分部工程是按_____划分的。
   A. 建筑物的主要部位及用途　　　　　B. 施工和竣工验收的独立性
   C. 工程的使用功能、结构形式　　　　　D. 建筑物施工的主要工序或工种

3. 港口工程的单位工程是按_____划分的。
   A. 建筑物施工工序　　　　　　　　　　B. 建筑物的主要部位
   C. 建筑物的主要用途
   D. 工程的使用功能、结构形式、施工和竣工验收的独立性

4. 可以划分为基础、堤身、护面等三个分部的单位工程是_____。
   A. 船台　　　　B. 码头工程　　　　C. 滑道工程　　　　**D. 防波堤工程**

5. 分项工程中某部位或构件经补强或加固后能达到设计要求者可定为合格,但若其数量占分项工程总量的_____时,该分项工程不得评为优良。
   A. 3%　　　　**B. 5%**　　　　C. 10%　　　　D. 15%

6. 分部工程被评为优良的条件是其所包含的分项工程必须全部合格,且其中的优良分项工程应达到_____或以上。
   A. 30%　　　　**B. 50%**　　　　C. 70%　　　　D. 85%

7. 疏浚工程质量检验要求在有设计备淤深度时,设计通航水域内各测点必须_____。
   A. ≥设计深度　　　　　　　　　　　　**B. ≥设计通航深度**
   C. 上偏差点≯0.3 m　　　　　　　　　D. 不得出现上偏差点

8. 疏浚工程质量评定的优良标准规定_____。
   A. 有设计备淤深度时的设计通航水域上偏差点数≯该水域总测点数的3%
   B. 有设计备淤深度时的设计通航水域上偏差点数≮该水域总测点数的3%
   C. 有设计备淤深度时的设计通航水域上偏差点数≯该水域总测点数的4%
   D. 无设计备淤深度时的设计通航水域对中等底质允许浅点数≯2%该水域总测点数

9. 某吹填工程属淤泥、细砂类土壤,其质量检验结果:平均吹填高程>设计吹填高程,吹填土质符合设计要求,平均超填高度≤0.15 m,未经机械整平的吹填高程偏差为±1.0m,则该工程质量等级应定为_____。
   A. 优良　　　　　B. 合格　　　　　C. 及格　　　　　D. 不合格

10.《港口工程质量检验评定标准 JTJ221—98》规定,在进行港口工程质量检验评定时,可将一个工程项目依次划分为_____几个层次,依次进行检验评定。(多项选择)
   A. 检验批　　　　B. 分项工程　　　C. 分部工程　　　D. 单位工程

11. 以下各类建筑物可以独立性划分为单位工程的有_____。(多项选择)
   A. 码头工程　　　B. 港区堆场　　　C. 栈桥、引堤　　　D. 船台、滑道
   E. 防波堤工程　　F. 港区内道路　　G. 独立护岸和防汛墙

12. 港口工程中分部工程等级评定的标准中,优良的标准是_____。(多项选择)
   A. 所含的分项工程全部合格　　　　　B. 观感质量评分得分率≥85%
   C. 所含的分项工程全部达到优良　　　D. 所含的分项工程中优良率达50%或以上

13. 在港口工程中,一般的分项工程合格的标准为_____。(多项选择)
   A. 主要项目全部符合标准的规定　　　B. 一般项目全部符合标准的规定
   C. 一般项目基本符合标准的规定
   D. 允许偏差项目的测点值至少有90%在允许偏差范围内
   E. 允许偏差项目的测点值至少有70%在允许偏差范围内
   F. 允许偏差项目的观测点中至少有50%在允许偏差范围内

14. 港口工程中若一分项工程的某项技术指标无法判断质量时,由法定检测单位鉴定认为达不到设计要求,但设计单位签认其能满足结构安全及使用功能时,则_____。(多项选择)
   A. 该分项工程不能评优　　　　　　　B. 该分项工程可评为合格
   C. 该分项工程不能评为合格　　　　　D. 其所在的分部工程不能评优

15. 在港口工程中,单位工程被评为优良的标准是_____。(多项选择)
   A. 观感质量得分率70%　　　　　　　B. 观感质量得分率85%
   C. 所含的各分部工程全部合格　　　　D. 所含的各分部工程基本合格
   E. 所含各分部工程中有50%评为优良　F. 所含各分部工程中有70%评为优良

16. 在航道整治工程质量检验中,单位工程的划分是按_____进行的。(多项选择)
   A. 单个整治建筑物　　　　　　　　　B. 工程类型和部位
   C. 具有一定规模并能独立验收的炸礁工程等
   D. 长度超过10 km时,每2~5 km为一个单位工程

165

17. 航道整治工程合格的标准为_____。(多项选择)
A. 超差点不影响正常使用　　　　　　　B. "检验项目"满足工程质量要求
C. "检验项目"完全满足工程质量要求
D. "允许偏差项目"测点的实测值在允许偏差范围内的数量≥70%

18. 疏浚工程断面图的绘制主要根据_____。(多项选择)
A. 竣工水深图　　　B. 设计断面图　　　C. 计算超宽值　　　D. 计算超深值

[案例]

背景资料　某港口重力式码头1号泊位的单位工程划分为基础、下部结构、上部结构、挡土结构与回填、轨道安装、码头设施等6个分部工程。其中上部结构的胸墙混泥土施工为一分项工程。

问题　请根据下表所示的情况进行该分项工程质量的评定。(表中有★者为主要工序)

单位工程名称	1号泊位码头工程	分项工程量	315 m³
分部工程名称	上部结构	施工单位	第×航务工程局×公司
分项工程名称、部位	胸墙混凝土浇筑	评定日期	2004年10月20日
项次	工序名称		工序质量等级
1.	混凝土施工缝处理		合格
2.	模板		优良
3.	钢筋★		优良
4.	混凝土浇筑★		合格
工序的优良率			
评定意见		分项工程质量等级	

参考答案　根据上表所示情况,可以得出以下意见,并填于该表中。

1. 工序优良率为50%。

2. 评定意见——工序质量全部合格,两项主要工序钢筋和混凝土浇筑分别为优良及合格。工序的优良率虽达到50%,但由于主要工序中有一项为合格,而未达到优良标准,因此,本分项工程只能评为合格。

3. 分项工程质量等级为合格。

4 港口与航道工程项目进度管理（1E422010）（1E422040）

4.1 港口与航道工程施工组织设计（1E422010）

4.1.1 工程施工组织设计的概念（1E422010）

1. 施工组织设计的性质

施工组织设计是指导施工全过程的技术、经济文件,是科学管理的重要手段。

2. 施工组织设计的作用

施工组织设计的主要作用如下：

①可以全面地分析施工条件；
②拟定合理的施工方案；
③合理安排施工进度计划；
④预计施工中可能出现的问题,协调参建各方的关系；
⑤可使工程质量、进度、安全得到有效控制。

3. 施工组织设计的内容

施工组织设计的主要内容包括：

①编制依据；
②工程概况；
③施工组织管理机构；
④施工总体部署和主要施工方案；
⑤施工进度计划；
⑥各项资源需求和供应计划；
⑦施工总平面布置；
⑧技术、质量、安全管理和保证措施；
⑨文明施工与环境保证；
⑩主要技术经济指标；
⑪附图。

4. 施工组织设计的原则

施工组织设计按以下原则进行：

①统筹规划,体现施工合同总体要求,力求达到"技术先进、措施可靠、组织严密、关系协调、经济合理"；

②在研究合同条件、设计文件及对现场条件的调查分析基础上,从施工过程的五要素(人力、物力、时间、空间、技术组织)着手编制;

③针对工程特点、技术关键和施工难点,采取有针对性的技术/经济措施;

④中标后,在项目经理领导下,由项目总工程师组织项目经理部人员分工编写,总工程师汇总、协调;

⑤项目经理审查后,报公司(总部)审定,在开工前由企业法定代表人提交给业主或监理;

⑥总监理工程师组织监理工程师审核批准后,加以确认,正式批准开工;

⑦项目经理组织有关人员学习和落实。

4.1.2 高桩码头工程施工组织设计(1E422011)

1. 施工组织设计的依据

施工组织设计的依据主要有:

①投标文件;

②施工承包合同及设计文件;

③施工规范、验收标准等;

④有关会议纪要等。

2. 工程概况

工程概况包括以下四方面。

①工程项目主要情况:名称、地点、规模、工期、质量要求、工艺特点及施工流程等。

②自然条件:岸线及水深、水位、潮流、风、气温、降雨及地质资料等。

③技术经济条件:地质施工能力及条件、资源供应情况,交通与水电等条件。

④施工特点分析:这是施工的关键问题,目的是选择合理的施工方案,采取有效措施。

3. 施工组织管理机构

施工组织管理机构由项目各部组织机构和主要成员组成。

4. 施工总体部署及主要施工方案

1)施工总体部署

施工总体部置包括:

①全工程总体安排;

②各单项(位)工程施工顺序及衔接关系;

③主要施工任务安排;

④劳力配备;

⑤机船配备;

⑥预制件加工、运输;

⑦分期分批竣工安排;

⑧单位/分部/分项工程划分;

⑨临时设施;

⑩施工流程。

2)施工方案

施工方案侧重于以下几方面:

①影响整个工程施工的分部/分项工程；
②复杂施工技术或新工艺、新技术；
③对工程质量及工期起关键作用的分部/分项工程；
④不熟悉的特殊结构或特殊专业工程等。

例 高桩码头的施工方案

(1)挖泥方案

挖泥船选择及挖泥布置与控制、疏浚泥土的处理方式、抛泥场选择与布置。

(2)测量施工方案

测量控制网点布置、定位方法、沉桩桩位控制、建筑物及岸坡沉降与位移观测。

(3)沉桩施工方案

障碍清除、沉桩方式与顺序、打桩机具选择、运桩与落驳、斜坡沉桩措施。

(4)构件预制与安装

加工地点选择、加工方法、运输与堆存、起重机船选择、安装顺序。

(5)模板工程

模板形式、构造与设计计算、加工、运输和拼装。

(6)钢筋工程

加工场地、大型钢筋构架运输与安装、预应力张拉及锚固。

(7)混凝土工程

现场拌合、商品混凝土的应用、水上拌搅船、大体积混凝土施工工艺。

(9)土石方工程

开挖与运输机械选择、合理配套、挖掘方法及运输道路。

5. 施工进度计划

在已定施工方案基础上，根据规定的工期及资源条件，按合理的施工顺序与组织，在时间及空间上安排有关的施工过程。可用横道图或网络图形式表达。

6. 各项资源需求和供应计划

包括劳动力、材料、施工用船机、预制构件及半成品需用计划和资金需用计划等。

7. 施工总平面布置

根据施工方案及施工进度要求，正确处理永久性建筑、拟建工程和临时设施间的空间关系，合理地布置施工现场的道路交通、生产与生活设施、临时码头、避风锚地、临时水电管线。

8. 技术、质量、安全管理和保证措施

建立技术、质量、安全管理体系。对难度大、技术复杂的工程项目，必须提出质量保证措施。针对具体工程情况提示安全措施(水上、高空、夜间、潜水、立体交叉等作业)。制定冬、夏季及雨季施工技术措施。

9. 文明施工与环境保护

现场应有文明施工要求并有环境保护措施。

10. 主要技术经济指标

主要技术经济指标包括有关质量、成本、安全事故、利润等方面的指标。

11. 附图

包括施工总平面图、临时设施布置图、测量控制点及基线布置图、沉桩施工顺序图、模板结构图和构件安装作业图等。

4.1.3 重力式码头工程施工组织设计(1E422012)

1. 施工组织设计的编制依据

施工组织设计的编制依据同高桩码头。

2. 工程概况

工程概况包括工程名称、地点、规模、工期要求、码头泊位数及主要尺度、结构形式、码头前沿水深,后方堆场、道路,主要工程量,装卸设备规格、数量,施工环境及自然条件,项目管理特点等。

3. 施工组织管理机构

施工组织管理机构同高桩码头。

4. 施工总体布署施工方案

施工总体布署施工方案同高桩码头。

例 重力式码头工程施工流程与施工工艺

(1)施工流程

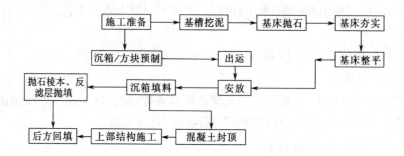

(2)主要施工工艺

主要施工工艺包括:施工准备工作;基槽挖泥;基床抛石;基床夯实(粗平→夯船定位→试夯→夯实→复夯验收);基床整平;重力式结构预制(沉箱、方块、扶壁、大圆筒)、出运、安放;抛石棱体及倒滤层抛填。

5. 施工进度计划

编制要求同高桩码头。

6. 各项资源需求和供应计划

编制要求同高桩码头。

7. 施工平面布置

编制要求同高桩码头。

8. 技术、质量、安全管理和保证措施

编制要求同高桩码头。

9. 文明施工与环境保护

编制要求同高桩码头。

10. 主要技术经济指标

编制要求同高桩码头。

11. 附图

包括施工总平面图、临时设施布置图、测量控制点及基线布置图和施工工艺流程图。编制要求同高桩码头。

4.1.4 疏浚工程施工组织设计（1E422013）

1. 施工组织设计的编制依据

同高桩码头。

2. 工程概况

除大部分内容同高桩码头外，工程概况尚应包括疏浚土处理区的位置、面积、水深、容泥量、取土区变更、土质、深度、土源储量等。

3. 施工组织管理机构

施工组织管理机构同高桩码头。

4. 施工总体部署和施工方案

1）工程量计算

按《疏浚工程土石方计量标准》及《疏浚工程技术规范 JTJ319—99》的规定，计算实际疏浚工程量（考虑超深、超宽）和吹填工程量（考虑沉降量、流失量、泥土固结及预留超高）。

2）施工船舶选择与配套

根据施工要求和现场条件选择挖泥船及配套设施。

3）施工方法

选择合理的船型及工作参数并根据台型及工程特点，确定疏浚的分条、分层、分段和吹填的分区、分层、管线布置等。

4）泥土处理

按设计要求制定施工措施。

5）附属工程设计

附属工程设计包括吹填区围堰、泄水口、排泥管线、水位站等的设计。

5. 施工进度计划

编制要求同高桩码头。

6. 各项资源需求和供应计划

各项资源需求和供应计划包括机械燃油、备配件、附属工程主要材料计划，劳动力、资金计划等。

7. 施工总平面布置

施工总平面图中应标明挖泥施工区、抛泥区、吹填区的布置。

8. 技术、质量、安全管理和保证措施

编制要求同高桩码头。

9. 文明施工与环境保护
编制要求同高桩码头。

10. 主要技术经济指标
编制要求同高桩码头。

11. 附图
附图包括工程位置图；施工总平面图；挖泥区、吹填区设计图及土方计算表；吹填临时设施结构图；挖泥区、吹填区钻孔平面图、柱状图、地质剖面图及土质资料；工程进度表；主要燃、材料及备配件计划表。

4.1.5 航道整治工程施工组织设计(1E422014)

1. 施工组织设计的编制依据
编制依据同高桩码头。

2. 工程概况
工程概况包括工程名称、地点、整治河段自然特征、整治目的及措施、整治建筑物类型、功能、规模、结构形式、工程总成本、工期、质量要求；有关资源、交通、环境等施工条件、参建各单位名称、组织机构、资质状况等。

3. 施工组织管理机构
施工组织管理机构同高桩码头。

4. 施工总体部署和施工方案

1)施工总体部署

施工总体部署包括管理组织体系，承包项目，总体施工程序/顺序，分期分阶段实施工程项目内容，施工总进度计划、控制工期的说明，施工阶段界线的划分，分期交工的项目组成，各单项工程竣工时间。

2)施工方案

施工方案包括不同施工阶段的程序及单位工程内各分部分项工程的排序。

例 航道整治的筑坝工程、护岸工程和护滩工程

（1）筑坝工程

施工流程：

测量放线→坝根接岸处理→水上沉软体排→水上抛枕→水上抛石→坝体表面整理

施工工艺：

水上沉软体排工艺流程如下。

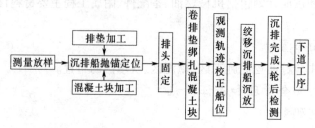

水上抛枕工艺流程如下。

定位船等位→抽砂船定位→沉枕船靠抽砂船→置沉枕于架上→泥浆泵充填→砂枕滤水→沉枕船离开抽砂船→沉枕船靠定位船定位→沉放砂枕→移定位船

(2)护岸工程

施工流程：

测量放样→水上沉软体排护底→水上抛石(枕)镇脚→护坡

施工工艺：

护岸工艺流程如下。

坡岸开挖、土石方回填→削坡及整平→排水盲(明)沟→铺设倒滤层→面层处理

(3)护滩工程

施工流程：

测量放样→滩面处理→施工工艺——干滩铺软体排护滩→抛石面层
　　　　　　　↳根部护岸

施工工艺：

干滩铺软体排护滩的工艺流程如下。

测量放样→整理滩面,开挖沟槽→铺设排垫(↑排垫加工)→系混凝土块(↑混凝土块加工)→沥青碎石填缝→检测

5. 施工进度计划

编制要求同高桩码头。

6. 各项资源需求、供应计划

编制要求同高桩码头。

7. 施工总平面布置

施工总平面布置图包括：工程项目范围内陆上、水下地形(等深线)图；陆上、水下已有和拟建构筑物及其他设施位置、尺寸；控制坐标网；生产、生活临时设施等。

8. 技术、质量、安全管理和保证措施

编制要求同高桩码头。

9. 文明施工与环境保护

编制要求同高桩码头。

10. 主要技术经济指标

编制要求同高桩码头。

11. 附图

附图包括施工总平面布置图、临时设施布置图、测量控制点及基线布置图等。

173

4.2 港口与航道工程施工进度控制(1E422040)

4.2.1 工程施工进度控制的概念(1E422040)

1. 工程施工进度控制工作的内容

工程施工进度控制工作的内容包括:明确控制施工进度的目标;目标的分解、落实;建立施工进度控制体系;对施工进度目标实施动态控制。

2. 工程施工进度控制的依据、目标和目标的分解

1)工程施工进度控制的依据

主要是批准的进度计划。项目经理应对编制好的进度计划进行审核。

2)工程施工进度控制的目标

以施工合同约定的竣工日期为最终目标。

3)工程施工进度控制目标的分解

工程施工进度控制目标分解的目的是为了能按单位工程、施工阶段、专业和节点的不同,制定具体的、可落实的、有保证的进度控制措施。即实现逐层分解、层层落实、层层保证。

进行目标分解的原则是:按单位工程分解为完工的分目标;按承包专业或施工阶段分解为各完工分目标;按年/季/月分解为时间分目标。

3. 建立进度控制体系(机构)

1)目的

建立工程施工进度控制体系(机构)的目的是为了实施进度控制。

2)体系组成

以项目经理为责任主体,参加者为各子项目负责人、计划人员、调度人员、作业队长、班组长。

4. 项目经理部实施对工程施工进度的动态控制

①根据合同约定的开、竣工日期及总工期,确定施工进度目标,明确开、竣工日期和总工期,以及项目分期、分批的开、竣工日期。

②编制进度计划。

③向监理工程师提出开工申请,按监理工程师的开工令指定的日期开工。

④实施进度计划,检查实际进度,与计划进度对比、分析,出现偏差时可及时调整,预测未来进度状况。

⑤全部任务完成后,总结并提出报告。

4.2.2 工程施工进度计划的编制(1E422041)

1. 施工总进度计划的编制

1)编制依据

编制依据有:施工合同、项目的施工组织设计和设计的进度计划。

2)编制内容

编制内容包括:编制说明,施工总进度计划表,分期、分批的子项目开工、完工及工期一览表,资源需求量及供应平衡表。

3)编制步骤

收集编制依据—确定进度控制目标—计算工程量—安排各单位工程搭接关系—确定各单位工程施工期限及开、竣工日期—编制进度计划及说明书。

2．单位工程进度计划的编制

1)编制依据

编制依据有:项目管理目标责任书;施工总进度计划;施工方案;主要材料、设备供应能力;施工人员素质、效率;现场条件;平均可工作天数;已建同类工程的有关指标。

2)编制内容

编制内容包括:编制说明书、进度计划图表、风险分析及控制措施。

3)编制方法

以既定施工方案为基础,按总进度计划规定的工期及资源供应,对单位工程中各分部、分项工程的先后顺序、搭接关系进行合理安排,步骤如下:

①划分工作项目(分部、分项工程);
②确定各项工程的顺序及搭接关系;
③计算工程量;
④确定各工作持续时间;
⑤绘制进度计划表。

3．常用的进度计划表达方法

常用的进度计划表达方法有**横道图法和网络图法**。

例 某管道工程分为三段施工,包括三项施工过程(挖沟、铺设管道、回填土),它们所需的工作持续时间如表4.2.1所示。试绘出双代号网络进度计划及横道图进度计划。

表4.2.1 施工过程所需工作持续时间

施工过程 \ 段	1段	2段	3段
挖沟 A	$A_1 = 6$ 天	$A_2 = 6$ 天	$A_3 = 6$ 天
铺管 B	$B_1 = 4$ 天	$B_2 = 4$ 天	$B_3 = 4$ 天
回填 C	$C_1 = 2$ 天	$C_2 = 2$ 天	$C_3 = 2$ 天

(1)网络进度计划

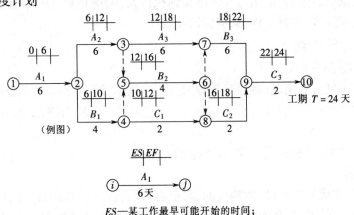

(例图)

ES—某工作最早可能开始的时间;
EF—某工作最迟可能完工的时间

(2)横道图进度计划

工作	代号	工作时间(天)	2	4	6	8	10	12	14	16	18	20	22	24
挖沟	A_1	1-2	6											
	A_2	2-3				6								
	A_3	3-7							6					
铺管	B_1	2-4				4								
	B_2	5-6							4					
	B_3	7-9										4		
回填	C_1	4-8						2						
	C_2	8-9								2				
	C_3	9-16												2

4.2.3 工程施工进度计划的实施与检查(1E422042)

1. 进度计划的实施

1)总进度计划目标的分解

目标分解的目的在于层层分解、层层落实(到部门、到人)、层层保证。通过编制年、季、月、周计划实现。

目标分解可以是:按施工阶段分解,按施工单位分解,按专业工种分解。

总工期跨年度时,应编制年、季度控制性进度计划(控制进度的重要节点目标)。

月、旬(周)进度计划(实施性计划)在月、旬末由项目经理部提出,经工地例会协调后编制,逐级落实,最后通过"施工任务书"由班组实施。

2)落实施工条件

施工条件包括:

①该工作的所有紧前工作已完成;

②落实图纸、场地、劳力、机械、材料、能源、交通、环境等各种施工条件(列入或未列入计划的)。

3)组织资源供应

为保证进度计划的实现制定资源计划。定期对资源计划的目标值与实际值比较,如发现差异,则分析原因,采取措施,及时调整计划。对于发包人提供的资源,及时敦促提供,对造成工期延误的要及时索赔。

4)落实承包责任制

进度计划交底后,进度控制措施具体落实到执行人;明确目标、任务、检查方法、考核方法及指标并指示关键路线、关键工作、关键资源及条件。

2. 进度计划的检查

1)实施中的跟踪检查与调度

①定期检查进度实施情况(项目经理部对日施工效率,周、月作业计划分别检查)。

②将实际情况与原计划对比,出现偏差,分析原因,及时采取对策,组织协调各方关系并调整计划。

2)施工进度计划的检查(日检查、定期检查)

(1)检查内容

检查内容有:完成的工程量(本期内的、累积的)及其占计划指标百分数;动用的人、机、船数量及其效率;窝工的人、机数及原因;进度管理情况、进度偏差情况和影响进度的原因分析。

(2)月进度报告

检查后,提出月进度报告,报告内容有:进度情况、实际施工进度图、偏差及原因分析;工程变更、调价、索赔及工程款收支;采取措施及调整计划的意见。

4.2.4 工程施工进度计划的分析与调整(1E422043)

1.进度计划分析和调整的概念

定期跟踪检查、统计,全面真实地了解实施情况,取得信息。通过对比发现与确定偏离计划的情况,分析原因。及时决策,反馈措施,进行调整。

2.进度计划分析和调整的内容

1)计划实施中跟踪检查统计

要求及时、准确、全面、系统地检查,掌握有关的实际值,提出月进度报告。

(1)检查内容

检查内容包括:进度完成情况对比;计划期内完成的工程量及累计完成量,占计划指标的百分比;计划期投入的人、机、船数量及生产率;对施工进度有重要影响的特殊事项及原因等。

(2)统计内容

统计是计划控制、分析、调整的基础。统计内容包括:形象进度统计(以施工阶段完成程度表示,可按施工阶段、工程部位、工序等来表示);实际工程量统计(已花费的劳动量、劳动工时的统计)。施工产值统计(以形象进度统计及已完成实际工作量为依据,计算其货币表现)。

2)进度计划的比较分析

①分析出现偏差原因,预测发展变化趋势。

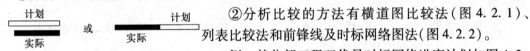

②分析比较的方法有横道图比较法(图4.2.1)、列表比较法和前锋线及时标网络图法(图4.2.2)。

图 4.2.1 横道图比较法

例 某分部工程双代号时标网络进度计划如图4.2.2所示,若第6天末检查时,发现工作A_3已完成1天的工

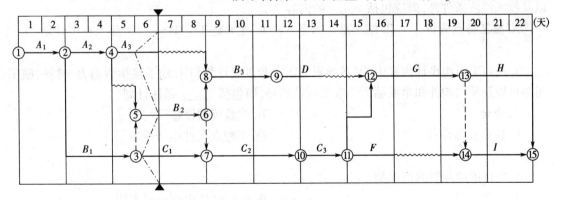

图 4.2.2 前锋线及时标网络图法

作量,B_2已完成1天的工作量,B_1已全部完成,C_1尚未开始。试绘出该工程的实际进度前锋线。并列表比较分析判断其对工期及紧后工作的影响。

解:①根据题设条件绘出实际进度前锋线,如图4.2.2中点画线所示。

②根据上述前锋线表达的实际情况,列表分析判断,如下表所示。

序号	工作名称	工作代号	至检查日止该工作尚需作业天数	从检查日至该工作的最迟完成时间尚有的天数	判断	
					影响工期天数	影响紧后工作天数
1	A_3	4-8	2−1=1	10−6=4	否	否
2	B_2	5-6	3−1=2	10−6=4	否	否
3	C_1	3-7	3−0=3	8−6=2	影响工期1天	影响C_2 1天

3）进度计划的调整

要根据检查、统计的结果进行调整。调整的内容可以是：施工内容、工程量、工作的起止时间、工作持续时间、工作间的关系以及资源供应等。调整后做出新计划。

调整的原则如下。

①必须赶工加快的有：落后的关键工作、非关键工作落后时间超过其工作总时差（或自由时差），以及非关键工作目前落后虽不多但预计将来落后更多会影响到关键路线的转移者。

②对于暂时落后、尚有足够时差、未来可以赶上的非关键工作，可不予调整。

③对于过于领先的非关键工作，可能受其他线路制约而中途停工，应及早预见加以调整，避免窝工。

【模拟试题】

1. 施工组织设计的编制依据，除了施工承包合同、设计文件和有关的施工规范、验收标准等之外，尚有_____。

   A. 招标文件　　　　B. 质量计划　　　　**C. 投标文件**　　　　D. 合同协议书

2. 在施工组织设计内容中的"工程概况"部分，其内容除工程项目的主要情况、自然条件以及技术经济条件外，尚应包括_____的内容。

   A. 施工特点分析　　B. 施工总体部署　　C. 主要施工方案　　D. 施工进度计划

3. 在施工组织设计内容中的"各项资源需求和供应计划"中，除了包括劳动力、材料、施工用船机以及预制构件和半成品的需求供应计划外，尚包括_____需用计划。

   A. 资金
   B. 试验仪器设备
   C. 检验仪器设备
   D. 工程永久性生产设备

4. 项目进度控制的目标是_____。

   A. 进度计划
   B. 招标文件中规定的工期
   C. 施工合同约定的竣工日期
   D. 所编制的网络进度计划的计算工期

5. 单位工程进度计划的内容除包括编制说明书和进度计划图表外，还应包括_____。

   A. 现场条件
   B. 项目分解表
   C. 材料、设备一览表
   D. 风险分析及控制措施

6. 施工组织设计的作用是_____。（多项选择）
   A. 合理安排施工进度 B. 拟定合理的施工方案
   C. 选择合理的结构形式 D. 使工程质量、进度、安全得到有效控制
   E. 全面体现业主对项目功能和使用的要求 F. 预计施工中可能出现的问题，协调各方关系

7. 港口工程施工组织设计中的施工总平面布置部分的内容中应包括_____的内容。（多项选择）
   A. 临时设施 B. 拟建工程 C. 现场道路交通 D. 生产及生活设施
   E. 临时码头及避风锚地 F. 已有的永久性建筑物

8. 编制施工总进度计划的依据主要有_____。（多项选择）
   A. 招标文件 B. 施工合同 C. 项目施工组织设计 D. 设计任务书
   E. 设计的进度计划

9. 编制单位工程进度计划的依据主要有_____等。
   A. 施工合同 B. 招标文件 C. 施工方案 D. 施工总进度计划
   E. 项目管理目标责任书 F. 已建同类工程的有关指标

10. 单位工程施工进度计划应包括的内容有_____。（多项选择）
    A. 成本预算表 B. 编制说明书 C. 进度计划图表 D. 材料、设备一览表
    E. 风险分析及控制措施

11. 施工进度计划目标的分解可以按_____进行。（多项选择）
    A. 施工阶段 B. 施工工序 C. 施工单位 D. 专业工种
    E. 施工部位

[案例]

背景资料　某河道出海口处拟修建一座大型船闸工程。承包商在编制施工组织设计时，根据有关资料，结合现场地形地貌等条件，重点对以下几个方面进行分析和考虑：

①施工导流、截流的技术方案；
②施工机械的选择；
③大体积混凝土闸墙、底板的施工分缝、分块和温度控制；
④混凝土生产与运输方案；
⑤安全生产技术保障措施。

问题

1. 编制施工组织设计文件应以国家政策、法律法规、（　　）等为依据。
   A. 设计文件 B. 招投标文件 C. 施工许可证 D. 施工承包合同
   E. 建设工程监理合同 F. 施工规范及验收标准

2. 港航工程施工组织设计文件的内容一般包括：编制依据、工程概况、施工进度计划、（　　）、文明施工与环境保护、主要技术经济指标以及附图等。

A. 施工总平面图　　B. 料场选择与开采　　C. 施工导流与截流　　D. 各项资源需求计划
E. 施工总体部署和主要施工方案　　　　F. 技术、质量、安全管理和保证措施

3.承包商拟定的该工程施工总流程图中包括：
①基坑开挖；②闸门拼装与安装；③基础垫层；④闸墙混凝土工程施工；⑤混凝土闸底板施工；⑥截流；⑦灌泄系统施工

试对施工总流程中的缺项加以补充，并按照正确的施工流程顺序加以排列。

参考答案　1.A、B、C、D　2.A、D、E、F　3.应补充的施工项为：⑧修筑围堰；⑨基坑排水；⑩围墙拆除；⑪施工准备

施工总流程顺序应为：⑪—⑥—⑧—⑨—①—③—⑤—[⑦／④]—②—⑩

5 港口与航道工程项目费用管理（1E422020）（1E422090）（1E421030）（1E422100）（1E422110）（1E422030）

5.1 港口与航道工程项目概算预算编制（1E422020）

5.1.1 沿海港口工程项目概算预算编制（1E422021）

1. 沿海港口工程总概算的编制

1）一般规定

①初步设计时编制单项/单位工程概算、项目总概算，编制修正概算及修正总概算。由设计单位编制，多个设计单位时，由主体单位统一。

②概算应低于可行性研究报告的投资估算，若超过投资估算±10%，应重新上报可行性研究报告。

③批准的概算是筹资、签订总承包合同、考核经济合理性的依据。

④国外贷款项目应分编人民币及外币概算。以基价定额为取费基础。进口材料、设备应按到岸价（CIF）乘以外汇牌价折合人民币后，按有关费率计算。

2）概算文件组成

概算文件由以下条款组成：

①编制说明；

②项目总概算；

③建设工程概算；

④设备购置及安装工程概算；

⑤其他费用概算；

⑥主要材料用量汇总表；

⑦主要材料、设备价格汇总表。

3）编制依据

①《沿海港口建设工程概算预算编制规定》交水发[2004]247号；

②初步设计文件；

③有关定额、规定；

④主管部门颁发的材料、设备价格或规定；

⑤当地市场材料价格，设备出厂价格。

4)概算费用内容

概算费用包括以下内容。

①港口与航道工程项目总概算(从可行性研究至竣工验收的全部费用)包括:工程费、其他费、预留费、固定资产投资方向调节税、贷款利息、铺底流动资金(即新建项目投产初期所需流动资金)。

②工程费是按设计划分的项目套用定额及取费标准的单项/单位工程概算(建筑、安装、设备购置)。

5)概算的审批与管理

与报批初步设计的同时报批概算。由主管部门或其授权单位审查、审批。设计单位应配合审批,反映情况及问题。按审查意见修改、调整。审查后的总概算即发各有关单位。有关部门及单位不得任意突破批准的总概算。必须突破时,须经主管部门同意,修改后由原审批部门审批。业主按批准的概算做好资金使用与管理。

2. 施工图预算的编制

设计单位或有资格的造价咨询公司,根据设计划分的单位工程编制**施工图预算**。

施工图预算的作用:确定工程预算造价、据以签订工程合同、据以进行工程结算、作为编制招标标底的依据。

1)编制依据

编制依据如下:

①有关法令、法规;

②施工图设计及施工组织设计;

③有关定额及规定;

④地方基建主管部门颁发的材料预算价格;

⑤当地材料市场价格。

2)预算文件的组成

预算文件由下列条款组成:

①编制说明;

②建筑工程/安装工程预算表;

③主要材料汇总表;

④钢材明细表;

⑤补充单位估价表(工程量计算表)。

3)单位工程预算费用组成

预算费用由以下五部分组成:

①直接工程费;

②其他费用(企业管理费、财务费等);

③计划利润;

④税金;

⑤专项费用。

4)沿海港口工程水工建筑及设备安装工程费用计算

①基价定额直接费:按统一定额规定的人工、材料、船机舰(台)班费基价计算的工、料、机

费用之和。

②定额直接费:按施工图工程量及工程所在地的人工、材料、船机艘(台)班费基价计算的工、料、机费用之和。

③其他直接费 = ① × 其他直接费率。

④临时设施费 = ① × 临时设施费率。

⑤现场管理费 = ① × 现场管理费率。

⑥直接工程费 = ② + ③ + ④ + ⑤。

⑦企业管理费 = (① + ③ + ④ + ⑤) × 企业管理费率。

⑧财务费 = (① + ③ + ④ + ⑤) × 财务费用费率。

⑨计划利润 = (① + ③ + ④ + ⑤ + ⑦ + ⑧) × 计划利润率。

⑩税金 = (⑥ + ⑦ + ⑧ + ⑨) × 税率。

⑪专项费用 = (独立计算的费用) × (1 + 税率)。

⑫单位工程预算金额 = ⑥ + ⑦ + ⑧ + ⑨ + ⑩ + ⑪。

其中,各项费率的取费标准如下。

计划利润率:计划利润率按7%计算;大型土石方填筑价值,按3%计算利润;钢闸门及主体结构钢材价值,其计划利润按钢材价值的2%计算。

税金税率:税率市区为3.41%;县城镇为3.35%;市区及县城镇之外为3.22%。

5)预算的审定

按有关规定进行。施工图预算费用应控制在初步设计概算范围内。

5.1.2 内河航运工程项目概算预算编制(1E422022)

1. 内河航运工程总概算的编制

1)一般规定

初步设计时编制单项/单位工程概算及项目总概算。一般规定与沿海港口工程项目相同。

2)编制依据

编制依据《内河航运建设工程概算预算编制规定》交基发[1998]112号。

3)概算费用内容

概算费用内容与沿海港口工程项目相同(但在其他费用中无扫海费,而增加了施工专用设备购置费、实船试航费、航道整治效果观察费、竣工前测量费、施工期港航安全监督费、断航损失补偿费等6项费用)。

4)概算文件组成

概算文件组成与沿海港口工程项目相同(但无"其他费用概算"及"主材用量汇总表",增加了"补充单位估价表")。

5)概算的审批与管理

与沿海港口工程项目概算的审批与管理相同。

2. 施工图预算的编制

1)编制依据

与沿海港口工程项目相同。

2)预算文件组成

与沿海港口工程预算文件组成相同(未列钢材明细表)。

3)单位工程概算、预算费用组成

单位工程概算、预算费用组成如图5.1.1所示。

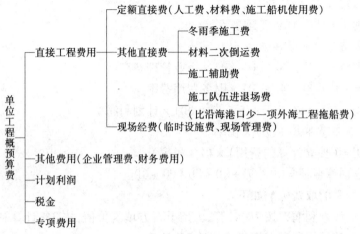

图 5.1.1 内河航运工程概算、预算费用组成

3. 费用计算

与沿海港口工程水工建筑及设备安装工程费用计算方法相同。

5.1.3 疏浚工程项目概算预算编制(1E422023)

1. 疏浚工程总概算的编制

1)一般规定

设计单位负责编制疏浚工程总概算。初步设计时,编制项目总概算和单项/单位工程概算,并编制修正概算。

2)编制依据

与沿海工程项目概算依据相同(但无颁布的价格,仅有市场价格)。

3)概算费用内容

由直接工程费、间接费、计划利润、专项费用和税金五个基本部分组成,如图5.1.2所示。需单独编制的单项疏浚工程应有计划工程费用以外的其他费用(土地征用拆迁、建设单位管理、监理、勘察、设计、实验研究、质量监督、定额编制管理、扫海费、前期工作费等)和预留费用(基本预留费及物价上涨费),以及固定资产投资方向调节税、贷款利息、铺底流动资金等。

2. 疏浚工程预算的编制

疏浚工程预算的编制与沿海港口工程预算的编制基本相同。

1)编制依据

编制依据如下:

①《疏浚工程概算预算编制规定》《疏浚工程船舶艘班费用定额》及《疏浚工程预算定额》;

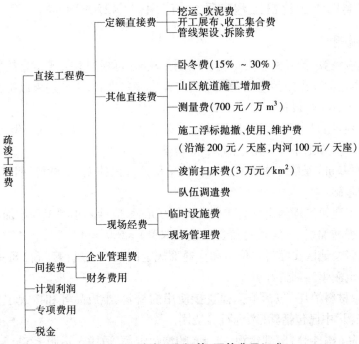

图 5.1.2 疏浚工程概算、预算费用组成

②施工图设计和施工组织设计;
③工程所在地材料市场价格及预算价格有关规定。
2)费用组成
费用组成见图 5.1.2。
3)费用计算
费用计算如下。
①定额直接费。
②其他直接费。
③临时设施费 = ①×临时设施费率(2%)。
④现场管理费 = ①×现场管理费率(5%)。
⑤直接工程费 = ① + ② + ③ + ④。
⑥企业管理费 = ⑤×企业管理费率(10%)。
⑦财务费 = ⑤×财务费率(1%)。
⑧计划利润 = (⑤ + ⑥ + ⑦)×计划利润率。
⑨专项费用独立计算。
⑩税金 = (⑤ + ⑥ + ⑦ + ⑧ + ⑨)×税率(3.38,按所在地计税标准)。
⑪单位工程概、预算金额 = ⑤ + ⑥ + ⑦ + ⑧ + ⑨ + ⑩。

5.2 港口与航道工程项目定额(1E422090)

港口与航道工程项目定额归纳如下。

5.2.1 《沿海港口水工建筑工程定额》的应用(1E422091)

1. 定额总说明

①定额是编制概算、预算的主要依据。编制预算时,可根据有关规定直接使用定额。编制概算时,需套用本定额算出定额直接费及基价定额直接费之后,再分别乘以扩大系数。

②费用由人工、材料、设备三部分组成。

③定额中各项目的"工程内容"中只列出主要工序,次要工序虽未列出但已包括在内。

④本定额为正常施工条件下制定的,不得调整。

⑤定额中的"基价"是统一取定的工、料、机单价计算出的人工、材料、船机费合计价格,是计算施工取费的基础。

⑥项目的水工建筑工程的定额直接费<300万元时,应计入小型工程增加费,即

小型工程增加费 =（定额直接费 + 施工取费）×5%

⑦定额直接费按地区实际材料价格和交通部规定的人工、船机艘(台)班单价计算。基价定额直接费按本定额中的基价计算。

⑧定额中的"材料消耗"包括子工程直接使用的材料、半成品等和按规定摊销的"施工用料"。"混凝土工程"中已包括筛砂、洗石等费用。

⑨混凝土制品(构件等)驳载运距>1 km的增运定额,适用于运距<500 km的运输;长江干线运距>60 km部分,按增运定额的方驳、拖轮艘(台)班费×0.7计算。

⑩"其他材料费"及"其他船机费"指主要船机、材料之外的零星材料及小型船机。

⑪"人工"按8小时/日计算。

2. 定额的应用

①根据施工图计算工程量。

②根据定额各章节说明计量。

③根据施工方案查找相应定额。

④将材料及机械台班预算价格代入进行计算。

⑤汇总后即为定额直接费。

⑥基价定额直接费即为定额正表中的基价。

5.2.2 《沿海港口水工建筑及装卸机械设备安装工程船舶机械艘(台)班费用定额》的应用(1E422092)

该定额是《沿海港口水工建筑工程定额》的配套定额,是港口水工建筑和设备安装工程概算、预算编制的依据。

1. 定额的内容

该定额包括船舶的艘班费用定额(共10类)和机械的台班费用定额(共10类)。

2. 定额费用组成

①第一类费用属不变费用,包括基本折旧费、船舶检修费、船舶小修费、船舶航修费、机械经修费、辅助材料费、安拆及辅助设施费、船舶管理费。

②第二类费用属可变费用,包括人工工资、动力费。

5.2.3 《内河航运水工建筑工程定额》的应用(1E422094)

该定额是内河航运工程概算、预算编制的主要依据。

1. 修编的主要内容

给出"基价",用以计算施工取费基数,正表实行"量"、"价"分离以适应对造价动态管理。例如:

①基价定额直接费 × 费率 = ┌─其他直接费 ③
　　　　　　　　　　　　　├─临时设施费 ④
　　　　　　　　　　　　　└─现场管理费 ⑤

②定额直接费(市场价)

　直接工程费 = ② + ③ + ④ + ⑤

按国家对"工程费用"、"其他费用"的划分要求,进行对费用项目的调整,以利宏观调控。改按工程建设复杂程度划分施工取费标准,更好地反映工程建设实际。执行现行规范、标准。调整了船机艘(台)班定额。全面修正了《混凝土和砂浆材料用量定额》,解决了混凝土转换为强度等级的过度。

2. 定额的总说明

定额以分项工程为单位,并用人工、材料和船机艘(台)班消耗量表示。是计算工程"定额直接费"的依据。

项目划分以施工图设计深度为准,初步设计深度不够时,可合并定额项,但不能调整定额水平。

预算时,可直接用定额。概算时,套用定额算出"定额直接费"后,乘以扩大系数 3% ~ 5%。

定额是按正常施工条件,在工程现场范围内发生的,使用时不得调整。

定额中各项目"工程内容"只列出主要工序,次要工序已包括在内。

定额中的人工和船机是在年有效工作天数内按 8 小时工作制计算的。其中除直接施工消耗外,还包括了场内转移、工序搭接、维修、检查、自然因素影响及其他施工消耗。

如果建设项目中的航务建筑工程或整治建筑工程的基价定额直接费小于 100 万元时,其定额直接费乘以系数 1.05;小于 200 万元时,乘以系数 1.03。

5.2.4 《内河航运工程船舶机械艘(台)班费用定额》的应用(1E422095)

1. 定额的内容

定额包括工程船舶费用定额(共十类船舶)和机械台班费用定额(共九类机械)。

2. 定额费用组成

1)第一类费用

第一类费用(属不变费用)包括基本折旧费、检修费、小修费、航修费、经修费、大修费、辅助材料费、安拆及场外运费。

2)第二类费用

第二类费用(属可变费用)包括人工工资、动力费。

5.2.5 《水运工程混凝土和砂浆材料用量定额》的应用(1E422093)

定额总说明如下。

①作为概、预算时确定混凝土和砂浆材料每 m^3 用量的依据,已包括了施工运输及操作中的损耗。

②砂用量已考虑自然条件下含水量增加的体积,使用时对砂、石含水量不作调整。

③以普通水泥为准,水泥强度等级按经济合理原则确定。编概、预算时不得调整。使用中,如建设单位认定,可根据实际情况进行调整。

④泵送混凝土和水下混凝土定额是按使用减水剂确定的。使用中不得调整。

⑤半干石灰性混凝土坍落度以 3 cm 为准,坍落度每增减 1 cm 时,水泥用量相应增减 2%。泵送混凝土坍落度以 14~16 cm 为准,水下混凝土坍落度以 19~22 cm 为准,当设计坍落度每增减 1 cm 时,水泥用量相应增减 1.5%。

⑥细骨料以中(粗)砂为准,若采用细砂,水泥用量增加 6%。

⑦若定额中的水灰比不能满足要求时,可按耐久性要求的水灰比最大允许值调整水泥用量。

(半干石灰、泵送、水下)混凝土水泥用量 = (定额用水量/按耐久性要求的水灰比最大允许值) × 1.01

⑧使用本定额应按设计要求的混凝土强度等级查用。

5.2.6 《疏浚工程预算定额》的应用(1E422096)

1. 土质分类、分级

地质分类、分级按交通部颁发的《疏浚岩土分类标准 STJ/T320—96》执行。

2. 工程量计算

按地质柱状剖面图,分别计算各级土的水下自然方。

工程量包括设计工程量、超宽工程量、超深工程量和施工期回淤量。

疏浚工程以水下自然方计算(包括超宽、超深、回淤量);吹填工程以吹填方换算水下自然方(包括超填、固结、沉降、流失量)。

3. 工况的划分与确定

按客观影响时间占施工期总时间百分比及定额规定确定工况级别。

工况分为 1~7 级,每级的时间利用率差 5%,耙吸式及绞吸式挖泥船的最高级 1 级工况的时间利用率为 70%,每加一级时间利用率下降 5%。链斗式及抓斗、铲斗式挖泥船 1 级工况的时间利用率为 60%,每加一级时间利用率下降 5%。

4. 泥土处理

抛泥和吹泥。

5. 预算定额注意事项

1) 自航耙吸式挖泥船

设计挖槽长度小于定额挖槽长度时,挖泥船每增加一次转头,应增万方艘班数。

增加转头次数 = (定额挖槽长度/设计挖槽长度 - 1) × 2

挖、吹填工程的船舶万方艘班数 ─┬─ 有码头停靠时为基本定额 × 2.8
　　　　　　　　　　　　　　　└─ 无码头停靠时为基本定额 × 3.2

2) 绞吸式挖泥船

标准岸管长度 = 岸管长度(m) + 浮管长度(m) × 1.67 + 水下管长度(m) × 1.14
　　　　　　　+ 超排高(m) × 50

当标准岸管长度大于额定标准时,应增加基本定额万方艘班数(系数由定额查取)。

当 $\phi/2 <$ 挖泥层厚度 $h < \phi$(ϕ 为绞刀直径)时,按下式修正(若 $h < \phi/2$ 不执行本定额):

$$基本定额的船舶万方艘班数增加系数 = \left(\frac{h(m)}{\phi(m)} - 1\right) \times 0.75$$

在泥泵口加格栅时,基本定额船舶万方艘班数增加系数 0.15。

每百米排泥管线的台班数,按挖泥船艘班数的 1.5 倍计算。

3) 链斗式挖泥船

运距超过适应运距时,每超过 1 km,增加超运距艘班数;不足 1 km 减少超运距艘班数的 1/2。

若挖泥层厚度(包括计算超深值)小于斗高,而大于斗高的一半时,其基本定额中的船舶(不包括拖轮及泥驳)万方艘班数增加系数 = [(挖泥船斗高(m)/泥层厚度) − 1] × 0.75;若挖泥厚度小于斗高的一半时,不执行本定额。

挖石灰土(5、6级)附着力大于 20 kPa 时,基本定额中的拖轮和非自航开体泥驳的万方艘班数分别增加系数 1.0 及 1.7。

500 m^3/h 链斗挖泥船在外海施工时,配套拖轮改为 720 kW 拖轮及 500 m^3/h 泥驳,其万方艘班数不变。

山区航道选用 100 m^3/h 链斗式挖泥船时,配套船改为 370 kW 拖轮、60 m^3/h 泥驳、90 kW 机艇,住宿船不变。选用 40 m^3/h 挖泥船时,改为 220 kW 拖轮、60 m^3/h 泥驳和 30 kW 机艇。

4) 抓斗式挖泥船

大部分与链斗式相同。自航式双抓以外的挖泥船挖石灰土(5、6级)附着力大于 20 kPa 时,基本定额中拖轮与泥驳万方艘班数分别增加系数 0.4 及 0.2。

【模拟试题】

1. 国外贷款项目应分别编制人民币及外币概算,进口材料、设备应按_____乘以外汇牌价折合人民币后按有关费率计算。

　　A. 离岸价(FOB)　　　B. **到岸价(CIF)**　　　C. 当地市场价　　　D. 购货合同价

2. 港建项目总概算包括_____的全部费用。

　　A. 建设项目施工期　　　　　　　　B. 建设项目立项后的实施期
　　C. 从可行性研究至竣工验收　　　D. 从初步设计开始至竣工验收

3. 在沿海港口工程、内河航运及疏浚工程的单位工程预算中,其他直接费、临时设施费及现场管理费的计算,都是以_____乘以各自相应的费率而得出。

　　A. 定额直接费　　　　　　　　　　B. **基价定额直接费**

C. 人工费 + 材料费　　　　　　　　　　D. 人工费 + 材料费 + 机械使用费

4.《沿海港口水工建筑工程定额》规定：当项目水工建筑工程的定额直接费小于 300 万元时，应计入小型工程增加费，该增加费为定额直接费加上施工取费后乘以_____的系数。
A. 3%　　　　　B. 5%　　　　　C. 8%　　　　　D. 10%

5. 绞吸式挖泥船当挖泥层厚度 $h < $ 绞刀直径 ϕ 或 $h > \phi/2$ 时，基本定额的船舶万方艘班数增加系数 $= \left(\dfrac{h}{\phi} - 1\right) \times$ _____。
A. 0.5　　　　　B. 0.6　　　　　C. 0.7　　　　　D. 0.75

6. 沿海港口工程的概算文件组成中，除了包括编制说明、项目总概算、建设工程概算等文件外，还包括_____。（多项选择）
A. 建设工程概算　　　　　　　　　　B. 其他费用概算
C. 补充单位估价表　　　　　　　　　D. 主要材料用量汇总表
E. 设备购置及安装工程概算　　　　　F. 主要材料、设备价格汇总表

7. 沿海港口工程概算的编制依据有_____。（多项选择）
A. 合同文件　　　B. 初步设计文件　　　C. 有关法令、法规　　　D. 有关定额、规定
E. 可行性研究报告　　　　　　　　F. 主管部门颁发的材料、设备价格
G. 当地市场材料价格、设备出厂价格

8. 沿海港口工程施工图预算编制的依据有_____。（多项选择）
A. 施工合同　　　B. 施工图设计　　　C. 初步设计文件　　　D. 施工组织设计
E. 有关定额及规定　　F. 有关法令、法规　　G. 当地市场材料价格
H. 地方基建主管部门颁发的材料预算价格

9. 在沿海港口工程的单位工程预算中，直接工程费由_____等几部分费用组成。（多项选择）
A. 材料费　　　B. 人工费　　　C. 定额直接费　　　D. 现场管理费
E. 其他直接费　　F. 临时设施费　　G. 施工机械使用费

10.《沿海港口水工建筑工程定额》规定：当项目水工建筑工程的定额直接费 < 300 万元时，应计入小型工程增加费，该项增加费应为_____之和乘以 5% 的系数。（多项选择）
A. 现场经费　　　B. 施工取费　　　C. 其他直接费　　　D. 定额直接费
E. 基价定额直接费

5.3 港口与航道工程的计量和工程价款的变更(1E421030)

5.3.1 港口与航道工程的计量(1E421031)

1. 港口与航道工程(包括土石方)计量的标准

有关**计量标准**如下:《疏浚岩土分类标准 JTJ/T320—96》、《疏浚工程土石方计量标准 JTJ/T321—96》、《淤泥质港口维护性疏浚工程土方计量技术规程 JTJ/T322—99》、《沿海港口水工建筑工程定额 1994》、《内河航运水工建筑工程定额 1998》。

2. 工程计量的程序

1)我国施工合同示范文本约定的程序

我国施工合同示范文本约定的程序见图 5.3.1。

①承包人按合同专用条款约定的时间向监理工程师提交已完工程量报告。

②监理工程师收到报告后 7 天内,按设计图纸核实工程量。在计量核实前 24 小时应通知承包人,承包人应派人参加,并为计量提供方便。

如果监理工程师 7 天内未计量,从第 8 天起视为承包人计量报告中的工程量被确认,作为支付依据;监理工程师未按约定时间通知承包人参加计量,计量结果无效;承包人接到通知后不参加计量,监理工程师计量结果即作为支付依据。

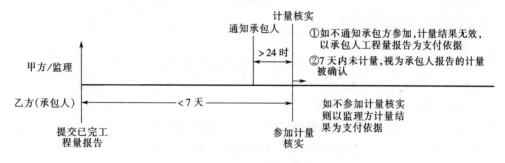

图 5.3.1 工程计量程序

2)FIDIC 施工合同条件约定的计量程序

①工程师需要测量工程部分时,在约定时间通知承包商代表;

②承包商代表接通知后亲自或派合格代表参加,协助工程师测量,如未参加,则工程师一方测量有效,视为准确予以认可。

③承包商代表方应提供工程师要求的任何具体材料。

3. 工程计量的依据

①合同文件。

②验收记录。

③签证的变更资料。

④设计图纸。

⑤合同约定的其他有关文件。

4. 计量对象

通常只对以下项目进行计量,并且是经监理工程师确认质量合格的项目。

①工程量清单中所列项目。

②合同文件中规定的项目。

③工程变更项目。

5. 计量方法

FIDIC 合同条件规定可以采用如下的方法。

1)均摊法

均摊法即对工程量清单中某些项目的合同价款,按合同工期平均计量。这种方法适用于每月均有发生的项目计量(如维护工地清洁、为工程师提供住处等)。

2)凭据法

凭据法即按承包商提供的凭证进行计量支付,适用于诸如工程保险费等项目。

3)估价法

估价法即按合同规定工程师估算的已完工程价值支付,多用于某些设备、设施等项目的计量支付,如当承包商对某项仪器设备不能一次购进时,可用此法。

4)断面法

断面法主要用于土方工程的计量。计量的体积为原地面线与设计断面之间形成的体积。

5)图纸法

图纸法按设计图纸所示的尺寸计量。

6)分解计量法

对某个项目按工序或部位分解为若干子项,对完成的各子项分别计量支付,多用于解决一些包干项目或较大的工程项目。此法由于支付时间过长而影响资金周转流动。

6. 港航工程计量标准的应用

1)《疏浚工程土石方计量标准 JTJ/T321—96》的一般规定

①疏浚与吹填土石方应依据设计文件、测量图纸及有关资料计量。

②采用体积计量,单位为立方米(m^3),取整数。

③开工前,应对施工区测量,冲淤变化较大的挖槽应在开工前 7 天内进行测量。

④竣工后,及时测量,并于 7 天内完成。

⑤可采用断面面积法或平均水深(高程)法计算土石方。陆上平坦的吹填区可用格网法计算。同一工程中,竣工后应采用与设计时相同的计算方法。

⑥合同当事人双方在开工前、竣工后都计算土石方量时,应符合如下规定:

用同一测图计算,双方差值≤2%时,采取二者的平均值;双方差值>2%时,应共同校核修正,如确未发现错误,取二者平均值。

若双方采用各自的测图计算,双方差值≤5%时,采取二者平均值;双方差值>5%时,应共同校核修正,若确未发现错误,则取二者平均值。

⑦若开工前测量计算的土石方量与设计的土石方量差值≤3%时,应以设计的方量为准;若二者差值>3%需共同校核修正。

2)疏浚工程计量

设计时及竣工后的土石方计量,以实测水下自然方为准。

设计时计算的工程量应包括：设计断面工程量、计算超宽及超深工程量。有设计备淤深度或施工期需预留回淤深度时，应加入到设计深度中。

挖槽设计断面的边坡宜通过实验或参考类似条件的工程水下自然稳定坡度确定。

3) 吹填工程计量

设计时及竣工后的土石方计量，以吹填区内实测填方为准。除按设计地面高程计算外，还应增加必需的超填高度。

5.3.2 港口与航道工程价款的变更（1E421032）

1. 工程价款变更的依据

符合下列条件之一者可以考虑**工程价款的变更**：

①监理工程师确认甲方（建设单位）批准的设计变更或工程量增减达到约定的幅度。

②工程造价管理部门公布价格或费用调整。

③一周内非乙方（施工方）原因造成停水、停电、停建累计超过 8 小时，使乙方受到损失时。

④合同约定的其他增减或调整。

2. 工程价款变更的单价与计算

工程价款变更的单价与计算按下列原则进行：

①合同中有适用的单价，按合同已有的单价计算；

②合同中有类似于变更工程的单价，可以此为基础确定变更单位；

③合同中无适用及类似的单价时，由甲、乙双方协商确定变更单价；

④合同专用条款约定的其他计算方法。

【模拟试题】

1. 承包人在合同约定的时间内向监理工程师提交了已完工程报告后，监理工程师应在收到报告后的_____内，按设计图纸核实工程量，若在此时间内未予计量，则视为承包人的计量报告已被确认，作为支付的依据。

  A. 3 天   B. 5 天   **C. 7 天**   D. 10 天

2. 监理工程在对承包人提交的已完工程量报告进行计量核实前_____应通知承包人派人参加计量，并为计量提供方便。

  A. 12 小时   **B. 24 小时**   C. 48 小时   D. 36 小时

3. 按我国现行规定，合同中没有类似的和适用的价格时，其工程变更价款的处理原则是_____。

  A. 由造价管理部门确定

  B. 由甲、乙双方协商确定变更价款

  C. 由监理工程师提出变更价格，报业主批准执行

  D. 由承包方提出变更价格，监理工程师审查批准后执行

4. 港航工程计量标准规定,在开工前应对施工区测量,冲淤变化较大的挖槽应在开工前_____内进行测量。
   A. 3 天　　　　　B. 5 天　　　　　C. 7 天　　　　　D. 10 天

5. 工程计量的依据有_____。(多项选择)
   A. 合同文件　　　　B. 设计图纸　　　　D. 验收记录　　　　C. 施工组织设计
   E. 签证的变更资料　　F. 国家颁布的法规

6. 监理工程师对承包人提交的已完工程量报告进行计量核实的对象只应当是_____,而且是质量验收合格的。(多项选择)
   A. 工程量清单所列项目　　　　　　B. 已确认的工程变更项目
   C. 合同文件中规定的项目　　　　　D. 承包人提交的已完工程量报告所列项目

5.4　港口与航道工程投标项目的成本估计与风险预测(1E422100)

5.4.1　投标项目的成本估计(1E422101)

报价是投标工作的核心问题。准确计算投标项目的成本并确定合理的报价,是施工企业能否中标并获利的关键。

1. 成本估计的主要依据
依照以下资料,进行**成本估计**:
①设计图纸、地质资料、工程情况;
②工程量清单;
③合同条件(工期、支付、外汇比例等);
④有关法规;
⑤施工组织设计、施工方案、船机设备、进度计划等;
⑥施工规范;
⑦预算定额;
⑧材料、工资标准;
⑨有关间接费的影响因素。

2. 计算步骤及内容(单价合同项目)
成本估价按以下步骤进行。
①研究投标文件:明确承包责任及报价范围、技术要求,重点是合同条件、设计文件、工程量清单和规范、标准,明确需澄清的问题。
②现场考察自然环境、交通、经济、社会条件以及可能影响质量、工期、成本的因素。
③复核工程量:搞清工程量清单中各细目的内容,按图纸及实际情况详算。
④编制施工规划(施工组织设计):包括施工方法、施工组合。
⑤计算工程费用:分别计算国际工程费用与国内工程费用。
国际工程费用组成:直接费(人工、船机、材料费用、分包费)、间接费(投标费、保函手续费、保险费、施工管理费、临时设施费、业务费、贷款利息、税金、暂定金额(属备用金)、企业管

理费(总成本的3%~5%)、盈余及风险费(5%~10%及4%~6%)。

国内工程费用组成:工程直接费、间接费(其他费用)、计划利润、税金、专项费用。

⑥确定投标价,编制标书(投标文件)。

5.4.2 投标项目的风险预测(1E422102)

1. 投标风险

风险:客观存在的损失的发生具有不确定性的状态称为**风险**。

风险因素:可能发生风险的各类问题及原因。

风险预测:对将来可能的风险事件的推测。

2. 投标项目风险预测的意义和目的

工程承包是充满风险的(包括低报价、不利的合同条款、计算失误、经营不善、不利的客观条件等),预测可能出现的风险,加以防范,可将风险损失降至最低,甚至可利用风险获利。

通过风险预测,发现投标文件中存在的可能风险,有利于合同谈判中争取解决,减少风险;将一些不清楚的问题作为投标阶段重点调查研究的问题,通过深入调研,确定各风险因素的权值,决定是否投标,确定估价中风险系数的高低,确定风险费用及总报价。

3. 投标项目的风险预测

1)港航工程投标项目风险因素分类

政治风险,包括战乱、国有化、没收征用、拒付债务、制裁与禁运、对外关系、社会风气等。

经济风险,包括业主经济实力与能力、资金来源、通货膨胀、汇率变化、税收歧视等。

技术风险,包括地质、气象、水文、材料供应、设备供应、技术规范以及标准、图纸提供、工程变更、外文条款翻译、运输、施工期安全、水下作业干扰、不可预见回淤等。

公共关系,包括参建各方关系。

管理风险,包括领导班子、合同管理、项目经理等。

2)风险预测方法

常用的**风险预测**方法有调查分析法、专家打分法、层次分析法、蒙特卡罗法、敏感性分析法、模糊数学法、控制区间与记忆模型法(CIM)、决策树法、效用分析法等。其中,专家打分法是将各风险因素按风险程度排序并赋以相应的权值(如从0~10之间,以0代表无风险,10代表风险最大),而后将各风险权值相加,并与风险评价基准比较,判断项目的风险水平是否可以接受。

【模拟试题】

1. 战乱、没收征用、制裁与禁运等因素,属于_____。

A. **政治风险**　　B. 经济风险　　C. 技术风险　　D. 管理风险

2. 地质、气象、水文条件、材料供应、设备供应、技术规范以及标准、图纸提供等因素属于_____。

A. 政治风险　　B. 经济风险　　C. **技术风险**　　D. 管理风险

3. 资金来源、业主经济实力、通货膨胀、汇率变化等属于_____。
   A. 政治风险　　　　B. **经济风险**　　　　C. 技术风险　　　　D. 管理风险

4. 客观存在的损失的发生具有不确定性的状态,称为_____。
   A. **风险**　　　　B. 风险度　　　　C. 风险因素　　　　D. 风险预测

5. 可能发生风险的各类问题及原因,称为_____。
   A. 风险　　　　B. 风险预测　　　　C. **风险因素**　　　　D. 风险估计

6. 投标项目成本估计的主要依据有_____。(多项选择)
   A. **合同条件**　　　　B. 概算定额　　　　C. **预算定额**　　　　D. 设计图纸
   E. **工程量清单**　　　　F. 合同协议书　　　　G. **施工组织设计**

7. 国际工程项目投标成本估计时,其费用组成包括_____。(多项选择)
   A. **税金**　　　　B. 间接费　　　　C. **直接费**　　　　D. 暂定金额
   E. **计划利润**　　　　F. **其他费用**　　　　G. **专项费用**　　　　H. **盈余及风险费**
   I. **企业管理费**

8. 国内工程项目投标成本估计时,其费用组成包括_____。(多项选择)
   A. **税金**　　　　B. **直接费**　　　　C. 暂定金额　　　　D. **计划利润**
   E. **专项费用**　　　　F. **企业管理费**　　　　G. **盈余及风险费**　　　　H. **间接费或其他费用**

9. 下列各因素中,属于政治风险范畴的有_____。(多项选择)
   A. **战乱**　　　　B. **国有化**　　　　C. 通货膨胀　　　　D. **没收征用**
   E. 汇率变化　　　　F. **拒付债务**　　　　G. 税收歧视　　　　H. **制裁与禁运**

10. 下列各因素中,属于经济风险范畴的有_____。(多项选择)
    A. 战乱　　　　B. 国有化　　　　C. **通货膨胀**　　　　D. 没收征用
    E. **汇率变化**　　　　F. **资金来源**　　　　G. **税收歧视**　　　　H. 拒付债务

11. 下列各因素中,属于技术风险范畴的有_____。(多项选择)
    A. 国有化　　　　B. **工程变更**　　　　C. 通货膨胀　　　　D. **图纸提供**
    E. **自然条件**　　　　F. **技术规范、标准**　　　　G. **外文条款翻译水平**

5.5　港口与航道工程项目的费用控制(1E422110)

5.5.1　港口与航道工程项目的成本预测(1E422111)

1. 成本预测的概念

成本预测是在分析项目的施工过程中,各种经济、技术要求对成本升降影响的基础上,推算成本水平变化的趋势与规律。

通过成本预测对影响成本水平的因素进行分析,可推测未来哪些因素将对项目成本产生影响。

成本预测可使项目经理在满足业主及合同要求下,选成本低、效益好的方案,并可在施工中针对薄弱环节事先采取措施控制成本。

2. 成本预测的过程

成本预测过程如下。

①制定预测计划。

②搜集整理预测资料。

③选择预测方法。常用预测方法有定性方法(专家会议、主观概率法、德尔菲法等)和定量方法(移动平均法、指数平滑法、回归分析等)。

④成本的初步预测:根据定性方法及横向的成本资料的定量预测,对施工项目成本初步估计。

⑤对影响成本水平的因素预测(如物价变化、劳动生产率、物料消耗、办公费开支等)。

⑥成本预测:根据第④、⑤项结果,确定施工项目的直接费估计。

⑦分析成本预测的误差。

3. 成本预测的方法

1)定性预测法

①专家会议法:集合意见。

②专家调查法(德尔菲法):包括发调查表、综合整理、反馈、再预测意见,以求得趋于一致的结果。

③主观概率法:将专家会议法与专家调查法结合,先请专家提出几个预测估计值,评定各值可能出现的概率,再计算各专家预测值的期望值,最后求各专家平均值作为结果。

2)定量预测法(统计预测法)

先依历史统计数据,用数学方法加工整理,找出有关变量间关系,推测未来的发展变化。优点是在数量上做出准确描述,受主观因素影响小。缺点是对资料信息要求高,不易灵活掌握。

5.5.2 港口与航道工程项目的费用控制(1E422112)

在成本形成的过程中,对生产经营消耗的人力、物质资源、费用开支等进行指导、监督、限制,及时纠正发生的偏差,将各项费用控制在计划的成本范围内,保证成本目标实现,称为**成本控制**。

1. 成本控制的原则

成本控制的原则包括:开源与节流相结合;全员、全过程的全面控制;中间(过程)控制;目标管理;节约;例外管理(原则下的灵活性);责、权、利相结合(统一)。

2. 成本控制的实施

1)施工前期成本控制

(1)投标阶段

包括:成本预测;制定投标策略(分析招标文件、现场条件、市场情况等);中标后组建项目经理部,确定项目的成本目标(以施工合同为依据)。

(2)施工准备阶段

包括:制定满足合同要求、成本最低的施工方案;编制成本计划;按部门/施工队/班组的分工,落实责任成本。

(3)间接费预算的编制与落实

按工期及工程规模编制间接费预算;明细分解,以项目经理部有关部门/人员责任成本的形式落实,作为成本考核依据。

(4)分包项目成本控制

分包合同额≥相应分部、分项工程的目标成本(应减分包管理费)。

2)施工期间的成本控制

①以施工预算控制成本支出:按施工预算"以收定支"("量入为出"),控制人、材、机的使用和周转设备使用、分包费等。

②以施工预算控制人力和物质资源消耗。

③建立资源消耗台账,实行资源消耗的中间控制。

④对成本和进度同步跟踪,控制分部、分项工程成本。

⑤建立项目月度财务收支计划制度,以"用款计划"控制成本费用支出。

⑥建立项目成本审核签证制度,控制成本支出。

⑦加强质量管理,控制质量成本。质量成本组成如下:

$$质量成本\begin{cases}控制成本\begin{bmatrix}预防成本\\鉴定成本\end{bmatrix}(属保证成本,与质量水平成正比)\\故障成本(属损失性费用,与质量水平成反比)\end{cases}$$

⑧现场管理标准化,堵塞浪费。

⑨定期开展项目经济核算"三同步"(统计核算、业务核算、会计核算)的检查,防止项目成本盈亏异常。

⑩应用成本控制的财务方法(成本分析表)控制项目成本。

3)竣工验收阶段的成本控制

严把质量关是竣工验收阶段成本控制的关键。

3.降低成本的措施

降低成本的措施如下:

①认真会审图纸,提出修改意见;

②加强合同预算管理,增创收入;

③制定经济合理施工方案;

④落实技术组织措施;

⑤组织均衡施工,加快进度;

⑥降低材料成本;

⑦提高船机利用率。

【模拟试题】

1.成本预测、制定投标策略和组建项目经理部,确定项目的目标成本等工作,是属于

_____的成本控制工作。

    A. **投标阶段**　　　　B. 施工期间　　　　C. 施工准备阶段　　　　D. 竣工验收阶段

2. 制定满足合同要求、成本最低的施工方案,编制成本计划和按部门、施工队、班组分工落实责任成本等工作属于_____的成本控制工作。

    A. 投标阶段　　　　B. 施工期间　　　　C. **施工准备阶段**　　　　D. 竣工验收阶段

3. 对分包项目的成本控制,要求分包合同额_____相应分部、分项工程的目标成本。

    A. 高于　　　　B. **低于**　　　　C. 等于　　　　不低于

4. 下列_____等项措施属于降低成本的措施。(多项选择)

    A. **提高船机利用率**　　　　　　　　B. **落实技术组织措施**
    C. **制定经济合理的施工方案**　　　　D. **现场管理标准化,堵塞浪费**
    E. **合理下料,降低材料损耗率**　　　　F. **认真会审图纸,提出修改意见**
    G. **加强质量管理,控制质量成本**　　　H. **以施工预算控制人力、物质资源消耗**

5. 下列_____等措施是属于成本控制措施。(多项选择)

    A. **成本预测**　　　　B. **编制成本计划**　　　　C. 降低材料成本　　　　D. 提高船机利用率
    E. **落实技术组织措施**　　　　　　　　F. **按施工预算"以收定支"**
    G. **按部门、施工队、班组落实责任成本**　　H. **制定满足合同要求、最低成本的施工方案**
    I. **建立资源消耗台账,实行资源消耗的中间控制**

6. 下列_____是属于施工前准备阶段的成本控制工作。(多项选择)

    A. **成本预测**　　　　　　　　　　　　B. **编制成本计划**
    C. **按部门、施工队、班组落实责任成本**
    D. 组建项目经理部,确定项目的成本目标
    E. **制定满足合同要求、成本最低的施工方案**

5.6　港口与航道工程项目的工期索赔与费用索赔(1E422030)

5.6.1　索赔(1E422030)

1. 索赔的概念

索赔是当事人在合同实施中,根据法律、合同、惯例,对于非自身原因(或过错)由对方承担责任(或风险)的情况造成的且实际发生了的损失,向对方提出给予补偿的要求。

索赔属于补偿性质,不是惩罚。索赔方受损害与被索赔方行为不一定存在法律上的因果关系(可能是客观原因、第三方原因)。索赔是双向的,当事各方均有此权利。

索赔分为工期索赔和费用索赔两类。

2. 产生索赔的原因

产生索赔的原因如下:

①施工延期;
②恶劣的自然条件;
③合同变更(设计变更、工程变更);
④合同矛盾与缺陷(地质条件不符、地下埋藏物未标明);
⑤监理工程师错误指令;
⑥第三方(其他承包商)原因;
⑦政策、法律的变化;
⑧货币及汇率变化。

3．索赔成立的条件

索赔成立的条件如下：
①索赔事件造成当事人一方的损失(费用增加或工期延长);
②造成损失的原因非索赔人原因(非索赔人的行为责任和风险责任);
③索赔人按合同约定的时间和程序提出索赔要求(索赔意向通知和索赔报告)。

5.6.2 港口与航道工程项目的工期索赔(1E422031)

1．工期索赔

工期索赔是要求批准延长合同工期的索赔。

2．工期索赔的内容

在合同中规定的工期索赔内容如下。
①合同外的额外工程或附加工程。
②对方未能按合同约定及时提供现场(占有权)或交通条件(出入权)。
③化石处理(现场发现化石、有考古价值的文化和地下埋藏物等)。
④图纸、指令延误发出。
⑤监理指令暂停(包括政策、方针、指示)。
⑥增加额外检验。在抽查中,若监理工程师要求检验的样品与试验属于合同中未指明或未规定的;合同中未特别说明的;是在被检验材料(设备制造、装配)场地以外的其他地方进行检验的,若检验结果符合合同要求,但延误了施工进度,可要求延长工期。
⑦遭遇不利的障碍物(水下障碍、沉船、水底隧道、水下电缆等)。
⑧遭遇异常恶劣的气候条件(有经验的承包人无法预见的)。
⑨项目法人/业主造成延误和障碍(提交材料和设备延误、支付延误、指挥失误)。
⑩任何其他特殊情况。

3．工期索赔和计算

1)网络分析法

网络分析法只补偿实际损失即实际延误的工期天数。通过分析对比延误发生前后的网络计划两种计算工期的结果,计算索赔额。

2)比例分析法

分析延误事件发生所在的单项/单位/分部/分项工程的工期,分析它们对总工期的影响。

①以合同价所占比例计算：总工期索赔值 = $\dfrac{\text{附加或新增工程量价格}}{\text{原合同总价}} \times$ 原合同工期。

②按单项工程工期拖延的平均值计算。

例 某分部工程原始网络计划如图 5.6.1 所示。计算工期为 84 天。

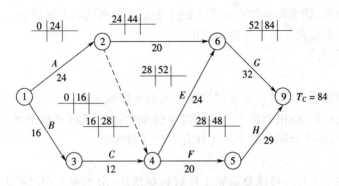

图 5.6.1 某分部工程原始网络计划图

上述网络计划进度在实施过程中，各工作项目先后遭受到来自业主、不可抗力和承包方原因使时间发生变化。变化情况如图 5.6.2。图中带括号的数字为承包方原因导致的工作时间变化。承包方原因导致的延误或提前不应计入索赔额中。因此，计算出只受业主及不可抗力影响下的工期应为 90 天。

故应补偿索赔额为 90 − 84 = 6 天。

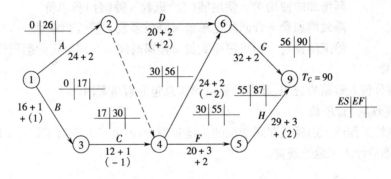

图 5.6.2 工期延误变化的网络计划图

5.6.3 港口与航道工程项目的费用索赔(1E422032)

1. 费用索赔

费用索赔是指合同一方当事人由于对方原因或双方不可控的因素（客观的、属于对方应承担的风险）而遭受损失的情况下，向对方提出补偿经济损失的要求。

费用索赔是合同索赔的重点，也是最终目标（工期最终也反映在经济上）。

承包方提出的费用索赔分为：损失索赔（因业主方违约或错误造成，其计算基础是"成本"及引发的利益损失）和额外工作索赔（由工程变更等引起，其计算基础是"成本 + 利润"）。

2. 索赔费用组成

按国际惯例，索赔费用包括：直接费（人工费、材料费、机械费）、间接费（工地管理费、保险费、利息、总部管理费等）和利润。

3. 索赔费用计算

1)计算原则

①反映实际损失,即索赔事件对索赔人的工程成本和费用的实际影响;

②证明实际损失是由于索赔事件引起的。

2)计算内容及方法

(1)人工费

$$人工费索赔额 = 各类人员索赔单价 \times 人数 \times 影响天数$$

索赔单价分三种情况:由于窝工引起的窝工费单价;由于窝工改做其他工作效率降低引起的人工降效费单价;由于合同外的额外工作花费的工资单价。

(2)材料费

由于业主修改了工程内容或重新施工使材料费增加;由于业主原因推迟了时间遭遇材料价格上涨。

$$材料费索赔额 = (实际用量 - 原来数量) \times 使用的材料单价$$

(3)船机使用费

其索赔额包括:完成额外工作增加的费用;非承包人原因导致的降效费;业主原因导致的船机窝工。

$$船机索赔额 = 新增加的使用费 + 降效增加费 + 停工闲置费$$

$$新增加的使用费 = 使用艘(台)班数 \times 艘(台)班单价$$

$$降效增加费 = 合同规定单价 \times 降效系数 \times 艘(台)班数$$

$$停工闲置费 = 船机停滞数量 \times 停滞时间 \times 合同规定的船机停工单价$$

(4)分包费

分包费指分包人索赔的费用,其索赔额应列入总包的索赔额内。

(5)工地(现场)管理费

指完成额外工作或工期延长期间增加的工地管理费;但由于人工窝工损失索赔时,因其他工程在进行,不应计入工地管理费。

(6)利息

由于延期支付、工程变更、索赔支付拖延、错误扣款发还等原因,延长了投资(贷款)利息。利率应事先界定,可以是当时的银行贷款利率、银行透支利率或双方协议的利率。

(7)总部管理费

总部管理费是由于工程延误时间引起的。国际上的计算方法有如下几种。

按投标书中的总部管理费所占比例计算:

$$总部管理费索赔额 = 合同中总部管理费率(\%) \times (直接费索赔额 + 工地管理费索赔额等)$$

按公司总部规定的管理费率计算:

$$总部管理费索赔额 = 公司管理费比率(\%) \times (直接费索赔额 + 土地管理费索赔额等)$$

以工程延期总天数为基础计算:

$$总部管理费索赔额 = 该工程每日管理费 \times 工程延期天数$$

$$该工程每日管理费 = 该工程向总部上缴管理费 / 合同实施天数$$

该工程向总部上缴管理费＝同期公司的总管理费×该工程合同额/同期公司总合同额

（8）利润

工程范围变更或施工条件变化（工程量或工程难度增加）引起的索赔可计入利润。但工期延误的索赔一般不包括利润（利润已包括在合同的综合单价内）。

【模拟试题】

1. _____ 是可能导致工程延期或工期索赔的主要原因。
   A. 决策失误 B. **工程量增加**
   C. 国家经济政策变化 D. 上级领导行政干预

2. 某承包商通过投标承揽了某大型建设项目施工，在施工中该承包商能提出工程延期要求的条件是_____。
   A. **不可抗力影响** B. 分包商未按时交工
   C. 施工机械未按时到场 D. 采购的材料延误到场

3. 某土方工程合同单价20元/m³，其中人工费每工日平均工资为30元/工日，估计工程量为20 000 m³。在开挖过程中，由于业主方的原因造成施工承包方10人窝工5天，由于承包方原因造成15人窝工2天，合同规定窝工费按日工资的70%计，因此承包方合理的人工费索赔金额应为_____元。
   A. 420 B. **1 050** C. 1 480 D. 1 890

4. 某工程项目中的 A 工作为关键工作，B 工作有 3 天的总时差，C 工作有 2 天的总时差，在施工过程中由于业主原因使 A 工作延误了 3 天，B 工作被迫延误了 4 天，C 工作由于采购的材料延误到场 6 天，承包商合理的工期索赔应要求工程延期_____。
   A. 1 天 B. **3 天** C. 4 天 D. 6 天

5. 由于承包商原因造成工期延误，业主进行了索赔，在确定违约金费率时，一般应考虑_____因素。（多项选择）
   A. **业主盈利损失** B. 由于工期延长增加的保险费开支
   C. **由于工期延长带来的附加监理费** D. **由于工期延长导致的贷款利息增加**

6. 在下列的各项费用中，承包商可以索赔的费用有_____。（多项选择）
   A. 异常恶劣气候导致的机械窝工费
   B. **由于监理工程师原因导致机械窝工费**
   C. **由于完成额外工作增加的机械使用费** D. 施工组织设计不合理导致的机械窝工费
   E. **业主原因导致工效降低增加的机械使用费**

7. 某承包商在施工过程中能够提出工程延期索赔要求的条件是_____。（多项选择）
   A. 公用电网停电 B. 分包商返工延误

C. 施工图纸拖延提交 D. 施工机械未按时进场
E. 施工场地未按时提供 F. 异常恶劣的气候条件

8. 为了减少或避免工程延期事件的发生,监理工程师应做好的工作包括_____。(多项选择)

A. 及时下达工程开工令 B. 督促业主及时支付工程款
C. 督促业主及时提供施工场地 D. 提醒业主履行合同职责和义务
E. 事先准备防止不可抗力的发生

9. 遇到_____情况时,承包商可以向业主既要求延长工期,又索赔费用。(多项选择)

A. 设计文件有缺陷 B. 由于业主原因造成临时停工
C. 当地气候恶劣,造成施工停顿 D. 业主供应的设备材料推迟到场

10. 由于业主方的设计变更,导致工程暂停1个月,则承包商可索赔的费用有_____。(多项选择)

A. 利润 B. 人工窝工费 C. 机械设备窝工费 D. 增加的现场管理费

[案例]

背景资料 某船坞工程项目施工合同总价为5 000万元,合同工期为14个月。在施工过程中,由于业主将原设计进行变更修改,使施工单位停工待图1个月。在基础施工时,施工单位为了保证工程质量,自行将原设计要求的部分混凝土强度由C18提高到C20。工程竣工结算时,施工单位向监理单位提出了费用索赔的要求如下。

1. 由于业主方修改设计图纸延误1个月的有关费用损失:

工人、窝工费用损失 = 月工作日 × 日工作班数 × 延误月数 × 工日费 × 每班工作人数
    = 20天 × 2班 × 1月 × 30元/工日 × 30人/班 = 3.6万元

机械设备闲置费用损失 = 月工作日 × 日工作班数 × 每班机械台数 × 延误月数 × 机械台班费
    = 20天 × 2班/天 × 2台 × 1月 × 600元/台班 = 4.8万元

现场管理费 = 合同总价 ÷ 工期 × 现场管理费率 × 延误时间
    = 5 000万元 ÷ 12月 × 1.0% × 1月 = 4.17万元

公司管理费 = 合同价 ÷ 工期 × 公司管理费率 × 延误时间
    = 5 000万元 ÷ 12月 × 6% × 1月 = 25.0万元

利润 = 合同总价 ÷ 工期 × 利润率 × 延误时间
    = 5 000万元 ÷ 12月 × 5% × 1月 = 20.83万元

合计:57.57万元

2. 由于基础混凝土强度的提高导致费用增加10万元

问题

1. 按上述情况,监理工程师是否同意接受其索赔要求?为什么?
2. 施工单位提出索赔一般应按照什么程序进行?
3. 如果施工单位按照规定的索赔程序提出了上述费用索赔的要求,监理工程师是否同意

施工单位索赔费用的计算方法?

4.如果甲、乙双方对索赔的解决不能取得协商一致,监理工程师作出的"索赔处理决定"是否是终局性的?对当事双方有无强制性约束力?

参考答案

1.对于施工单位的索赔要求,因为不符合合同规定,监理工程师不会同意接受。按索赔程序,通常施工单位应在索赔事件发生后的规定期限内(一般为28天)向监理机构提出索赔意向书。本案中是在工程竣工结算时才提出要求,显然已超过索赔有效期。

2.索赔通常按以下程序进行。

①在索赔事件发生后,施工单位应在合同规定的期限内(一般为28天)向监理机构提交索赔意向书。

②索赔准备。索赔事件发生后,提交正式索赔报告前,施工单位应进行以下准备工作:对事件进行调查,了解详情;分析损害事件原因及责任归属;明确索赔的根据和理由;进行损失调查;收集证据,并在索赔事件持续发生期间始终保持完整的记录;起草索赔报告。

③提交索赔报告。在索赔意向书提交后的28天内,必须提交索赔的详细报告,说明情况、原因、索赔依据、索赔额计算、索赔证据及要求等。如果索赔事件持续发生,则应定期提交补充报告,待索赔事件结束后28天内,提出最终报告。

④监理方审查索赔报告,进行核实,并向业主报告。

⑤监理方与承包商协商,使甲、乙双方取得共识,可将补偿费用列入下期支付进度款结算中。

⑥如不能取得共识,监理方可对索赔处理作出决定。如最终当事方不能接受,则形成合同争议。

3.监理机构不会完全同意施工单位提出的索赔费用的计算,理由如下。

①业主图纸延误提供造成的损失应予补偿。但施工单位提出的计算中人工费和机械使用费不应用工日费和台班费,而应使用窝工费及机械闲置费(租赁费或折旧费)。

②管理费的计算不应以合同总价为基数乘以相应费率,而应以直接费为基数。

③利润已包括在各项工程的单价价格内,除工程范围变更、施工条件变化等引起的索赔可考虑利润外,由于延误工期并未影响工程量,故不应给予补偿。

④由于提高混凝土强度标准而增加的费用,属于施工单位自身造成的,应由施工单位自行承担。

4.监理工程师作出的"索赔处理决定"不是终局性的,对甲、乙双方均不具有强制性约束力。

6 港口与航道工程施工安全管理与文明施工（1E421070）（1E421080）（1E421090）（1E421100）（1E421110）（1E421120）（1E422060）（1E422070）

6.1 港口与航道工程施工安全事故的等级划分和处理程序（1E421070）

6.1.1 施工安全事故的等级划分（1E421071）

1. 重大事故

重大事故等级划分如表6.1.1所示。

表6.1.1 施工重大事故等级划分

重大事故等级	死亡人数	重伤人数	直接经济损失（万元）
1级重大事故	≥30人		≥300
2级重大事故	10~29人		≥100，<300
3级重大事故	3~9人	≥20人	≥30，<100
4级重大事故	1~2人	3~19人	≥10，<30
严重事故		≤2人	≥5，<10
一般事故			≥0.5，<5

2. 伤亡事故

伤亡事故是指职工在劳动过程中发生的人身伤害、急性中毒事故，其等级划分，如表6.1.2所示。

表6.1.2 施工伤亡事故等级划分

事故等级	轻伤	重伤	死亡/失踪
1级轻伤事故	有	无	无
2级重伤事故		1~2人	无
3级伤亡事故		≥3人	1~2人
4级重大伤亡事故			3~9人
5级特别重大伤亡事故			≥10人

3. 损失工作日

损失工作日计算的目的在于估计事故在劳动力方面造成的相应损失。
①轻伤:相当于损失 1~105 个工作日的失能伤害。
②重伤:相当于损失≥105 个工作日的失能伤害。
③死亡:按 6 000 个工作日损失计。

4. 船舶海损事故

水上交通事故(船舶海损事故)等级划分见表 6.1.3 所示。

表 6.1.3 水上交通事故等级划分

船舶等级		重大事故		大事故		一般事故		小事故
总吨	主机功率(kW)	死亡人数(人)	直接经济损失(万元)	死亡人类(人)	经济损失(万元)	重伤人员	经济损失(万元)	
>3 000	>3 000	≥3	≥500	1~2	≥300<500	有	≥50 万元<300	未达达一般事故的程度
≥500<3 000	≥1 500<3 000	≥3	≥300<500	1~2	≥50<300	有	≥20<50	未达到一般事故的程度
<500	<1 500	≥3	≥50<300	1~2	≥20<50	有	≤10<20	未达到一般事故的程度

6.1.2 施工安全事故的处理程序(1E421072)

1. 重大事故及人身伤亡事故的处理

1)报告

发生重大事故及人身伤亡事故后,应立即将事故概况快速报告至上级主管与行业安全管理部行和当地劳动、公安、人民检察院及工会等部门。

2)事故调查处理原则

事故调查处理原则为:原因未查清不放过;责任者未受到处理不放过;群众未受到教育不放过;防范措施不落实不放过。

3)事故处理步骤

①迅速抢救伤员,保护现场。

②组织调查组,轻、重伤事故由企业负责人或指定人员组织生产、技术、安全等部门及工会成员组成;死亡事故由企业的上级主管部门会同所在地(设区的市级)劳动、公安部门及工会组成;重大死亡事故按企业隶属关系,由省级主管部门或国务院有关主管部门会同同级劳动、公安、监察、工会等部门组成。与事故有直接利害关系者不得参加调查组。

③现场勘察,要求及时、全面、细微、客观,内容包括笔录、拍照、绘图。

④分析事故原因,确定事故性质和责任。

事故分析的步骤:整理调查材料—分析内容(受伤部位、性质、起因、致害物、伤害方法、不安全状态、不安全行为)—确定直接及间接原因和事故责任者。

事故分析的方法:根据调查事实,从直接原因入手,逐步深入到间接原因,分析确定直接责任者、领导责任者及主要责任者。

事故性质分责任事故(人的过失造成的)和非责任事故(不可预见原因和不可抗拒的自然条件变化造成的)两类。

⑤写出调查报告,全组人员签字后报批。报告内容包括事故经过、事故原因、事故责任分析、处理意见、教训与建议。

⑥事故审理与结案。调查报告审批后结案,处理工作应在90天内结案,特殊情况不超过180天结案。另外,应对责任人进行处理。

2. 船舶海损事故的处理

海损是指船舶撞碰、浪损及触礁、火灾、爆炸、沉没等引起的财产损失及人身伤亡的海上交通事故。

1)报告

事故发生后船岸双方采取措施控制事故、稳定局面。船长向本企业主管部门报告事故原因、处理措施及损失情况。企业按规定向所属地海事局报告。

2)调查

由港区地的海事局调查。海事局有权询问有关人员,要求提供书面材料及证明,要求当事人提供各种文件、资料。

3)处理

对海上交通事故的责任人员,海事局可依法予以相应处罚,对中籍人员可给予警告、罚款或扣留职务证书。对外籍人员可给予警告、罚款或通报其所属国家主管机关。

6.2 港口与航道工程施工安全事故的防范(1E421080)

港口与航道工程施工安全事故的防范方法(1E421081)如下。

1. 消除不安全因素

消除人的不安全行为和物的不安全状态,实现作业条件安全化。

1)消除人的不安全行为

通过教育、培训、标准化操作与安全确认制和均衡生产与劳逸结合等方式消除人的不安全行为。

2)消除物的不安全状态

采用新技术、新工艺、新设备改善劳动条件,进行安全技术研究,使用个人防护用具,开展安全检查和定期评价,从而消除物的不安全状态。

2. 制定防范措施

1)水上、水下工程施工作业的安全防范

作业前申报施工许可证;实地勘察,制定安全防范措施,报上级主管部门审批后执行;对参与作业人员安全技术交底,水上施工作业人员装备救生衣,禁酒作业;严禁"三无"船舶作业,气候不良停止作业,水上临时作业平台牢固可靠,挂避碰标灯;严禁在船舶缆绳附近作业;潜水人员持证上岗。

2)工程船舶起重打桩作业安全防范

起重打桩作业严格遵守安全操作规程;起重作业严格遵守"六不吊",吊装前进行安全检查、试吊;对安装后不易稳定及可能遭受外界影响的构件,应有夹固措施;停止作业时不得吊有重物;吊车作业半径内严禁堆物并不得拖曳吊离;起重指挥严格按操作规程操作;夜间作业照明良好,工作时安全着装,桩架平台有防滑措施,作业人员不得与桩架及附属部件有非作业性接触;挑龙口打桩时,通行跳板上要采取防落海措施;打桩船移位时,防止缆索拌桩伤人;夜间设警示灯及标牌;按设计规定吊点吊桩,打桩时发现异常立即停止;加强现场及航道了望,按航行通告要求妥善停泊并显示信号。

3)季节性施工作业安全防范

单独编制施工安全措施,报上一级技术负责人审批后执行;开工前进行交底;夏季做好防暑降温、防台、防洪工作;有船舶应急救援预案;雨季做好防触电、防雷、防洪、防坍塌工作;冬季做好防风、防火、防冻、防滑工作。

6.3 大型施工船舶的拖航、调遣和防风、防台(1E421090)

6.3.1 大型施工船舶的拖航、调遣(1E421091)

大型施工船舶指起重船、打桩船、挖泥船、炸礁船等。**拖航、调遣**指船舶经水路从一地航行至另一地。

1. 拖航、调遣的一般规定

①企业负责人签发船舶调遣令。专人负责组织有关人员及船长制定调遣计划及实施方案。公司调度部门负责组织流程。

②双拖轮及多艘船只执行同一任务时,应指定主拖船长任总船长,负责全程指挥。

③总船长负责主持制定拖航计划及安全实施方案。

④长途拖航(超越限定航区时或限定航区>200海里时)应向验船部门申请拖航检验,并取得拖航检验报告或拖航批准书。

⑤拖航、调遣的主拖轮和被拖船的技术性能应符合国家海事、船检主管部门的有关规定。

⑥承揽本企业外拖航任务或租用拖轮拖航应签合同,明确安全责任。

⑦拖航中应遵守《国际海上避碰规则》及国家海事局有关规定。

⑧拖航完成后总船长应及时总结,向有关部门汇报,资料归档。

⑨执行拖航时,无关人员禁止随航。

2. 安全备航

①拖航前进行安全教育,组织安全技术交底。

②总船长负责组织船舶安全技术状态全面检查和封舱加固,报主管部门验收签认。

③航前安全检查包括:船舶消防、救生、水密、通信、信号设备及机电设备、航行设备、电航仪器等。

④租用拖轮前,被拖船主管部门应及时联系拖航主管部门,获得其批准的拖航计划抄件,以掌握拖航动态。

⑤执行拖航前,各船舶均应按海事主管部门规定,配备救生、消防、通信、信号、锚系、防渗、堵漏等设备以及各应急措施。

⑥配备足够淡水、燃油、食品、急救药品等生活保障。

⑦拖航前应对船舶稳定性校核,且应符合规范等要求。

⑧若拖航航线通过冰区,应具备海事部门检验批准的"冰区航行证件"或验船师签发的批

准文件。

⑨拖航前应有一次消防、救生演习。

⑩拖航前应备齐所需的全部文件、证书(调遣令、封仓加固检查记录、批准的拖航计划、船员认证、出港签证、船检签证)以及航海图、有关资料等。

3. 启航与拖航

启航与拖航时,常遇情况与工作如下。

①启航前及时掌握该航区气象情况,不良天气不得强行启航。

②船队启航后 2 小时内应向出发港与目的地港的主管单位调度中心等报告启航和航行情况及预计到港时间等。

③主管单位调度部门应记录船舶动态,进行航行过程的安全监控。

④拖运调遣途中严格执行海上避碰有关规定,全体人员遵守岗位职责,谨慎操作,确保安全。

⑤拖航期间拖轮人员应守望被拖船和拖缆情况。

⑥拖带无人留守船舶时,应根据气象、水文情况,选择安排安全适航航段,并注意拖缆摩擦情况,及时调整受力点,如发现情况有异常,应派员登船检查,及时解决。

⑦被拖船留值船员,在途中应对被拖船的水密、拖曳设备、活动部件及周围海况定时检查,并记录于被拖轮的"航海日志上"。

⑧被拖船留值人员每日须定时对所有液体舱、空舱测量两次并记录。

⑨拖带打桩船等较高或较宽船舶时,通过水域上空的障碍或限制船体宽度的水域时,应准确掌握情况,确认不超限时,方可通过。

⑩拖航期间,按时收听气象预报,及时做好防风与避风准备。

⑪利用先进通信手段。

4. 遇险遭难安全救助

①拖航期间,出发港、目的港拖航主管部门和调度部门等应安排人员昼夜值班,保持与船队联系,有遇险遭难的报告时,值班人员应立即向有关部门及主管领导报告,尽快采取应急措施。

②途中发生意外时,总船长应指挥采取应急措施;如无力解决,应向主管部门、海事部门和搜救中心报告,寻求支援与救助。

③途中遇险遭难时,及时向海上搜救中心发出求救,并向有关部门报告,同时积极自救。

5. 航区划分

航区划分为4类。

①无限航区。

②近海航区:渤、黄、东海距岸≥200 海里,台湾海峡、南海距岸≥120 海里的海域。

③沿海航区:台湾东海岸、台湾海峡东西海岸、海南省东海岸及南海岸距岸≥10 海里,其他海岸距岸≥20 海里海域。

④遮蔽航区:沿海航区内,岸岛之间、岛岛之间、岛岸之间横跨距≥10 海里。

6.3.2 大型施工船舶的防风、防台(1E421092)

大型施工船舶是指起重船、打桩船、挖泥船、炸礁船等。**防风、防台**指船舶防御风力6级以上的季风和热带气旋。北半球热带气旋发生于热带海洋面上,按风力大小可分为:热带低压(中心风力6~7级)、热带风暴(中心风力8~9级)、强热带风暴(中心风力10~11级)、台风(中心风力12级以上)。

其中,"**在台风威胁中**"指船舶在未来48小时内,可能遭遇的风力达6级以上;"**在台风严重威胁中**"指船舶在未来12小时内,可能遭遇风力达6级以上;"**在台风袭击中**"指台风中心接近,风力转剧达8级以上。

1. 大型施工船舶防季风安全措施

防季风安全措施如下。

①每年进入强风季节前,应对施工船舶全面检查,对查出的隐患立即整改。

②针对季风突发性和持续性长,应每天按时收听气象预报,及早作好停工和防御准备。

③季风吹袭期间,航行施工的船舶要注意风流压影响,防碰撞及搁浅事故发生。碇泊施工的船舶要防边锚断钢丝伤人、钢桩断裂、泥斗出轨等事故发生,风浪过大时,停工避风。

2. 大型施工船舶防台准备

①台风季节到来前,项目经理部要编制防台预案。

②船舶防台锚地的选择应考虑:满足现场船舶、设施的水深要求;近施工作业区内水域;周围无障碍物的环抱式港湾、水道;有抗浪涌天然或人工屏障的水域;有足够回旋距离的水域;泥或砂泥底质;流速平缓;便于通信联系及应急抢险救助。

③船舶撤离时机的选择应考虑:确保碇泊船舶在6级大风范围半径到达5小时前抵达防台锚地;确保自航船舶在8级大风半径到达工地5小时前抵达防台锚地。

3. 大型船舶防风、防台实施

①热带低压生成后,项目经理部跟踪、记录、分析其动向,向辖船通报;施工船舶跟踪、记录其动向,合理安排做好防台准备。

②在台风威胁中,项目经理部跟踪、记录、标绘分析其动向,召开会议,部署防台工作,指定防台值班拖轮,向辖船通报信息;施工船舶跟踪、记录、标绘、分析其动向,备足粮、肉、菜、水、燃油;施工船不得拆机修理,已拆者尽快恢复,来不及恢复的报项目部。

③在台风严重威胁中,项目部安排值班,继续跟踪、记录、分析、通报,掌握防台准备情况;施工船舶进入锚地,继续跟踪、记录分析动向;锚泊时注意安全距离;确保24小时有人值班,保持联络畅通。

④在台风袭击中,项目部继续跟踪、记录、分析动向,及时通报,通知各部门做好应急准备并与船舶保持联系,做好防台记录;施工船舶继续跟踪、记录、分析动向;8级大风到来2小时前,改抛双锚;甲板上工作人员着救生装;风力达9级时,机动船备机抗台。

⑤台风警报解除后,项目部门辖船发布解除信息;船舶做好施工准备,尽快投入生产。

6.4 通航安全水上水下施工作业管理(1E421100)

6.4.1 通航安全水上水下施工作业管理的范围(1E421101)

1. 通航安全水上水下施工作业管理的主管机关

中国海事局主管全国通航安全水上水下施工作业监督管理。

2. 通航安全水上水下施工作业管理的范围

通航安全水上水下施工作业管理的范围包括公民、法人或其他组织在中华人民共和国沿海和内河水域进行涉及通航安全的下列作业：

①设置、拆除水上水下设施；
②修建码头、船坞、船台、闸坎、堤岸、人工岛；
③架设桥梁、索道、水下隧道；
④打捞沉船、沉物；
⑤电缆、管道的铺设、撤除、检修；
⑥捕捞、养殖设施设置；
⑦系船浮筒、浮趸、排筏等设置；
⑧对影响水上交通安全的观测、调查、测量和科研等活动；
⑨清除水面垃圾；
⑩扫海、疏浚、爆破、打拔桩、淘金、采石、抛泥等；
⑪救助及清除污染源；
⑫其他影响通航水域安全及环境的施工作业。

6.4.2 通航安全水上水下施工作业的申请(1E421102)

1. 通航安全水上水下施工作业的申请

①建设作业者应在规定期限内向作业所在地海事局提出通航安全审核的书面申请。
②施工作业水域涉及两个以上海事局时，应向其共同的上一级海事局提出申请。
③较复杂、大型作业即上述通航安全施工作业中第①至第⑤项作业，应在拟开始施工次日的20天前申请；从事零星的、小型的作业即上述第⑥至⑫项作业的，应在开始施工作业次日的15天前提出申请。
④除"救助遇难船舶或紧急清除水面水下污染"作业外，其他突击性、临时、零星作业的申请，可与发布航行警告、通告的申请一并提出。
⑤从事"救助遇难船或紧急清除污染"的作业者，应于开始施工作业时的24小时内提出口头申请。
⑥涉及水上水下固定、永久建筑物施工；在长江、珠江、黑龙江干线及沿海水域、进出港航道、习惯航线上构筑大型固定性、永久性设施；在港外设立过驳、装卸点；新建及扩建港区；建设新锚地及永久性禁航区等施工作业，其工程可行性研究和初步设计阶段的评审活动应有海事部门参加，审查符合通航安全要求后，方可办理书面申请。

2. 申请程序

按下述程序，进行水上水下施工申请。

①填写申请书。
②准备申请资料(项目批准文件，技术资料与作业图纸，安全防污计划，有关合同及协议，作业者资质、船舶及船员证书，法人资格证明和有关法律法规等)。
③《水上水下施工作业许可证》的签发管理：海事局自收到申请次日至开始施工作业7天前，作出审批决定。对从事突击性、零星的施工作业，港监收到申请后应审核，符合通航安全要

求的,核发许可证,同时准予办理发布航行警告及航行通告。从事"救助遇难船舶或紧急除污"的施工作业可免办许可证。许可证使用有效期不超过5年;需继续作业者应在期满7天前办理延期手续。许可证每满一年应接受海事局审核一次,符合要求加盖专用章后方可继续使用。作业发生变更,需重新申请。

6.4.3 通航安全水上水下施工作业的监督管理(1E421103)

1. 通航安全水上水下施工作业的监督管理机构

核发许可证的中国海事局是通航安全水上水下施工作业的监督管理机构。

2. 监督管理规定

监督管理有如下规定:
①未取得许可证不得擅自施工作业;
②施工作业者应按海事局要求作业,并接受监督;
③从事水文测量、航道建设、沿海航道养护的作业者,应按季将有关季度作业计划书面报送海事局备案;
④实施作业的船舶、排筏、设施应按规定显示号灯、号型,或巡逻,费用自负;
⑤进行作业前应向海事局申请发布航行警告及航行通告;
⑥作业者有责任清除作业水域的碍航物,并严禁任意倾倒废弃物;
⑦划定与施工作业相关的安全作业区须报海事局核准、公告;
⑧作业结束后及时向海事局提交竣工报告(救助遇难船舶及清污除外)。

6.4.4 通航安全水上水下施工作业管理涉及的法律责任(1E421104)

1. 停止施工作业的规定

有下列行为之一者,中国海事局有权责令停止施工作业:
①书面申请许可证而未获得即擅自作业者;
②许可证已失效仍进行作业的;
③未按许可证的要求施工作业的;
④未按规定申请发布航行警告、航行通告即行施工作业的;
⑤施工作业与航行警告及航行通告内容不符的;
⑥未按规定报备季度作业计划的;
⑦作业水域内发生水上交通事故,危及周围生命、财产的;
⑧作业水域附近发生或即将发生重大事件,海事局认为有必要暂停施工作业的。

2. 有关处罚规定

违反通航安全水上水下施工作业监督管理规定的,按以下条文处罚:
①未按规定取得许可证,擅自构筑、设置水上水下建筑物或设施者,除按有关规定处罚外,中国海事局可责令限期拆除或搬迁;
②违规不清除作业水域内碍航物的,可责令限期清除,逾期不清除的,强制清除,费用由施工作业者承担;
③任意倾倒废弃物的,责令立即改正,并处以3万元以下罚款;

④工程中有关涉及通航安全的部分经竣工验收合格后方可使用,未申请验收即擅自使用的,可责令其按规定申请验收,并可处以1 000~30 000元的罚款;

⑤工程存在危害通航安全的缺陷,限期改正而不改,擅自使用的,港监可按有关规定处罚。

6.5 海上航行警告和海上航行通告的管理(1E421110)

6.5.1 海上航行警告和海上航行通告管理的范围、机构和发布形式(1E421111)

1. 管理范围

在沿海水域从事下列活动,必须事先向涉及的海区主管机关申请发布海上**通航警告**和海上航行通告:

①改变航道、航槽;

②划定、改动或撤销禁航区、抛泥区、养殖区、测速区、水上娱乐区等;

③设置或撤除公用罗经标、消磁场;

④打捞沉船、沉物;

⑤设置、撤除、检修电缆及管道,设置、撤除系船浮筒及其他建筑物以及用于海上勘探开发的设施及其安全区;

⑥从事扫海、疏浚、爆破、打桩、拔桩、起重、钻探等作业;

⑦进行超长、超高、笨重拖带作业和有碍海上航行安全的海洋地质调查、勘探和水文测量以及其他影响海上航行和作业安全的活动。

2. 管理机构

国家主管机关:中华人民共和国海事局主管全国海上航行警告和海上航行通告的统一发布工作。

区域主管机关:沿海水域海事局主管本辖区内海上航行警告和通告的统一发布工作。

军事单位涉及海上航行警告和通告事宜,另行制定。

3. 发布形式

(1)海上航行警告

由国家主管机关或其授权的机关以无线电报或无线电话形式发布。

(2)海上航行通告

由国家主管机关或区域主管机关以书面形式或通过新闻媒介(报纸、广播、电视等)发布。

6.5.2 海上航行警告和海上航行通告的申请(1E421112)

1. 申请时间

应在活动开始之日的7天前向涉及海区的海区主管机关递交书面申请(特殊情况,经主管机关认定应立即发布的除外)。

2. 书面申请内容

书面申请应有以下内容:活动起止日期及每日活动时间;参加活动的船舶、设施和单位名称;活动区域;安全措施。

3. 特殊申请

超长、超高、笨重的拖带作业活动的应在启拖开始之日的3天前,向启拖所在海域区域主管机关递交书面申请,内容包括:拖船、被拖船或被拖物名称;启航时间;启始位置、终到位置及主要转向点位置;拖带总长度;航速。

4. 变更申请

警告及通告发布后,申请人应在主管机关核准的时间、区域内活动,需变更时间或区域的,应重新申请。

6.5.3 违反海上航行警告和海上航行通告管理规定的处罚(1E421113)

违反海上航行警告和海上航行通告管理规定的处罚规定如下。

①违反规定的,主管机关可责令其停止活动并可处以2 000元以下罚款。

②未按规定时间申请的,主管机关可给予警告并处以800元以下罚款。

③对违反规定的责任人,主管机关可给予警告、扣留职务证书或吊销职务证书。

④违反规定,造成海上交通事故的,除依法承担民事赔偿责任外,主管机关可给予罚款、扣留或吊销职务证书。构成犯罪的,依法追究刑事责任。

⑤当事人不服处罚的,可自接到处罚通知之日起15天内向国家海事部门申请复议,也可向人民法院提起诉讼。期满不申请复议又不提起诉讼、也不履行的,作出处罚决定的主管机关可申请人民法院强制执行。

6.6 港口与航道工程的保险(1E421120)

6.6.1 港口与航道工程保险的种类(1E421121)

保险是受法律保护的分散危险、消化损失的一种经济制度。目前,我国的工程保险的种类主要有:建筑工程一切险、第三者责任险、雇主责任险、工伤事故险或人身意外伤害险、机器设备损坏险。

6.6.2 各类保险的主要内容(1E421122)

1. 建筑工程一切险

建筑工程一切险适用于各类民用、工业、公共事业建筑项目在建造中因自然灾害或意外事故引起的损失。针对工程项目提供全面保障,既对施工期工程本身、施工设备遭受的损失又对第三者造成的物质损失和人身伤亡承担经济赔偿责任。保险契约生效后,投保人即为被保险人,保险的受益人同样也是被保险人。在工程进行期间承担风险责任或具有利害关系即为具有可保利益的人(包括业主、承包商、分包商、监理工程师及有关的单位或个人)。

2. 第三者责任险

第三者责任险承保在施工中因意外事故造成工地及邻近地区第三者的人身伤亡、疾病或财产损失。

3. 工伤事故险(或人身意外伤害险)

工伤事故险一般是承包人对其施工人员投保的人身意外事故保险。

4.机器设备损坏险

承保大型设备在使用期间发生损坏的保险称为**机器设备损坏险**。

5.施工合同规定的双方保险义务的分担

建筑工程一切险及第三者责任险通常由甲方承担。人身意外伤害险及机器设备损坏险由乙方承担。

6.7 港口与航道工程的安全作业(1E4222060)

港口与航道工程的安全作业主要有以下方面。

6.7.1 沉桩作业(1E422061)

1.一般要求

①编制沉桩施工方案,上级主管部门批准后实施,技术负责人应向施工人员交底。
②掌握分析自然条件,采取有效措施,预防事故发生。
③合理选择施工设备,确保施工安全。
④沉桩施工安全措施要点:校核各桩是否相碰;检查沉桩区水深是否符合要求;检查沉桩区有无障碍物及邻近建筑物影响;先行控泥时,重视岸坡稳定及相邻建筑物位移、沉降。

2.安全注意事项

①操作人员着安全防护装。
②注意锚位、缆绳、地垄牢固可靠与否,杜绝拉紧前后锚缆时移船。
③吊桩前认真检查起吊设备。
④移桩时防止缆绳绊桩。
⑤勿以手、足触动运行中的活动物。
⑥沉桩定位时要掌握水深情况,防止桩尖触泥移船时出事故。
⑦沉桩过程中注意贯入度,防止溜桩、断桩。
⑧在近岸打桩时,危险区设标志。
⑨沉桩结束后及时夹桩,防桩位移。
⑩工作结束后及时固定设备。

6.7.2 构件安装作业(1E422062)

1.一般要求

①经受力分析计算,合理选择安装船机及吊、索具。
②检查构件搁置点强度、稳定性、牢固性及邻近钢筋、模板,避免影响安装。
③搁置面平整,构件可以严密接触搁置面。
④搁置处外伸钢筋影响安装时不得任意割除,必要时应与设计单位研究解决。
⑤受风浪及外力影响的部位,安装后要及时加固。
⑥用水泥砂浆作搁置层时,应随铺随安,厚度 10~20 mm,强度应满足要求。
⑦侧卧预制件起吊时按设计吊点及专项施工方案翻转。

2. 安全注意事项

①施工组织设计中应有构件安装专项安全技术措施,对合格的操作人员交底。
②高空作业人员应进行身体检查,符合高空作业要求。
③安装过程中专人指挥,禁止超负荷起吊及斜吊,吊运物下方严禁有人,同时工作的上下层间应设防护设施。
④6级以上强风时,禁止露天起重及高空作业。
⑤冬雨季施工应有防滑措施。
⑥在暗处及夜间施工,应设足够的照明设施。
⑦水下安装作业时注意与潜水作业密切配合协调。
⑧脚手板应坚固、设防滑条,安装平台设防护拦,3 m 以上跳板设支撑。

6.7.3　绞吸式挖泥船作业(1E422063)

1. 一般要求

①开工前对施工水域现场踏勘,了解记录通航密度及水文、气象、土质、障碍物情况。
②开工前及时办理航行警告及通告手续。
③施工用船舶应具有海事、船检部门核发的有效证书,操作人员执证上岗。
④船舶施工中遵守有关法规,昼夜显示号灯,设置必要的安全作业区或警戒区标志。
⑤船舶应配备有效通信及救生设备。
⑥水上操作人员严格执行安全操作规程,以保障船舶航行、停泊、操作安全。
⑦制定防台、防汛、防火、防暑、防寒、防冻预案及雾天施工安全技术措施。

2. 安全注意事项

①挖泥船进入施工区有专人指挥,停稳后放钢桩,有水流时先放桥架。
②作业前对船上设备及系统全面检查,做好交接班。
③作业前检查浮管两侧有无影响安全的行人及船舶,要设"停留危险"警示牌。
④作业中视泥质确定换桩角度,防止漏挖、搁桥或横移困难。
⑤浅水及深水作业时,依泥质及潮差适当起放钢桩,防倾倒失落,横移时严禁插桩入河底。
⑥挖硬质泥土时,注意绞刀转速及控制横移,发生滚刀时,停止转动提起桥架检查,锚缆被绞,停机处理。
⑦抛移锚时,操作人员要有安全装备,防止锚缆抽伤。
⑧水上管线作业时,要安全着装,夜间加强照明,风浪大停止作业。作业用索具、葫芦应系牢,工具传递不得扔掷;水上管线的头、尾每间隔一定距离设置白光灯警示。
⑨作业中发现意外情况立即报告,紧急时可先停机后报告,处理故障要有可靠的安全措施。
⑩当班人员做好记录、日志。

6.7.4　链斗式挖泥船作业(1E422064)

链斗式挖泥船作业的一般要求和安全注意事项如下:
①作业前对船上设备全面检查,认真交接班;

②作业全过程中要对各作业环节严格按安全生产技术操作规程操作,并按施工方案规定程序作业;
③作业时根据土质、层厚采取分层挖泥,根据泥斗充量,控制横移速度,防止泥斗出轨;
④链斗运转时,注意斗桥情况,异常时停车,出现塌方放松主锚,对水下障碍物及时排除;
⑤松放卸泥槽应待驳船靠泊系妥后进行,收绞卸泥槽要在驳船解缆前,防触损驳船伤人;
⑥锚机运行时,机上不得放置器物,控泥中锚机发生故障应立即停止挖泥,防锚机倒转;
⑦绞锚时勿使受力过大,禁止超负荷运行;
⑧辅助船靠离挖泥船时,应积极配合,必要时放松锚缆以防碰撞。

6.7.5 水上施工作业(1E422065)

1. 一般要求

①作业前应申报办理有关许可证书及航行道通告等手续。
②施工船舶应有海事、船检部门核发的有效证书,操作人员执证上岗,接受当地执法部门监督。
③施工船舶施工中遵守有关法规要求。
④编制施工组织设计时,须制定工程船舶施工安全技术措施。
⑤开工前,项目经理部应组织安全监督部门、船机部门等有关人员,对施工区及船舶作业、航行的水上、水下、空中及岸边障碍物进行实地勘察,制定防护性安全技术措施。
⑥现场技术负责人应向有关人员进行安全技术措施交底。

2. 安全注意事项

①水上作业人员安全着装,严禁酒后上岗。
②作业船舶须设置明显的信号及标志。
③施工船舶按海事部门安全要求设置必要的作业区或警戒区及规定的标志。
④施工船舶配有有效的通信设备,认真收听,主动与过往船舶联系沟通,确保安全。
⑤作业人员须严格执行安全技术操作规程,杜绝违章指挥和操作。
⑥遇大风、雾天超过规定允许限界时,停止作业。
⑦水上作业平台牢固可靠,挂设避碰标志及灯标,并设置必要的救生与消防设施。

6.7.6 潜水作业(1E422066)

1. 一般要求

①从事潜水作业应遵守国家的潜水条例规定。
②作业应遵循"安全第一、预防为主、组织严谨、依法管理"的原则,保障作业人员安全与健康。
③作业应接受国家海事管理机构的安全监督管理。
④从业人员应有特种作业证书,持证上岗。
⑤潜水作业组应制定安全管理制度及岗位人员职责,每班准确填写日志。
⑥潜水设备及装置必须通过有关法定部门定期检验,使用前做例行检查。

2. 安全注意事项

①通风式重装潜水组应由专门作业人员组成及操作,离基地外出作业,须具备两组同时作

业的能力。
②作业前应了解现场水深、流速、水质、水文、地质情况,认真填写日志。
③应订有潜水作业方案和应急安全保障措施。
④作业时,工作船应悬挂信号旗,夜间作业设置信号灯,并有足够的照明。
⑤多组潜水作业人员在同一工作面上工作时,要随时注意检查信号绳及供气管,防止绞缠。
⑥现场应有急救箱及急救器具。
⑦严格控制作业时间及周期,潜水员未得到充分休息不得作业。
⑧对超过不减压界限深度的现场,应设减压舱等设备,潜水员作业后及时进舱减压。

6.7.7 起重作业(1E422067)

1. 一般规定
①作业前了解起吊物基本情况及周围环境。
②根据被吊物及环境特点制定施工方案,包括制定安全技术措施,合理选用起重设备。
③对作业中的难点及危险点进行必要的分析,制定专项施工方案,实施重点监护与监控。
④掌握起吊设备、索具、运输工具等性能,设备的安全装置要齐全有效。
⑤指挥与操作人员应有有效的特种作业证书,持证上岗。
⑥做好作业前的安全技术交底,明确要求,做好记录,参与人员签字。

2. 安全注意事项
①作业人员严格执行安全操作规程,认真按技术交底要求施工。
②在起重工作区设置明显警示标志,必要时设警戒区,严禁无关人员进入。
③作业前检查设备、吊索具,发现异常应予整改或更换。
④作业时,严禁超设备负荷吊物及超水平距离斜吊重物。
⑤作业时,严禁任何人在吊物上面或下面经过。
⑥风力超过6级及大雨天气应停止作业。
⑦操作人员要穿戴及使用安全防护用品。
⑧作业中,如出现异常紧急情况,指挥人员应立即发出"紧急停止"信号,采取有效措施,排除险情。

6.7.8 施工用电(1E422068)

1. 一般要求
①严格按有关标准和规定,确保施工现场用电安全、可靠、有效地运行。
②建立安全用电制度及岗位责任制,明确各级用电安全负责人及管理人员。
③施工组织设计时,应编制施工临时用电方案,制定有针对性的安全技术措施。
④配电箱等用电设施须符合有关规定要求,产品应有合格证书。
⑤现场用电操作人员应持有效的特殊工种操作证书方可上岗。
⑥施工用电设备应有管理台账,根据设备用电量合理分配各种设备用电负荷,确保设备正常运行。

2. 安全注意事项

①对配电房等设施应设置明显的警戒标志,严禁无关人员进入,房内配有足够的绝缘手套、绝缘杆等安全工具及防护设施,严格值班制度。

②各种电器设备的金属外壳、金属构架必须采取可靠的接地保护,熔断器规格满足要求。

③定期对现场巡视检查,经常检测漏电保护器,发现问题及时整改。

④现场实行"三相五线"制,所有电器设备要做到"一机、一闸、一漏电"。

⑤现场需要用电及施工船舶接用岸电时,应经管理人员同意,并由专业人员操作,用电完毕及时切断电源。

⑥在特定潮湿环境中,应选用封闭型或防潮型电气设备、电缆、导线等。

⑦在需要切断电源检修或操作时,必须出挂"有人操作、不得合闸"的警示牌。如必须带电操作时,应有监护人。

6.8 港口与航道工程的现场文明施工(1E422070)

现场文明施工的基本要求如下(1E422071)。

1. 施工生产

①施工单位应按施工总平面图设置各项临时设施,如需改变须向业主(或总承包)申请。

②施工现场须设置明显的标牌,标明工程情况及参建单位等,由施工单位负责。

③施工现场堆放大宗材料、半成品及机具设备应规范、整齐,不侵占道路及安全防护设施。

④施工船机进出现场须办理施工许可证,服从施工单位统一指挥协调。

⑤施工机械设备按施工总平面布置图的规定布置,不得侵占场内道路,操作人员建立班组责任制。

⑥现场主要管理人员应配戴身份证明卡。

⑦应保持现场道路通畅,排水系统状态良好,场容整洁。

2. 安全注意事项

①施工单位必须执行国家有关安全生产及劳动保护的法规,建立安全生产责任制,加强规范管理,进行安全教育,严格执行安全技术方案,进行安全技术交底。

②施工现场用电设施及线路的安装和使用要符合规范及安全操作规程,并按施工组织设计进行设置。

③施工单位应按国家消防条例规定,建立和执行防火管理制度,设置和保持有效可用的消防设施,对易燃易爆器材要采取特殊的安全储存与管理措施。

④施工现场发生重大事故,处理时,按《工程建设重大事故报告和调查程序规定》执行。

3. 综合治理及卫生

①施工单位做好施工现场安全保卫工作,现场周边设立围护设施。

②施工现场设置必要的职工生活设施,做好通风、照明及卫生工作。

【模拟试题】

1. 我国对于伤亡事故,为了估计其在劳动力方面造成的损失,特根据事故造成的伤亡严重程度,规定了相应的相当于损失工作日数。对于重伤事故,相当于损失_____个工作日的失能伤害。

A. 1~105　　　　B. ≥105　　　　C. 1 000　　　　D. 6 000

2. 我国对于港航工程重大事故及人身伤亡事故的处理程序规定,除了要及时抢救伤员和保护现场外,还应按事故严重程度组织相应的调查组对事故进行调查。根据规定,由企业的上级主管部门会同所在地(设区的市级)劳动、公安部门及工会组成的调查组,是针对_____的。

A. 轻伤事故　　　B. 重伤事故　　　**C. 死亡事故**　　　D. 重大死亡事故

3. 北半球热带气旋发生于热带海洋面上,按风力大小,中心风力为12级以上的,属于_____。

A. 台风　　　B. 热带低压　　　C. 强热带风暴　　　D. 热带风暴

4. 所谓"在台风袭击中",指的是_____。

A. 中心风力达12级以上　　　　**B. 台风中心接近,风力转剧达8级以上**
C. 船舶在未来12小时内可能遭遇风力达6级以上
D. 船舶在未来48小时内可能遭遇风力达6级以上

5. 进行使船舶航行能力受到限制的超长、超高、笨重拖带作业活动的,应当在启拖开始之日的_____前,向拖地所在海区的主管机关递交发布海上航行警告、通告的书面申请。

A. 3天　　　B. 5天　　　C. 7天　　　D. 10天

6. 我国通航安全水上水下施工作业的监督管理规定,凡涉及_____的,可以处以1 000~30 000元的罚款。

A. 违规不消除作业水域内碍航物的
B. 未申请验收即擅自使用涉及通航安全部分的工程的
C. 工程存在危害通航安全的缺陷,限期改正而不纠正的
D. 未按规定取得许可证,擅自构筑、设置水上水下建筑物的

7. 对于潜水作业,应遵循_____的原则。

A. 预防为主、健康第一、保证质量、依法管理
B. 严密组织、严格管理、预防为主、保证安全
C. 依法管理、严密组织、保证安全、保证质量
D. 安全第一、预防为主、组织严谨、依法管理

8. 我国港航工程船舶海损事故等级划分为_____几个事故等级。(多项选择)

A. 大事故　　　**B. 小事故**　　　**C. 一般事故**　　　**D. 重大事故**
E. 特别重大事故

9. 在港航工程施工安全事故的防范方法中,属于消除物的不安全状态的措施有_____等

几种防范方法。(多项选择)

　　A. 安全检查　　　　B. 标准化操作　　　C. 安全技术研究　　　D. 个人防护用具
　　E. 均衡生产、劳逸结合　　　　　　　　F. 新技术、新工艺及新措施

10. 我国对于大型施工船舶拖航、调遣的有关规定中,属于安全备航的规定有_____。(多项选择)

　　A. 航前安全检查及安全教育　　　　B. 配备足够的淡水、燃油、食品、急救药品
　　C. 拖航期间拖轮人员应守望被拖船和拖缆情况
　　D. 总船长负责组织船舶安全技术状态的全面检查和封舱加固
　　E. 双拖轮及多艘执行同一任务,应指定主拖船长为总船长,负责全程指挥

11. 大型船舶防风、防台实施措施中,当处于"在台风严重威胁"中的情况下,应当采取的措施有_____。(多项选择)

　　A. 锚泊时注意安全距离　　　　　　B. 施工船舶不得拆机修理
　　C. 确保24小时值班,保持联络畅通　D. 施工船舶进入锚地,继续跟踪、分析动向
　　E. 项目经理部跟踪、记录、分析其动向,向辖船通报
　　F. 项目部安排值班,继续跟踪、记录、分析、通报,掌握防台准备情况

12. 在港航工程施工合同中,一般规定甲方(建设单位)承担的保险义务是_____。(多项选择)

　　A. 第三者责任险　　B. 建筑工程一切险　　C. 船机设备损坏险　　D. 建筑工程质量险
　　E. 施工人员意外伤害险

[案例]

背景资料　基地在上海的某港航工程施工单位承包了福建沿海某市一港口码头工程扩建及航道疏浚工程的施工任务。根据施工承包合同的约定,以及施工进度计划的安排,2004年7~9月期间,该施工单位需要将打桩船、起重船及挖泥船等大型施工船舶从基地经海路航行约450浬调遣至工地现场进行施工作业。为此,该公司做了一系列工作:

①该公司负责人事先签发了调遣令,有关部门制定了调遣计划及实施方案,任命了船队的总船长;②有关部门进行了一系列安全备航工作,包括进行安全教育、安全技术交底,以及消防救生演习等工作,由总船长负责组织对船舶安全技术状态进行了检查、封舱加固和校核稳定性;③启航4小时后,向出发港的主管单位调度部门报告了情况;④在拖航行至浙江省与福建省邻近海域时,从气象预报部门获悉船舶将在12小时内遭遇6级以上风力,为此,总船长立即与该海域海事部门咨询合宜的避风地点,请求避风,并继续跟踪动向。

问题

1. 拖航船队的总船长的任务在安全管理方面主要有哪些?
2. 在上述有关部门进行的一系列安全备航工作中还应有哪些工作?
3. 启航后所进行的工作中有哪些不恰当之处和遗漏之处?
4. 在拖航过程中,除了要严格执行海上避碰有关规定和定时检查船舶安全状况及采取相应措施外,有关安全防范方面还应注意什么问题,做什么工作?获悉的上述气象预报情况属于

哪种严重程度和处在哪种阶段？举措有何不妥？

参考答案

1. 拖航船队总船长的安全管理方面主要任务有：①负责制定拖航计划及安全实施方案；②负责全航程指挥；组织航前船舶安全技术状态检查、封仓加固和船舶稳定性校核等工作，并报主管部门验收签认；③组织好船舶安全保障设备和应急措施准备，以及生活保障品准备；④拖航中密切注意执行有关安全保障的规定；⑤途中发生意外时，指挥采取应急措施自救，无力解决时，及时向有关部门报告救援。

2. 在所述的安全备航工作中，还应包括：①船舶安全技术状态检查、封仓加固等工作完成后，应报主管部门验收签认；②各船舶应配备安全保障设备及生活保障品，并有应急措施；③备齐所需全部文件。

3. 启航后4小时向出发港主管单位调度部门报告情况的做法不妥。正确的应当是在启航后2小时内向出发港和目的港的主管单位调度部门报告情况及预计到港时间。

4. ①除题中所述工作外，还应保证通信联络通畅，随时掌握气象情况，做好防风避风准备。

②所获恶的气象预报情况已属于处在"台风严重威胁中"的情况，必须采取进入锚地的应急措施。

③所采取的咨询和寻求合宜的避风地点请求避风的举措不恰当。因为关于防台避风的应急举措，在安全备航阶段即应制定拖航计划和安全实施预案。在处于"台风严重威胁中"的情况下才咨询、寻求合宜的避风地点，必将处于十分被动的危险境地。

第3篇

港口与航道工程法规
（1E430000）

港口与航道工程法规由港口与航道工程行业法规和港口与航道工程关于施工的规范及标准组成。

1 港口与航道工程行业法规(1E431000)

港口与航道工程行业法规主要包括《中华人民共和国港口法》和《中华人民共和国防止船舶污染海域管理条例》。

1.1 中华人民共和国港口法(1E431010)

《中华人民共和国港口法》于 2003 年 6 月 28 日第十届人大常委会通过,其中与港口规划和建设、港口安全和监督管理以及港口建设和施工方面的法律责任有关的内容重点归纳如下。

1.1.1 港口规划和港口建设(1E431011)

港口规划包括港口布局规划和港口总体规划以及重要与主要港口规划。

港口建设涉及港口岸线资源、土地利用和水域城镇发展。

1. 港口规划的编制

港口规划的编制按港口法第二章第七条执行。港口法第二章第七条如下。

第七条 港口规划应根据国民经济和社会发展的要求以及国防建设的需要编制,体现合理利用岸线资源的原则,符合城镇体系规划,并与土地利用总体规划、城市总体规划、江河流域规划、防洪规划、海洋功能区划、水路运输发展规划和其他运输方式发展规划以及法律、行政法规规定的其他有关规划相衔接、协调。

编制港口规划应当组织专家论证,并依法进行环境影响评价。

2. 港口建设的审批

港口建设的审批按港口法第二章第十三条和第十五条执行。港口法第二章第十三条和第十五条如下。

第十三条 在港口总体规划区内建设港口设施,使用港口深水岸线的,由国务院交通主管部门会同国务院经济综合宏观调控部门批准;建设港口设施,使用非深水岸线的,由港口行政管理部门批准。但是,由国务院或者国务院经济综合宏观调控部门批准建设的项目使用港口岸线,不再另行办理使用港口岸线的审批手续。

港口深水岸线的标准由国务院交通主管部门制定。

第十五条 按照国家规定须经有关机关批准的港口"特定"建设项目,应当按照国家有关规定办理审批手续,并符合国家有关标准和技术规范。

建设港口工程项目应当依法进行环境影响评价。

港口建设项目的安全设施和环境保护设施必须与主体工程同时设计、同时施工、同时投入使用。

1.1.2 港口安全和监督管理(1E431012)

港口法第四章第三十四条规定了船舶进出港、装载危险货物船舶进出港的报批手续,指明了海事管理机关与港口行政管理部门之间的关系和信息通报。港口法第四章第三十四条如下。

第三十四条 船舶进出港口,应当依照有关水上交通安全的法律、行政法规的规定向海事管理机关报告。海事管理机关接到报告后,应当及时通报港口行政管理部门。

船舶载运危险货物进出港口,应当按照国务院交通主管部门的规定将危险货物的名称、特性、包装和进出港口的时间报告海事管理机关。海事管理机关接到报告后,应当在国务院交通主管部门规定的时间内作出是否同意的决定,通知报告人,并通报港口行政管理部门。但是,定船舶、定航线、定货种的船舶可以定期报告。

本条是关于船舶,包括载运危险货物船舶,进出港口报告审批的规定。

(1)港口是水陆交通的节点,也是国家对外开放的重要门户。世界各国从维护国家主权、防止船舶走私、保障水上交通安全和防止船舶污染等考虑出发,对船舶进出港口都规定有报告和审批制度。我国《海上交通安全法》、《内河交通安全管理条例》、《国际航行船舶进出中华人民共和国口岸检查办法》等法律、行政法规对此也都作出了规定。这些规定包括国际航行的中外船舶进出中华人民共和国港口的申报审批制度,以及中国籍非国际航线船舶进出港口的签证制度。本条第一款规定船舶进出港的报告制度,指的就是上述制度。但本条第一款还规定海事管理机关接到上述报告后,应当将船舶报告的信息通报给有关港口的港口行政管理部门。这是一项新的规定,其原因是港口行政管理部门对港口内的生产秩序和安全负有监督管理的职责,及时了解船舶进出港口的动态是做好上述工作的基础。

(2)对于装载危险货物进出港口的船舶,由于其本身具有一定的危险性,处理不好会给港口和周围的船舶带来重大损失,因此,对这些船舶的进出港口,国家历来实行更为严格的管理。交通部于1981年就制定了《船舶载运危险货物管理规定》,规定这类船舶应当在预计进港前24小时向海事管理机关报告,经海事管理机关同意后,方可进港。《中华人民共和国港口法》在本条第二款中重申了这一制度,并规定海事管理机关在作出同意或不同意船舶进出港口的决定后,应当及时向港口行政管理部门通报。对于定船舶、定航线、定货种的船舶,由于这类船舶往往是油船、液化气船等,船舶都是针对某一类货种设计、建造,并经过严格的检验取得了相应的证书,因此,船舶本身具有较强的安全可靠性。只要固定在某个航线上,始终装载同一类货物,按照本条规定和交通部的有关规定,这类船舶可以不用每次进出港都报告,而应按照交通部的规定定期向海事管理机关报告。

1.1.3 关于港口建设以及施工方面的法律责任(1E431013)

港口法第五章第四十五条和第五十五条给出了严肃处理不依法进行港口建设和施工的法律条款。港口法第五章第四十五条和第五十五条如下。

第四十五条 有下列行为之一的,由县级以上地方人民政府或者港口行政管理部门责令限期改正;逾期不改正的,由作出限期改正决定的机关申请人民法院强制拆除违法建设的设施;可以处5万元以下罚款:

(1)违反港口规划建设港口、码头或者其他港口设施的;

(2)未经依法批准,建设港口设施和使用港口岸线的。

建设项目的审批部门对违反港口规划的建设项目予以批准的,对其直接负责的主管人员和其他直接责任人员,依法给与行政处分。

第五十五条　未经依法批准在港口从事可能危及港口安全的采掘、爆破等活动的,向港口水域倾倒泥土、砂石的,由港口行政管理部门责令停止违法行为,限期消除因此造成的隐患;逾期不消除的,强制消除,因此发生的费用由违法行为人承担;处5千元以上5万元以下罚款;依照有关水上交通安全的法律、行政法规的规定由海事管理机关处罚的,依照其规定;构成犯罪的,依法追究刑事责任。

1.2　中华人民共和国防止船舶污染海域管理条例(1E431020)

《中华人民共和国防止船舶污染海域管理条例》于1983年12月29日国务院发布,其中与在港口中船舶作业有关的规定重点归纳如下。

1.2.1　海域河口(1E431021)

管理条例第二章第四条、第五条、第六条如下。

第四条　在中华人民共和国管辖海域、海港内的一切船舶,不得违反《中华人民共和国海洋环境保护法》和本条例的规定排放油类、油性混合物、废弃物和其他有毒害物质。

第五条　任何船舶不得向河口附近的港口淡水水域、海洋特别保护区和海上自然保护区排放油类、油性混合物、废弃物和其他有毒害物质。

第六条　船舶发生油类、油性混合物和其他有毒害物质造成污染海域事故,应立即采取措施,控制和消除污染,并尽快向就近的海事管理机关提交书面报告,接受调查处理。

1.2.2　港区水域(1E431022)

管理条例第七章第二十七条如下。

第二十七条　船舶垃圾不得任意倒入港区水域。装载有毒害货物以及粉尘飞扬的散装货物的船舶不得任意在港内冲洗甲板和舱室,或以其他方式将残物排入港内。确需冲洗的,事先必须申请,经海事管理机关批准。

【模拟试题】

1.《中华人民共和国港口法》于_____年通过。
　A.1990年　　　　　B.1998年　　　　　C.2001年　　　　　**D.2003年**

2.港口规划与_____有关。(多项选择)
　A.城镇体系规划　**B.城市总体规划**　**C.江河流域规划**　**D.土地利用总体规划**

3.使用港口深水岸线的港口建设由_____批准。
　A.国务院　　　　　　　　　　　　　　B.港口行政管理部门
　C.国务院交通主管部门
　D.国务院交通主管部门会同国务院经济综合宏观调控部门

4. 船舶进出港,应向_____报告。
   A. **海事管理机关**   B. 港口行政管理部门
   C. 国务院交通主管部门   D. 国务院经济综合宏观调控部门

5. 违反港口规划建设港口、码头或者其他港口设施的行为除责令限期改正外,可以处_____罚款。
   A. 1 万元以下   B. 2 万元以下   C. **5 万元以下**   D. 8 万元以下

6.《中华人民共和国防止船舶污染海域管理条例》于_____年发布。
   A. 1980 年   B. 1981 年   C. 1982 年   D. **1983 年**

7. 船舶垃圾不得任意倒入_____。
   A. **港口水域**   B. 港口陆域   C. 外海海域   D. 港外锚地

8. 船舶发生污染海域事故,应立即采取措施,并尽快向_____提交书面报告,接受调查处理。
   A. 船检部门   B. **海事管理机关**
   C. 港口行政管理部门   D. 国务院交通主管部门

2 港口与航道工程规范和标准
（1E432000）（1E432010）

港口与航道工程规范和标准中，与施工有关的强制性条文主要包括：港口与航道工程混凝土质量控制、重力式码头抛石基床施工要求、高桩码头施工期岸坡稳定性验算和预制构件安装要求、防波堤施工要点、港口工程质量检验评定、船闸工程质量检验评定、疏浚工程质量检验评定、航道整治工程施工要求等。

2.1 港口与航道工程混凝土质量控制（1E432011）

港工建筑物所处的环境多为海水和河水，混凝土常会由于氯离子的渗入，引起钢筋锈蚀而导致结构破坏，因此，耐久性是控制混凝土质量的主要因素。反映在混凝土保护层最小厚度和混凝土水灰比最大允许值的控制。

根据强制性行业标准《水运工程混凝土质量控制标准 JTJ269—96》的3.3.5、3.3.7和3.3.16条款中，有关港口与航道工程混凝土质量控制的内容如下。

2.1.1 混凝土保护层最小厚度

1. 海水环境

海水环境钢筋混凝土保护层最小厚度应符合表2.1.1的规定。

表2.1.1 海水环境钢筋混凝土的保护层最小厚度　　　　mm

混凝土部位划分	水上区		水位变动区	水下区
建筑物所在地区	大气区	浪溅区		
北方	50	50	50	30
南方	50	65	50	30

注：1. 混凝土保护层厚度系指主筋表面与混凝土表面的最小距离。
2. 表中数值是箍筋直径为6mm时主筋的保护层厚度，当箍筋直径超过6mm时，保护层厚度应按表中数值增加5mm。
3. 位于浪溅区的码头面板、桩等细薄构件的混凝土保护层，南、北方一律取用50mm。
4. 南方指历年最冷月月平均气温高于0℃的地区。

2. 河水环境

河水环境钢筋混凝土的保护层最小厚度应符合表2.1.2的规定。

表2.1.2 河水环境钢筋混凝土的保护层最小厚度   mm

建筑物所在地区 \ 混凝土部位划分	水上区		水位变动区	水下区
	水汽积聚	不受水汽积聚		
北方	40	30	40	25
南方	40	30	30	25

注:1. 箍筋直径超过6 mm时,保护层厚度应按表中数值增加5 mm;
   无箍筋的构件(如板等)其保护层厚度应按表中数值减少5 mm。
2. 碳素钢丝、钢绞线的保护层厚度宜按表中数值增加20 mm。
3. 预应力混凝土的保护层厚度同时不宜小于1.5倍主筋直径。

2.1.2 混凝土水灰比最大允许值

1. 海水环境

按耐久性要求,海水环境**混凝土水灰比最大允许值**应满足表2.1.3的规定。

表2.1.3 海水环境混凝土的水灰比最大允许值

混凝土部位分区		环境条件	钢筋混凝土 预应力混凝土		素混凝土	
			北方	南方	北方	南方
水上区		大气区	0.55	0.50	0.65	0.63
		浪溅区	0.50	0.40	0.65	0.65
水位变动区		严重受冻	0.45	—	0.45	—
		受冻	0.50	—	0.50	—
		微冻	0.55	—	0.55	—
		偶冻、不冻	—	0.50	—	0.65
水下区		不受水头作用	0.60	0.60	0.65	0.65
	受水头作用	最大作用水头与混凝土壁厚之比<5	0.60			
		最大作用水头与混凝土壁厚之比5~10	0.55			
		最大作用水头与混凝土壁厚之比>10	0.50			

注:1. 除全日潮型区域外,其他海水环境有抗冻性要求的细薄构件(最小边尺寸小于300 mm者,包括沉箱工程)混凝土水灰比最大允许值宜减小。
2. 对于有抗冻性要求的混凝土,如抗冻性要求高时,浪溅区范围内下部1 m应随同水位变动区按抗冻性要求确定其混凝土水灰比。
3. 位于南方海水环境浪溅区的钢筋混凝土宜掺用高效减水剂。

2. 河水环境

按耐水性要求,河水环境**混凝土水灰比最大允许值**应满足表2.1.4的规定。

表2.1.4 河水环境混凝土的水灰比最大允许值

混凝土部位分区	环境条件	钢筋混凝土预应力混凝土	素混凝土
水上区	水汽积聚或通风不良	0.60	0.70
水上区	不受水汽积聚或通风良好	0.65	0.70
水位变动区	严重受冻	0.55	0.55
水位变动区	受冻	0.60	0.60
水位变动区	微冻	0.65	0.65
水位变动区	偶冻、不冻	0.65	0.70
水下区	不受水头作用	0.65	0.70
水下区	最大水头与混凝土壁厚之比 <5	0.60	0.60
水下区	最大水头与混凝土壁厚之比 5~10	0.55	0.55
水下区	最大水头与混凝土壁厚之比 >10	0.50	0.50

2.2 重力式码头抛石基床施工要求(1E432012)

基础是重力式码头的重要组成部分,它将由墙身传下的力分布到地基的较大范围,以减小地基应力和重力式码头沉降,同时保护地基免受波浪和水流的淘刷,以保证墙身稳定。当选用预制构件作墙身结构时,通常采用抛石基床作为基础。

根据《重力式码头设计与施工规范 JTS167—2—2009》中9.1.1、3.1.3、9.2.2、3.1.10和3.1.7条款,重力式码头抛石基床施工要求如下。

2.2.1 抛石基床

1. 基槽开挖

基槽开挖的尺寸应不小于设计规定。

2. 基床抛石

基床抛石应符合下列规定。

①基床抛石顶面不得超过施工规定的高程,且不低于0.5 m。

②基床抛石顶宽不得小于设计宽度。

3. 基床厚度

重力式码头的**抛石基床厚度**应符合下列规定。

①当基床顶面应力大于地基承载力时,由计算确定,并不小于1 m。

②当基床顶面应力不大于地基承载力时,不小于0.5 m。

4. 基床沉降

抛石基床应预留沉降量。对于夯实的基床,应只按地基沉降量预留;对于不夯实的基床,还应考虑基床本身的沉降量。

基床顶面预留的向墙里倾斜的坡度选用0%~1.5%。

2.2.2 地基土防冲措施

当码头前沿底流速较大、地基土有被冲刷的危险时,应考虑加大基床外肩宽度、放缓边坡、增大基床埋置深度或采取护底措施。

2.3 高桩码头施工期岸坡稳定性验算和预制构件安装要求（1E432013）

高桩码头桩台下的岸坡暴露在外,岸坡稳定性与水深、坡度、地基土力学指标、波流作用和地面荷载等有关。高桩码头多用预制钢筋混凝土桩,现场吊装或拼接和打桩。上部结构以预制构件为主,现场安装。

根据《高桩码头设计与施工规范 JTS167—1—2010》中 3.4.9.1 和 12.0.2 条款,高桩码头施工期岸坡稳定性验算和预制构件安装要求如下。

2.3.1 施工期岸坡稳定性验算

施工期应验算岸坡由于挖泥、回填土、抛填块石和吹填等对稳定性的影响,并考虑打桩振动所带来的不利因素。**施工期**可能出现的各种荷载情况与**设计低水位**组合,进行岸坡稳定性计算。

施工工艺和施工程序应符合码头岸坡稳定的设计要求。如不符合,应进行岸坡稳定性验算。

2.3.2 预制构件安装要求

预制构件安装时,应满足下列要求。
①搁置面应平整,以利预制构件与搁置面紧密接触。
②应逐层控制标高。
③露出的钢筋不得随意割除,如影响安装时,及时与设计单位研究解决。
④对于安装后不易稳定及可能遭受风浪、水流或船舶碰撞等影响的构件,应在安装后及时采取夹木、加撑、加焊和系缆等加固措施,防止构件倾倒或坠落。

2.4 防波堤施工要点（1E432014）

斜坡式防波堤适用于水深不大（10~12m）、当地石料丰富、软土地基。常用堤心石外加块石护面或人工块体护面,以其抗浪能力强、消波效果好为特点。直立式防波堤多采用重力式结构,因而,对地基不均匀沉降较为敏感,且对抛石基床和沉箱安装要求严格。

根据《防波堤设计与施工规范 JTS154—1—2011》中 7.2.2、7.2.6、7.3.5、7.4.4、8.1.4 和 8.3.9 条款,防波堤施工要点如下。

2.4.1 软土地基上抛石顺序

软土地基上的**抛石顺序**应符合下列要求。
①当堤侧有块石压载层时,应先抛压载层,后抛堤身。
②当有挤淤要求时,应从断面中间逐渐向两侧抛填。

③当设计有控制抛石加荷速率要求时,应按设计要求设置沉降观测点,用以控制加荷间歇时间。

2.4.2 堤心石施工要求

每段堤心石抛填完成后,应及时理坡并覆盖护坡垫层块石及护面层。堤心石抛填的暴露长度宜控制在 30~50 m 范围内。

2.4.3 人工块体安放次序

人工块体应自下而上安放,底部的块体应与水下的抛石棱体紧密接触。

2.4.4 干砌块石护面施工要求

干砌块石护面宜采用 45°斜向自下而上分层砌筑或正向水平分层砌筑,干砌块石应紧密嵌固、相互错缝,块石与垫层相接处块石间的空隙应用二片石填紧,而不应从坡面外侧用二片石填塞块石间的缝隙。

2.4.5 直立堤施工要求

1. 基床验算

直立堤水下基床抛石之前,应进行验槽,当回淤较厚时,应及时研究处理。

2. 沉箱内抛填

沉箱安装后,箱内应及时抛填。当抛填块石时,应采取保护措施,防止沉箱顶沿被块石砸坏。沉箱箱格内抛填应大致均匀,防止偏载。

2.5 港口工程质量检验评定(1E432015)

《港口工程质量检验评定标准 JTJ221—98》是我国港口工程建设质量监督、施工监理、工程质量评定及验收的依据。其中,基槽开挖(5.1.1~5.3.2),水下抛石基床(6.1.2~6.2.6),混凝土(10.1.1~10.1.4),桩、板桩、灌注桩(14.1.1~14.3.6),预制构件安装(15.1.1~15.4.2),后方回填(16.1.2~16.4.2)等条款为港口工程质量检验评定的主要方面。

2.5.1 基槽开挖

1. 水下基槽

水下基槽开挖应符合下列规定。
①水下基槽开挖至设计标高时,必须核对基底土质,并符合设计要求。
②水下基槽开挖的平面位置应符合设计要求,断面尺寸不应小于设计规定。

2. 陆上基槽

陆上基槽开挖应符合下列规定。
①陆上基槽基底土质必须符合设计要求,并严禁扰动。
②陆上基槽底层不得受水浸泡或受冻,否则应进行处理。
③陆上基槽的边坡不应陡于设计要求;爆破开挖后,边坡不得有松动和不稳定石块。

3. 岸坡开挖

岸坡开挖应符合下列规定。

①岸坡开挖范围及坡度应符合设计要求。

②岸坡水下开挖断面的平均轮廓线不得小于设计断面。分层挖泥的台阶高度应符合设计要求;当设计未作要求时,其台阶高度不应大于 1000 mm。

2.5.2 水下抛石基床

1. 石料

石料的规格和质量必须符合设计要求和规范规定。

2. 验槽

水下抛石基床抛石前应对基槽尺寸、标高及回淤沉积物进行检查。重度大于 12.6 kN/m³ 的回淤沉积物厚度不应大于 300 mm。

3. 基床夯实

水下抛石基床夯实有以下要求。

①水下抛石基床夯实所用夯锤的重量、落距和夯实冲击能必须符合规范规定。

②水下抛石基床夯实范围、分层厚度、分段搭接长度应符合设计要求和规范规定并不得漏夯。

③水下抛石基床夯实验收复打一夯次的平均沉降量:码头基床应不大于 30 mm;防波堤基床应不大于 50 mm;孤立墩基床应不大于 50 mm。

④水下抛石基床夯实前,应对抛石基床顶面进行适当整平,局部高差应不大于 300 mm。

⑤水下抛石基床夯实后,基床顶部补抛块石的面积大于 1/3 构件底面积或连续面积大于 30 m²,且厚度普遍大于 0.5 m 时,应作补夯处理。

2.5.3 混凝土

1. 混凝土材料

混凝土所用的水泥、水、骨料、外加剂等必须符合规范和有关标准规定。

2. 混凝土配合比

混凝土的配合比、配料计量偏差和拌和物的质量必须符合规范规定。

3. 混凝土养护

混凝土养护和施工缝处理必须符合规范规定。

4. 混凝土抗压强度

混凝土的抗压强度必须符合设计要求和下列规定。

1)试件留置组数

①连续浇筑厚大结构混凝土:每 100 m³ 取一组,不足 100 m³ 也取一组。

②预制构件混凝土:构件体积小于 40 m³ 者,每 20 m³ 或每工作班取一组,大于 40 m³ 者按上项要求留置。

③现场浇筑混凝土:每 30 m³ 取一组,每工作班不足 30 m³ 也取一组。

2）合格标准

混凝土抗压强度的合格标准是以立方体试件的抗压强度的要求所确定的,必须符合规范规定。

2.5.4 桩、板桩、灌注桩

1. 方桩、管桩

方桩和管桩的质量要求如下。

① 钢筋混凝土方桩、钢管桩和预应力混凝土大直径管桩的规格和质量必须符合设计要求和规范规定。

② 方桩、钢管桩和预应力混凝土大直径管桩沉桩贯入度或桩尖标高必须符合设计要求和规范规定。

③ 拼接桩的接头节点处理必须符合设计要求和规范规定。

2. 板桩

板桩的质量要求如下。

① 钢筋混凝土板桩的材质、规格,钢板桩的材质、规格、焊接质量和防腐处理必须符合设计要求和有关标准规定。

② 板桩沉桩后,钢筋混凝土板桩严禁出现脱榫现象,钢板桩严禁出现不联锁现象。

③ 板桩沉桩后,板桩的桩尖标高及入土深度应符合设计要求。

④ 钢筋混凝土板桩间的槽孔应及时进行清孔并填塞。清孔深度、填塞材料和质量应符合设计要求。

3. 灌注桩

灌注桩的质量要求如下。

① 灌注桩桩孔的直径和深度必须符合设计要求。

② 灌注桩桩孔底的沉渣必须清理。清理后的沉渣厚度:以摩擦力为主的桩,严禁大于300 mm;以端承力为主的桩,严禁大于50 mm。

③ 钻孔灌注桩泥浆的质量和稳定性必须符合规范要求。

④ 灌注桩所用的原材料和水下混凝土配合比设计必须符合设计要求和规范规定。

⑤ 灌注桩钢筋笼所用钢筋品种、制作和安装质量必须符合设计要求和规范规定。

⑥ 灌注桩混凝土必须连续灌注,严禁有夹层和断桩。每孔实际灌注混凝土的数量,严禁小于计算体积。

⑦ 混凝土的强度和抗冻等级必须符合设计要求和混凝土有关规定。

⑧ 灌注桩的桩顶标高应符合设计要求,钻孔灌注桩顶部浮浆和松散的混凝土应凿除干净。

2.5.5 预制构件安装

1. 构件型号和质量

沉箱、方块、扶壁和圆筒安装所用构件的型号和质量必须符合设计要求。

2. 基床验槽

沉箱、方块、扶壁和圆筒安装前,应对基床进行检查,基床面不得有回淤沉积物。

3.构件安装

1)沉箱、方块、扶壁和圆筒

沉箱、方块、扶壁和圆筒的安装有如下要求。

①沉箱、空心方块、扶壁和圆筒安装过程中,不应发生构件碰撞造成棱角残缺现象。如有损坏,应及时修补。

②沉箱、空心方块和圆筒安装就位稳定后,应及时进行箱格内回填。

2)梁板和靠船构件

梁、板和靠船构件的安装有如下要求。

①梁、板、靠船构件、井字梁构件的型号和质量必须符合设计要求和混凝土有关规定,且无变形或损坏。

②梁、板、靠船构件、井字梁安装时,预制构件和下层支承结构的混凝土强度及支点构造必须符合设计要求和规范规定。

③梁、板、靠船构件深入支座的钢筋锚固长度、固定构件的钢筋或预埋件的焊接质量必须符合设计要求。

梁、板、靠船构件安装后,构件与支撑面(点)应接触严密,铺垫的砂浆应饱满并及时勾缝。伸缩缝应上、下贯通并顺直。

3)人工块体

人工块体的安放有如下要求。

①护面的人工块体强度必须符合规范规定。

②人工块体安放前,应检查垫层、坡度和表面平整情况并应符合设计要求。

③扭工字块、扭王字块、四脚锥的安放方式应符合设计要求和规范规定。定点定量不规则安放时,不得有漏放和过大隆起。

4)沉井下沉

沉井的封底条件必须符合设计要求和规范规定。

2.5.6 后方回填

1.石料

石料的规格和质量必须符合设计要求和规范规定。

2.抛石棱体

抛石棱体抛填有如下要求。

①抛石棱体抛填前,应检查基床和岸坡,如有超过设计要求和规范规定的回淤或塌坡,应进行清理。

②墙后抛石棱体抛填顺序和速率应符合设计要求和规范规定。

③抛石棱体的平均轮廓线不得小于设计断面,坡面的坡度应符合设计要求。

3.倒滤层

倒滤层(井)材料的规格和质量必须符合设计要求和规范规定。

4.回填覆盖

抛石棱体和倒滤层上的回填覆盖有如下要求。

①抛石棱体倒滤层施工验收后,应及时回填覆盖,如有破坏,应重新补做。
②码头后方和软弱地基上的回填顺序和速率必须符合设计要求和规范规定。

2.6 船闸工程质量检验评定(1E432016)

根据《船闸工程质量检验评定标准 JTJ288—93》中基槽开挖(3.1.2~3.2.11)、地基处理(4.1.24~4.2.5)条款,进行与船闸基槽开挖和地基处理有关的质量检验和评定。

2.6.1 基槽开挖

1. 土基

土基的基槽开挖至设计标高时,必须检验现场的地质情况,核对其与设计所依据的地质资料是否相符;基槽不得被水浸泡或受冻,并严禁扰动。

2. 岩基

岩基的基槽开挖至设计标高时,必须检验现场的地质情况,核对其与设计所依据的地质资料是否相符。

3. 引航道

引航道开挖有如下要求。
①引航道水下开挖时,其底面标高严禁高出设计标高。
②引航道陆上开挖时,其底面标高严禁高出设计标高。

2.6.2 地基处理

1. 旋喷

旋喷地基的旋喷深度、直径及旋喷强度必须符合设计要求。

2. 帷幕灌浆

岩石地基的帷幕灌浆孔必须进行冲洗,并作压水试验,压水段的吸水率必须符合设计要求。

3. 固结灌浆

岩石地基固结灌浆的孔数、孔位、孔深、浆液变换和结束标准必须符合设计要求。

2.7 疏浚工程质量检验评定(1E432017)

根据《疏浚工程质量检验评定标准 JTJ324—96》全部条款,进行疏浚工程质量检验和评定。

①检验评定疏浚、吹填工程质量时,应首先对测图的原始资料和测绘仪器的核定资料进行检查和确认。
②疏浚工程质量检验和评定应以工程设计图和竣工水深图为依据。对于局部补挖后补绘的竣工水深图,其补绘部分不应超过图幅中测区总面积的25%,如超过时,应对该图幅中测区进行重测,并重新绘图。
③当有设计备淤深度时,通航水域疏浚工程质量应符合下列规定:
竣工水深图上设计通航水域内**各测点水深必须达到设计通航深度;**

竣工水深图上设计通航水域内的各测点水深应达到设计深度。

设计通航水域内的中部水域不得出现上偏差点;设计通航水域内的边缘水域的上偏差值不得超过0.3 m,上偏差点不得在同一断面或相邻断面的相同部位连续出现。

④当无设计备淤深度时,通航水域疏浚工程质量应符合下列规定:

设计通航水域内的中部水域,无论属何种底质,均**严禁出现浅点**;

设计通航水域内的边缘水域,对于硬底质,严禁出现浅点;对于中等底质、软底质,竣工后遗留浅点的浅值应符合表2.1.5规定;浅点不得在同一断面或相邻断面的相同部位连续出现。

表2.1.5 允许浅值

底质 \ 允许浅值(m) \ 设计通航水深 D_0(m)	沿海			内河
	<8.0	8.0~10.0	>10.0	
中 等 底 质	0.1	0.2	0.3	0.1
软 底 质	0.1	0.2	0.3	0.2

⑤泊位水域内的超深值应严格按建设单位或使用单位提供的允许超深值加以控制,严禁盲目施工,以确保水工建筑物的安全稳定。

⑥疏浚工程质量符合本标准的检验规定,并能满足下列规定之一者,应评为合格工程。

有设计备淤深度的设计通航水域,上偏差点数不超过该水域总测点数的4%;

无设计备淤深度的设计通航水域,对于中等底质,允许浅点数不超过该水域内总测点数的2%;对于软底质,允许浅点数不超过该水域内总浅点数的3%。

2.8 航道整治工程施工要求(1E432018)

根据《航道整治工程技术规范 JTJ312—2003》中施工验收有关条款(11.1.1~11.5.4),进行航道整治工程的施工和验收。

2.8.1 施工通告

航道整治工程必须按批准的施工图设计施工。施工单位应根据设计文件进行现场调查研究,编制**施工组织设计**。

航道整治工程开工前,必须协调施工与通航的关系,提前发出**施工通告**。

2.8.2 水下炸礁质量检验

水下炸礁质量要求如下。

①水下炸礁破碎石块的大小宜适应**挖泥船清渣**的要求。

②水下炸礁完工后,必须进行**硬式扫床**,检验施工质量。

2.8.3 航道整治工程质量等级

1. 筑坝工程

筑坝工程质量等级应按下列规定评定。

1)合格

各项目均符合设计质量要求,检验**总测点数**中有 70% 及其以上在允许偏差范围内,其余虽超出允许范围,但不影响正常使用。

2)优良

各项目均符合设计质量要求,检测**总测点数**中有 90% 及其以上在允许偏差范围内,其余虽超出允许范围,但不影响正常使用。

2.护岸工程

护岸工程质量等级应按下列要求评定。

1)合格

各项目均符合设计质量要求,检验**总测点数**中有 70% 及其以上在允许偏差范围内,其余虽超出允许范围,但不影响正常使用。

2)优良

各项目均符合设计质量要求,检测**总测点数**中有 90% 及其以上在允许偏差范围内,其余虽超出允许范围,但不影响正常使用。

【模拟试题】

1. 水下区海水环境钢筋混凝土保护层最小厚度为_____。
   A.30 mm　　　B.40 mm　　　C.50 mm　　　D.60 mm

2. 水下区海水环境混凝土水灰比最大允许值为_____。
   A.0.30　　　B.0.40　　　C.0.50　　　**D.0.60**

3. 当基床顶面应力大于地基承载力时,重力式码头抛石基床厚度为_____。
   A.0.3 m　　　B.0.5 m　　　**C.1.0 m**　　　D.1.5 m

4. 高桩码头施工期岸坡稳定性验算是在_____组合下进行。
   A.设计低水位　　　B.设计高水位　　　C.极端低水位　　　D.极端高水位

5. 斜坡堤在软土地基上抛石有挤淤要求时,应_____。
   A.设置沉降观测点　　　　　　　B.控制加荷间歇时间
   C.先抛压载层,后抛堤身　　　　**D.从断面中心向两侧抛填**

6. 直立堤沉箱安装后,应_____。
   A.验槽　　　B.清淤　　　C.覆盖　　　**D.箱内及时抛填**

7. 港口工程基槽开挖要检验_____。(多项选择)
   A.土质　　　**B.边坡**　　　**C.设计断面**　　　D.复打一夯次

8. 对于水下抛石基床夯实检验复打一夯次平均沉降量,码头基床和防波堤基床分别为_____。
   A. 30 mm 和 50 mm
   B. 50 mm 和 30 mm
   C. 50 mm 和 50 mm
   D. 30 mm 和 30 mm

9. 对于岩石地基处理,其帷幕灌浆孔必须_____。(多项选择)
   A. 冲洗
   B. 做压水试验
   C. 孔内及时抛填
   D. 设置沉降观测点

10. 疏浚工程质量检验和评定以_____为依据。(多项选择)
    A. 工程设计图
    B. 竣工水深图
    C. 平面布置图
    D. 筑坝结构形式图

11. 对于局部补挖后补绘的竣工水深图,其补绘部分不应超过图幅中测区总面积的_____,否则应对图幅中测区重测、重绘。
    A. 10%
    B. 20%
    C. 25%
    D. 30%

12. 当有设计备淤深度时,通航水域内各测点水深必须达到_____。
    A. 设计深度
    B. 设计水位
    C. 设计通航深度
    D. 设计通航水位

13. 当无设计备淤深度时,通航水域内的中部水域严禁_____。
    A. 出现浅点
    B. 设置勘探点
    C. 允许超深值
    D. 允许浅点数超过总浅点数的3%

14. 航道整治工程开工前,必须_____。(多项选择)
    A. 硬式扫床
    B. 水下炸礁
    C. 发出施工通告
    D. 协调施工与通航关系

15. 水下炸礁完工后,必须进行_____,检验施工质量。
    A. 硬性扫床
    B. 挖泥船清渣
    C. 施工通告发布
    D. 施工组织设计

16. 合格的筑坝工程质量等级为检验总测点数中有_____在允许偏差范围内。
    A. 30%
    B. 50%
    C. 70%
    D. 80

参考文献

[1] 建设部.一级建造师执业资格考试大纲(港口与航道工程专业).北京:中国建筑工业出版社.2004

[2] 全国一级建造师执业资格考试用书编委会.港口与航道工程管理与实务.北京:中国建筑工业出版社.2004

[3] 达欣,戴安.注册土木工程师(港口与航道工程)执业资格考试专业考试复习教程与模拟练习.天津:天津大学出版社.2004

[4] 戴安,达欣.注册土木工程师(港口与航道工程)执业资格考试基础考试(下)复习教程与习题精析.天津:天津大学出版社.2004

[5] 人民交通出版社.注册土木工程师执业资格考试港口与航道工程规范汇编.北京:人民交通出版社.2003

[6] 人大常委会.中华人民共和国港口法.2003

[7] 国务院.中华人民共和国防止船舶污染海域管理条例.1983